中国风景园林学会规划设计委员会
中国风景园林学会信息委员会　编
中国勘察设计协会园林设计分会

Landscape
Architects

风景园林师 **20**

中国风景园林规划设计集

中国建筑工业出版社

风景园林师

风景园林师

三项全国活动

●举办交流年会：
（1）交流规划设计作品与信息
（2）展现行业发展动态
（3）综观市场结构变化
（4）凝聚业界历练内功

●推动主题论坛：
（1）行业热点研讨
（2）项目实例论证
（3）发展新题探索

●编辑精品专著：
（1）举荐新优成果与创作实践
（2）推出真善美景和情趣乐园
（3）促进风景园林绿地景观协同发展
（4）激发业界的自强创新活力

●咨询与联系：
联系电话：
010-58337201

电子邮箱：
34071443@qq.com

弘道养正，守正创新

《风景园林新时代》这篇论文的难度很大，但金路同道凭着数十年在园林规划设计第一线扎实工作的积累，把这篇文章写得很好。着眼习近平新时代中国特色社会主义建设，领会"美丽中国""中国梦"和"两个一百年"的历史节点，就自然会看到风景园林的新机遇。"五位一体""五个统筹""新发展理念""城市工作新精神"'"十四五'规划目标"等，归纳得很实在、详明、简练，而又论据充分，从国家重大战略和几个主要政务活动推演出新时代风景园林的新格局、新思维，得出要先思而后行的结论。我不必过多地赘述，惟有诚挚地感谢。

中国的哲学儒道释基本上是统一的，而概以"道"，故对教师的职责归纳为"传道授业"。道指人对宇宙与自然协调统一的认识，相传成统而成为中国文化的正统。创新并非凭空而起，而是在继承传统的基础上循时而进的。"不忘初心"才能"牢记使命"，总的要求是提高综合国力，达到先进国家中等水平的全面小康，实现全面现代化。

中国特色的哲理"天人合一"观既尊重自然，也认识到人类的主观能动性。钱学森先生说中国园林是科学的艺术，李泽厚先生说中国园林是人的自然化和自然的人化。人的自然化是人类的共性，而自然的人化是中国的特色。中国人欣赏风景园林不单靠视觉，而是"赏心悦目"，故中国园林是"景面文心"，在尊重自然的同时主张"景物因人成胜概"，意在手先，以诗言志，以文载道，以书耀文，以山水媚道，以迁想求妙得。泰山登山入口有孔子教导，由明代书法家写的"登高必自"，教育何深。

风景园林效益是综合的，但归根结底是文化艺术的性质，因此综合效益要化为诗篇。从景名开始拟定景题，令游览者"问名心晓"。昆明圆通寺借圆通山为屏障，山根寺后巉岩为壁，朝夕日光抹金，取名"衲霞屏"。一个"屏"字概括了借山为屏，"霞"为日光照射，妙在"衲"点名了寺庙的实质，因为众人都知"百纳僧衣"。类似这种文学素养对我们永远是启发。北京雁栖湖山水中有棵古国槐景名为"槐树老田"，我查《广群芳谱》，槐树有"怀来"与"来者谋"的深意，与 APEC 会议的精神熨帖，遂建议景名改为"与来者谋"。

这也说明了"守正创新"的现实意义。正的传统由何而来？弘道养正。人生学习都是"师父领进门，修行在个人"。修行是人生一辈子的事，适应新时代的需求必要有学习运用风景园林传统的基础。国家有引我国西南丰富的水资源，兴造"红旗河"润滋旱干西部的计划，我们也要担当创新之举。

孟兆祯

2021 年 1 月 21 日

风景园林新时代

放眼中国的改革大势，一边是国家一系列的生态文明建设政策和发展战略对风景园林有着强烈需求，一边是许多园林企业量利齐降、市场重组、行业"凛冬将至"的样子。如果风景园林专业没有着眼新时代的百年未有之变局，很有可能陷入缓慢发展，甚至被边缘化。

一、 新时代，风景园林新机遇

在中央提出"中国梦"和"两个一百年"的战略背景下，风景园林行业必须全面、系统理解新时代的内涵。从宏观看，中国人民经历了站起来、富起来，开始走向强起来，中华民族伟大复兴的前景光明；从中观看，2020年全面建成小康社会，在中国乃至人类历史上，彻底消除了绝对贫困，开始建设共同富裕社会；从微观看，人民日益增长的美好生活需求和不平衡不充分发展的矛盾依然普遍。从社会的发展阶段看，小康生活，需要普遍的绿化美化；富裕生活，更渴望高质量的风景园林。

因为新时代的中央许多大政方针与风景园林的专业特征不谋而合，所以风景园林师更应站在新时代的战略高度，俯瞰城乡人居行业，自觉树立行业新目标，调整新定位，增强新动力。

（1）五位一体。在党的十八大报告提出的经济建设、政治建设、文化建设、社会建设、生态文明建设五位一体中，风景园林直接涉及其中"三位"：中国优秀传统园林文化的传承与创新，经济社会中的民生福祉，城乡生态基础设施建设。因而风景园林的发展空间更宽阔，发挥的功能效益更综合。

（2）五个统筹。在统筹区域、城乡、经济社会、人和自然和谐、国内发展与对外开放中，风景园林在保护第一自然、构建城乡第二自然中，积极统筹城镇空间中的生态、景观、游憩、文教和防灾避险等诸多复合功能的发挥，具有不可替代的整体协调作用，并还将在上述5个层次中充分延展。

（3）新发展理念。十九届五中全会进一步从创新、协调、绿色、开放、共享五个方面完整定义了高质量发展，而风景园林在思想和方法方面创新不断，协调着人与自然、人与城市的有机关系，秉承绿色生态的保护修复、开放空间建设和人民共享的理念，平衡着我国高速的城市化进程和市民的身心健康。

（4）城市工作新精神。顺应城市工作新形势、改革发展新要求、人民群众新期待，实现以人为核心的城镇化和"人的无差别发展"。我国的城市化率已达到60%以上，不论是在完善城市设施，保障城市生态安全，治理城市病，促进新型城镇化，还是保障城乡人民福祉方面，风景园林都面临着更广阔的发展机遇和重大责任。

（5）"十四五"规划目标。要重点着眼于新发展阶段、新发展目标、新发展理念和新发展格局，更关注城乡之间协调发展，绿色发展着眼于应对气候变化、环境保护和资源可持续性等方面的挑战，解决基本公共服务供给不均和老龄化社会等问题。这一新规划、新愿景也将为风景园林开辟十分广阔的前景。

二、 新时代，风景园林新舞台

在新形势下，国家许多政务活动已经从单纯的室内晤谈，转变到风景园林环境中的交流讲述。正如两百多年前清政府依托承德避暑山庄的山水环境，每年都有半年的时间，皇帝的家庭和朝廷，在山庄开展国家的政治、军事、民族、外交、文化、体育、养老养生等活动一样，今天，国家政务活动重新选择风景园林这一舞台，中国传统园林文化支撑国务活动的立体开展成为新常态。

（1）从2013年习近平总书记在美国与奥巴马总统在安纳伯格庄园漫步，到2014年中南海接待奥巴马的瀛台夜话，再到2015年习总书记在英国首相卡梅伦的乡间别墅与其会晤，貌似不约而同，其实精心策划。各国领导人开展"不打领带的外交"的频率越来越高，中国领导人更是借助优秀的中国传统风景园林平台，开展特色的政治会晤，传播中国文化软实力。

（2）2014北京APEC会议中心以北部的慕田峪长城风景名胜区为背景，以修复更新的雁栖湖山水风景为舞台，通过国际会议交往活动，促进怀柔区区县更全面地走向世界。APEC会议环境使领导满意、百姓称赞，与行业创新相结合，习总书记为与会的各国元首讲述了中国古建的"斗拱"、吊顶灯饰造型"金镶玉"和山水酒店"日出东方"创意故事,获得了良好的政治、经济社会和生态效益。

(3) 2016年G20杭州峰会借助西湖风景名胜区,弘扬了中国山水文化,成就了"西湖风光、江南韵味、中国气派、世界大同"的理念。外媒描述:首次主办G20峰会的中国不遗余力地向宾客展示了这座城市的魅力,想尽办法给宾客留下深刻印象。从明代风格的太师椅到在西湖上的精彩舞蹈演出,中国将软实力这张牌发挥到了极致。

(4) 2016年敦煌成为"一带一路"国际文化博览会永久会址。结合世界文化遗产敦煌莫高窟、国家级风景名胜区鸣沙山-月牙泉和敦煌古城历史文化资源,凭借古代丝绸之路品牌,竞争过了"丝绸之路"起点、数百万人口的西安市,承接当代"一带一路"国际活动,给6万人口的敦煌小城市带来了大机遇。

(5) 2017年"金砖五国"厦门峰会、2018年"上合组织"青岛峰会都利用了厦门和青岛海滨风景名胜资源;2019年习总书记在上海豫园中接待法国总统马克龙,都凭借中国风景园林环境,彰显了中国文化软实力,同时又反过来提升了当地人居环境水平。

三、新时代,风景园林新格局

国际上正在发生着"百年未有之变局",必然波及国内的经济社会发展以及风景园林行业之巨变。目前国家提出的六大发展战略都是追求生态与文明的和谐,都是环境与发展的主题,都对风景园林有着特殊的需求,但也都是机遇和风险并存。风景园林行业只有立足国家战略高端,运用中华整体性思维,独立地开拓性创新,推进供给侧改革,促进行业转型升级,才能积极服务于国家战略需求。

(1) 京津冀协同发展战略。在中央的京津冀协同发展纲要"一核双城三轴四区多借点"的经济框架下,我们从核心区域1亿人口幸福生活的角度提出:统筹山水资源的保护和利用,协调旅游和休闲生活,确保京津冀百姓在风景园林中的生活状态;以及"一海(渤海),两山(燕山、太行山),九河(唐河、沙河、府河、界河、漕河、南拒马河、大清河、赵王新河、独流减河),多淀(王快水库、西大洋水库、白洋淀、文安洼、团泊洼、北大港)"的外四边形景观格局,从风景园林的视角,实现"生态京津冀,美丽城市群;生活且幸福,产业更平衡"。

(2) 长江经济带战略。坚持生态优先、绿色发展,把生态环境保护摆上优先地位,共抓大保护,不搞大开发;长江生态环境只能优化、不能恶化,产业发展要体现绿色循环低碳发展要求;开始了十年的休渔期、沿江全面的生态系统修复和城镇人居品质提升,为中国最重要的经济发展区域奠定持续发展的生态基础。已有专家已提出"长江

口国家公园"的建议。

(3) 粤港澳大湾区战略。使粤港澳大湾区成为最具活力、开放程度最高、创新能力最强、吸引外来人口最多的区域,成为快速工业化和城市化的典型代表,成为具有全球影响力的先进制造业和现代服务业基地。其地位或许会超过世界上公认的旧金山、纽约和东京三大湾区。该区域的风景园林不会仅仅局限于绿道创新,对应的人居环境高端国际标准将呼之欲出。

(4) "一带一路"战略。涉及65个国家的国际市场、18个省市的国内市场、1万亿美元的基础设施投资。全方位国际对接,构建政治互信、经济融合、文化包容的利益共同体、命运共同体和责任共同体,形成国内国际相互促进的"双循环"格局,这含有巨大机会带动中国风景园林文化、人居环境智慧的沿线传播和彼此的学习借鉴。

(5) 乡村振兴战略。让农业成为有奔头的产业、农民成为有吸引力的职业、农村成为安居乐业的美丽家园;实现产业兴旺、生态宜居、乡风文明、治理有效、生活富裕。依托风景园林将农村、农业、农民风景资源化,统筹乡村的风景、风情、风水、风貌,构建中国特色美丽乡村。比如黔东南的黎平侗乡国家级风景名胜区,其核心的风景资源就是农民(侗族村民)、农业(田园风光)和农村(侗寨环境)。

(6) 黄河生态带战略。治理黄河,重在保护,要在治理。加强生态环境保护、保障黄河长治久安、推进水资源节约集约利用、推动黄河流域高质量发展、保护、传承、弘扬黄河文化。这都涉及风景园林擅长的资源保护、生态修复、文化创意、城市更新和人居环境建设等领域。园林史上最著名的皇家园林加文人园林——寿山艮岳园,就诞生在宋代沿黄河流域的城市开封。

如果说20世纪80年代的园林学已经扩大到了传统园林学、城市绿化和大地景物规划,是中华人民共和国成立40年时学科的第一次拓展。那么,针对上述新发展战略要求,中华人民共和国成立70年后风景园林将第二次更广泛、系统地拓展到世界遗产地、自然保护地、生态修复、人居环境、旅游策划、休闲养生、美丽乡村、城乡规划、文化创意、城市更新、城市设计等领域。同时,强烈的需求侧也越来越多地吸引城市规划、建筑设计等相关专业向风景园林领域深度渗透,带来的竞争也越来越强。为满足国家战略的各层次需求,风景园林必将为社会提供生态、文化、美学、旅游休闲等多元、复合产品。

四、新时代,风景园林新思维

目前的风景园林行业状况是:具体干活多,静心思考少;逻辑思维多,艺术想象少;一般思维多,哲学思辨少;

西方角度多，中国视角少，尤其是中华传统的内向型整体思维缺失。风景园林虽然自身发展不慢，但必须强优势，补短板，才能适应"百年未有之变局"。

（1）风景园林要思而后行。回望古代，风景园林应当呼应宋朝大儒张载的召唤：为天地立心，为生民立命，为往圣继绝学，为万世开太平。放眼今朝，习总书记指出：这是一个需要理论而且一定能够产生理论的时代，这是一个需要思想而且一定能够产生思想的时代。但诸如生态文明美丽中国思想、绿水青山就是金山银山理论、山水林田湖草就是生命共同体的理念、望山见水和乡愁记忆思想都与风景园林专业息息相关，但又都不是出于学界而是出于政界！回顾中国风景园林，她与西亚、欧洲并列为世界三大园林体系，在世界上独树一帜，也是中国传统文化的"四绝"之一。风景园林学科以"天地生为自然基础，文史哲为人文导向，理工农为科技手段，经法社为效益目标。"纵观古今中外，还没有哪一个学科能够像风景园林这样，具有悠久的历史，整合了多种文化，融合自然与人文、科学与艺术、诗情与画意，并能将哲学思辨落实到工程实践。风景园林不仅要外向服务于国家的政治政策、经济社会发展、百姓生活福祉，寻求专业的传承与创新，也不能忽视内向探究自我、寻本宇宙求源、探索万物之大道。

（2）新发展阶段之新发展格局。新发展格局指加快形成以国内大循环为主体，国内国际相互促进的"双循环"格局，更加注重供给侧改革和需求侧政策之间的协调与相互促进。风景园林要将整体策划、空间规划、方案计划视为一个完整的生命周期，通过山水协调、功能统筹、生态修复、景观营造、建筑布局、植物栽植等子系统，统筹考虑、相互校正、分层落实。只囿于园林诗情画意，而缺少对国土空间上的"三生"协调、统筹资源保护和利用，就难以促进地方的生态产业化和产业生态化；只熟悉风景游赏和园林绿化，而缺少对新型城镇化的理解，就难以实现以人为核心的全面发展；不能跳出行业看风景园林，任何行政体制改革和取消资质的变动都会使行业有难以承受之轻。纵观中国历史，风景园林同步国家兴衰。有专家指出：从历史上看，一个盛世王朝在建朝100年左右，园林建设水平达到该朝代的顶峰。中国到2035年达到现行的高收入国家标准，基本建成社会主义现代化，风景园林也必将跨越初级阶段，进入中高级发展阶段，助力中国特色的经济社会发展之路；到2050年中华人民共和国成立100年时，建成富强、民主、文明、和谐、美丽的社会主义现代化强国，独具中国传统文化特色、在世界园林上独树一帜的中国风景园林再创新辉煌，是历史的必然规律！

（3）生态文明，美丽中国。这是中国国家顶层战略目标与风景园林行业完全对应的一次战略机遇！环境与发展是当今联合国的主题，而生态与文明往往形成悖论：凡是文明发达的地区，生态常常被透支；凡是原生态保留好的地区，经济社会长期欠发达。如何让生态与文明相协调、熊掌和鱼翅兼得？如何在山水林田湖草的整合修复中，构建人与自然和谐的生命共同体？是摆在每一名风景园林师面前的机遇和挑战。山一般，水一般，山水融合不一般；林一般，田一般，林田交映不一般！中央提出：尊重自然、顺应自然、保护自然，风景园林在协调人与自然关系方面，拥有深厚的专业理论和实践，可以深化到：崇拜自然、修复自然、回馈自然、利用自然、享受自然、和谐自然。在国土空间与生活境域层面，在既生态、又文明、又美丽的层面上，只有风景园林完全符合这种高端而矛盾的需求。历经康乾盛世用时近100年建成的承德避暑山庄，既是一处园林，也是一座城市；既是一处生态，更是一种文明，是生态文明、美丽中国的生动样板。统筹建设美丽中国是风景园林师天赋的责任："大美"在于国土空间风景旅游的资源保护和利用；"中美"在于美丽乡村和"三生"统筹构建的田园风光；"小美"在于城镇人居环境的日常生活中的生态修复、园林景观、游憩休闲、文化科普等方面。

（4）人民对美好生活的向往。中国城市经过40多年的高速发展，已经从早期的先生产，后生活，无暇顾及生态，转向现在的"三生"统筹，生态优先。在满足了衣食住行，温饱小康之后，如何实现人民群众对更美好生活的向往，促进人的精神升华？风景园林要用山水园林文化滋养人、培育人，用公园城市的人居环境吸引人，用中国优秀的历史文化整合普通的山水林田湖草，构建城镇乡村家庭的美好生活。城市建设必须保护自然山水和尊重城市发展规律，开展城市景观微更新，在居住社区实现对老人、儿童、弱势群体的"精准服务"。要实现见山望水，留住乡愁记忆，就必须构建新的人居环境情感美学评价体系。一级：望得见山，看得见水，记得住乡愁；二级：望得见山，看不见水，怀念的乡愁；三级：望不见山，看得见水，寻觅的乡愁；四级：望不见山，看不见水，失去了乡愁（现代版的贫民窟）。

不论体制机制如何改革，也不论社会环境如何变化，发挥好风景园林独具特色的专业优势，释放出隐藏在历史文化信息中的精神财富，实现对国家战略目标的有力支撑，提高百姓福祉以及对生活的满意度，就是我们风景园林师的努力方向。

contents

目 录

contents

contents

contents

四川成都公园城市绿地空间特征及发展策略研究

成都市公园城市建设发展研究院／陈明坤　张清彦　朱梅安　周　媛

在社会快速转型、经济高速发展、城市化急速推进中，风景园林也面临着前所未有的发展机遇和挑战，众多的物质和精神矛盾，丰富的规划与设计论题正在召唤着我们去研究论述。

提要： 基于成都市绿地实地调研与遥感数据，采用3S技术与景观生态空间分析方法，从成都市绿地景观格局现状、城市热岛效应、城市绿地建设适宜性分析等方面对成都市绿地现状进行深入剖析，以寻找成都市城市绿地建设的最优空间布局模式，并提出相应的发展策略。

自 2018 年成都首次全面提出建设"公园城市"以来，成都以美丽宜居公园城市发展建设为目标，不断探索公园城市建设路径，深入践行"绿水青山就是金山银山"的生态理念，构建"两山、两网、两环、六片"市域生态格局，以大尺度生态廊道建设引领城市空间结构调整优化，高质量规划建设东部新城，推动城市格局由"两山夹一城"向"一山连两翼"转变。从城市更新、乡村振兴到社区治理，成都公园城市建设实践取得了一系列重要的阶段性成果，包括塑造自然与城市融合的空间形态；构建不同类型的城市生态廊道，提升城市安全韧性和应对自然风险的能力，促进生物多样性保护；保护和修复核心生态要素和景观资源，推进全域公园体系和天府绿道建设，倡导健康低碳的绿色生活方式；注重历史文脉的延续，激发城市发展活力，传承创新地域文化，倡导现代生活方式，加强对外交流与开放发展；保护修复灌区林盘田园，彰显地域文化特质，提升乡村社区公共服务水平，发展生态型田园经济。在公园城市建设中，绿地的组成结构和空间格局对城市空间形态具有重要影响，因此，本文基于成都市绿地实地调研与遥感数据，运用景观生态学的理论与方法，探讨成都市中心城区的绿地景观格局特征，以期为成都"青山绿道蓝网"相呼应的公园城市空间形态提供重要支撑和参考。

一、成都市绿地现状概况

成都市具有生态丰富性、山水特色化、文化典型性、乡村田园化和园林传统优等特征。成都市域 5005m 的巨大垂直落差孕育了异常丰富的生物多样性，丰富的生态资源为公园城市建设奠定了优厚的自然生态本底。海拔 3000m 以上高山 126 座，呈现"窗含西岭千秋雪"胜景，都江堰精华灌区五级渠系纵横交错，河网密度约 1.22km/km²，特色的山水为公园城市建设提供了多样而独特的风景资源。道法自然的都江堰水网涵养积淀出"思想开明、生活乐观、悠长厚重、独具魅力"的天府文化特质，丰富而多彩的生态文化、园林文化、休闲文化等，为公园城市建设提供了丰厚的特色文化资源。川西林盘，其田园化、景观化、产业化特征明显，是成都田园化的大地景观和公园化的乡村园林。成都园林水绿交融、文园同韵、自然飘逸、文秀清幽，留存有唐代的东湖、宋代的罨画池、明代的桂湖、清代的望江楼等。与广泛分布的林盘聚落景观共同形成了成都独特的城乡园林绿化风貌。

2019 年底，成都中心城区面积为 3677km²，绿地总面积 35115.45hm²，绿地率 36.98%，绿化覆盖率 43.46%，人均公园绿地面积 14.58m²/人。但城市绿地还存在系统性不足、生态保育力度不够、绿地功能效益不充分、中心城区绿地分布不均衡等问题。其中森林系统、湿地系统等生态资源未纳入统筹考虑，尚未形成有效合力，市域森林覆盖率及森林质量还有较大的提升空间；城市组团之间的生态绿色隔离区（以下简称生态绿隔区）有待保护和提升；市域湿地的保护培育力度有待进一步加强；绿地呈现圈层的非均衡性，中心城区补绿增绿难度大。

二、成都市绿地空间特征

(一) 成都市绿地景观格局分析

不同的绿地景观格局对城市环境、经济文化和社会等都会产生深远的影响。通过对城市绿地景观、类型单元的数量、空间布局和结构特征的定量分析（表1、表2），评价绿地布局的合理性，可为城市绿地景观的格局优化提供参考。

从类型水平景观格局指数来看，斑块密度越大，则平均斑块面积越小，破碎化程度越高，异质性增强。对于公园绿地而言，斑块密度最大，相对其他绿地景观而言，其破碎化程度较高，景观异质性也较强。景观形状指数越高，则形状越不规则。从斑块形状指数来看，公园绿地>区域绿地>防护绿地>附属绿地>广场用地。公园绿地作为服务城市居民的公共绿地，其景观形状指数相对较高，表明在城市建设中，公园绿地形状相对复杂，注重与周边景观要素的空间耦合关系。既有利于人们最大限度地接触绿地，也有利于城市建筑空间与公园绿地生态空间之间的有效耦合连接，它将直接影响绿地生态功能的高效能发挥。

区域绿地主要是以森林公园、郊野公园、湿地公园、风景名胜区和生产绿地等为主，区域绿地的景观形状指数相对适宜，规整的区域绿地斑块形状对保护生物物种的纯度有利。分维数越趋近于1，斑块的自相似性越强，斑块形状越有规律；斑块的几何形状越趋近于简单。各类型绿地的分维数也都接近1或等于1，说明成都市城市绿地景观受人为干扰大，斑块相对较规整，形状简单，缺乏与周围物质和能量交流的机会。公园绿地、附属绿地和区域绿地的分维数相对较低，主要是这些绿地斑块受规则的城市建筑空间布局形态以及农田形状等景观要素空间形态的影响，使绿地斑块大多为规则式，故分维数较低。公园绿地的斑块密度指数为7.434，说明公园绿地景观的破碎化程度较高，孔

隙度较小，公园绿地发挥生态功能的效应较小。聚集度指数越大表明对应景观类型的聚集程度越高。

在各类绿地中，附属绿地的聚集度指数相对较高，这与附属绿地与城市各类用地紧密结合具有重要联系。对于斑块连通度指数而言，各类生态绿地的连通度指数相对较高，这与成都市公园城市的绿地生态格局密切相关，通过城市内部的河网水系将不同类型的绿地斑块进行有效连接，从而形成了多功能、多层次、网络化的城市绿地生态空间结构，但在城郊区域，各类绿地与中心城区绿地景观的连通性还应加强，以利于形成城乡一体化的复合绿地生态网络结构。从分离度看，公园绿地分离程度相对较高，很大程度上是街头绿地分离度高造成的，区域绿地的高分离度则因为其零星分散在城郊外围，系统连接程度相对较低；广场用地分离度最高，缘于该类型绿地数量相对较少，且每个绿地斑块之间的距离相对较大。

从景观水平景观格局指数来看，成都市绿地景观的斑块密度指数相对较高，为12.8585，主要是随着城市建设规模的扩大，绿地景观不断被侵占和切割，导致绿地斑块面积不断缩小，同时，尤其是老中心城区内绿地建设多以"见缝插绿"为主，形成城市绿地景观破碎化程度较高的局面。城市绿地的景观形状指数为113.0577，表明城市绿地的形状相对复杂，有利于绿地生态效能的有效发挥。成都市绿地景观结构简单，多样性指数偏低，这一结果表明虽然对于整个城市来说绿地类型齐全，但各种景观类型所占面积比例相差较大，且分布不够均衡，景观多样性整体程度不高。

总的来说，成都市绿地斑块形状相对简单，城市空间组成要素的空间耦合度较低，绿地生态效益的发挥受到影响，对环境问题的改善贡献较小。因此，在公园城市建设中，应打破现有的城市建筑空间布局界限，结合城市产业核心与居住社区组团，将不同类型的公园绿地以楔形、环状、指状等空间

中心城区不同绿地类型水平上的景观格局指数 表1

绿地类型	斑块数量	斑块密度	景观形状指数	分维度指数	分离度指数	聚集度指数	景观连通度指数
G1	4195	7.434	81.0258	0.9936	155.5518	93.6462	98.8943
G2	813	1.4407	49.1092	1	260.8748	91.8967	96.8119
G3	306	0.5423	26.2984	1	397.4919	86.2693	93.3502
XG	631	1.1182	45.5353	0.9536	21.5678	97.2655	99.8367
EG	1311	2.3233	61.1812	0.9997	673.9273	94.0021	97.9678

中心城区不同绿地景观水平上的景观格局指数 表2

斑块数量	斑块密度	景观形状指数	分维度指数	分离度指数	聚集度指数	景观连通度指数	香农多样性指数	香农均匀度指数
7256	12.8585	113.5077	0.9469	18.8305	95.2588	99.4867	0.6631	0.7606

布局方式引入各个组团空间，打造多元、多层次、多形态的功能空间，从而提升城市景观要素间的空间耦合度，加强斑块间物流与能量的流动，提高公园绿地的生态效能。

（二）成都市中心城区热岛效应分析

四环路内，城市建设"填漏补缺"并向外扩张，基础设施和城市建筑不断完善，建成区面积增大，城市活动范围扩大，导致热岛效应在城市内部"填充"的同时向四周漫延。中心城区南部是城市发展空间布局的主要方向。随着天府新区的建设，热岛效应向南延伸最为明显。尤其是正南方向，距四环路10km华阳镇的热岛与核心区热岛已相连，主要由中心城区南半部"一线两翼"的城市发展格局导致："一线"是以纵贯天府新区的天府大道为标志；"两翼"的东南面龙泉驿方向，通过几条"成—龙"干道将城市核心区与龙泉驿的热岛相连（图1）。

龙泉驿城市化发展快，但向东受阻于龙泉山，热岛向南、北两方面扩散。"两翼"的西南面双流方向，热岛演变的特点是，以区政府所在地和双流机场为中心，热岛在不断强化的基础上向周边扩张。目前，许多时候双流热岛已经与城市核心区的热岛融为一体。但大型水体具有局部调温的作用，于2015年建成的兴隆湖，蓄水面积3.4km^2（5100亩），成为蓄热、放热的明显地点，可有效缓解局地热岛效应。

热岛高温斑块反映了城市的内在结构状况。过去，热岛高温区数量很少，现在高温斑块很多，傍晚尤其明显。研究认为，这是由于不同城市要素趋于小块化而形成，并将导致城市微环境的改变。

（三）成都市绿地建设适宜性分析

从地形地貌、水文、土地利用、交通、对城市绿地布局影响的显著性等诸多因素中，我们选取了对绿地建设影响显著的城市植被、水体、城市建筑用地、城市道路用地、城市人口密度、城市热岛效应、地形地貌等影响因子作为城市生态适宜性分析的主要影响因子。采用AHP法和成对明智比较法相结合来确定权重。利用ArcGIS10.3平台空间分析模块，按照改进后的绿地适宜性评价模型及影响因子的叠加分析，得到成都市城市绿地建设适宜性评价分析图（图2）。根据分析结果，成都绿地生态适宜性等级总体分布规律为中间低外围高，且城市生态环境敏感、脆弱地区整体上较多。这与锦江区、成华区、金牛区、青羊区、武侯区组成的

老中心城区建筑密度较高，可增加绿地面积相对较少，而四环路外围建筑密度相对较低，可增绿补绿面积相对较多紧密相关。不可用地中大部分建筑密度较高，或已存在一定面积的城市绿地；不适宜用地大部分属于绿地覆盖率相对较好的绿地、林地等用地，如城市中心区的浣花溪公园、人民公园、杜甫草堂等城市建设用地，绿化覆盖率相对较高，周边生态环境良好；基本适宜用地分布较为集中，多为城市建设用地，建筑密度相对较低，可在一定区域内进行城市绿地建设，双流区、温江、新都区等区域，都应根据增绿补绿需求，增加城市绿地建设。适宜用地可以划为适宜区，该区域的建筑密度较低，生态环境问题相对严重，需加强城市的绿地建设，同时也具有一定的建设优势。最适宜用地生态最为脆弱，需要通过建设生态绿地对其进行保护，主要包括中心城区河湖水网与河道滨水空间区域，尤其是老城区，府南河、锦江等河道硬质驳岸较多，滨水景观形式单一，不利于城市生态修复。为了形成良好的城市生态环境，应该利用一切可利用的空间进行城市绿化建设，以提高城市绿化覆盖

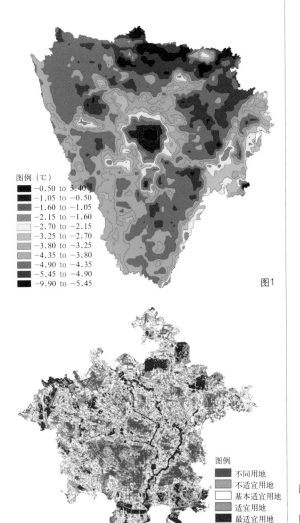

图例（℃）
■ -0.50 to 5.40
■ -1.05 to -0.50
■ -1.60 to -1.05
■ -2.15 to -1.60
□ -2.70 to -2.15
■ -3.25 to -2.70
■ -3.80 to -3.25
■ -4.35 to -3.80
■ -4.90 to -4.35
■ -5.45 to -4.90
■ -9.90 to -5.45

图1

图例
■ 不同用地
■ 不适宜用地
□ 基本适宜用地
■ 适宜用地
■ 最适宜用地

图2

图1 成都市中心城区热岛效应专题图

图2 成都市城市绿地建设适宜性评价分析图

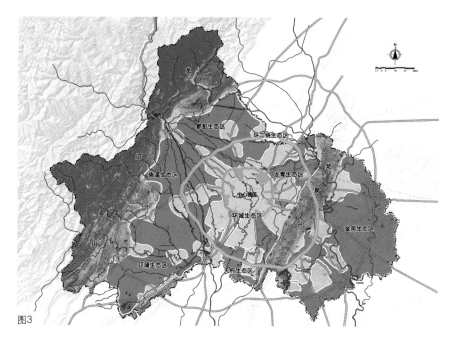

图3 市域生态空间规划结构图
[引自成都市公园城市绿地系统规划（2019—2035）]

图4 兴隆湖绿道

率。因此，在城市绿地建设的空间组合上应该采取"集中与分散"相结合的空间组织模式，以实现绿地建设的优化布局。

三、成都市绿地空间发展策略研究

（一）保护修复全域绿色空间肌理，构建"两山、两网、两环、六片"的公园城市生态格局

尊重自然生态原真性、保护山水生态肌理、延续河网水系格局，修复生态受损区，推进全域增绿，强化生态空间的完整性和连续性，形成覆盖全域的生态空间系统（图3）。重点开展西部龙门山生态屏障的原生态保育和生态修复，保护大熊猫栖息地，建设大熊猫国家公园；规划建设东部1275km²的龙泉山城市森林公园。保护都江堰水网和沱江水网河道自然化，推进硬质驳岸生态化修复，形成公园城市自然生态、功能复合、开合有致、特色鲜明的滨水空间。严格保护两大环城生态空间和6片大型生态绿隔区，限定中心城区增长边界，确保环城生态空间永续存在。

（二）建设覆盖全域的生态廊道体系和"一轴、两山、三环、七带"的天府绿道体系

连通全域最重要生物栖息地龙门山和龙泉山，通过增强连通性、营建丰富生境、密植林木、控制驳岸，保护路侧、林田、溪流等生态廊道，构建2条一级生态廊道、57条二级生态廊道和41条三级生态廊道。以构建高品质生活场景和新经济消费场景为目标，按照"景观化、景区化、可进入、可参

与"理念，以区域级绿道为骨架，城区级绿道和社区级绿道相互衔接，形成串联城乡公共开敞空间、丰富居民健康绿色活动的天府绿道体系（图4）。

（三）构建全域性、系统性、均衡性、功能化、产业化和特色化的全域公园体系

全域公园体系是公园城市的主要系统和主体空间，是推动公园城市建设的基础工作和城乡居民的现实诉求。公园体系需突破城市，走向全域，从建设用地上的公园走向生态空间上的公园，从游憩功能为主的公园走向复合功能的公园，由形态优美、营造场景的公园走向融合产业、宜居生活的公园。系统构建生态公园、乡村公园和城市公园全域公园体系。其中生态公园充分对接自然保护地体系，形成大熊猫国家公园和自然公园体系；乡村公园由城市建设用地之外，生态环境较好，有一定规模的郊野自然景观为主并具备必要服务设施的风景游憩绿地构成，包括大地景观再造、郊野公园、川西林盘、农业产业园、苗木产业园、花卉产业园以及乡村游乐型、体验互动式等类型的主题公园等；城市公园形成布局均衡、级配合理、功能完善、内容丰富的城市公园绿地体系。

（四）营建山水型、绿道型、郊野型、街区型、人文型、产业型的全域公园场景体系

围绕山水生态公园场景、天府绿道公园场景、乡村田园公园场景、城市街区公园场景、天府人文公园场景、产业社区公园场景六大场景类型，推进公园城市示范片区建设。

（1）建设绿意盎然的山水生态公园场景。依托山体、峡谷、森林、雪地和溪流等特色资源为载体，按照"生态保护区+特色镇+服务节点"建设模式，通过生态修复+设施优化+业态提升的方式，与绿道串联，融入旅游服务、休憩娱乐、文化展示等功能。

（2）建设串联成网的天府绿道公园场景。以区域级绿道为骨架，城市级绿道和社区级绿道相互衔接，构建天府绿道体系，串联城乡公共开敞空间、丰富居民健康绿色活动、提升公园城市整体形象。通过对绿道及其周边区域的提升打造，植入生态保护、健康休闲、文化博览、慢行交通、农业景观、海绵城市、应急避难等功能，营造多元场景，为新动能、新产业、新业态的形成创造条件，增强经济文化扩散效应，比如天府沸腾小镇，创新"熊猫+绿道+火锅+音乐"模式（图5）。

（3）建设美田弥望的乡村田园公园场景。以

图4

图5

特色镇或特色村为中心，以林盘聚落为节点，以绿道串联，植入创新、文化、旅游、商贸等城市功能和产业功能，通过"整田、护林、理水、改院"重塑川西田园风光，打造美丽休闲的乡村郊野公园场景。应在各林盘聚落植入商务会议、文化博览、民宿度假、创客基地等多样功能，实现农商文旅体融合发展。

（4）建设亲切宜人的城市街区公园场景。围绕绿化空间，织补绿道网络，按照"公园＋"布局模式，形成公园式的人居环境、优质共享的公共服务、健康舒适的工作场所。与居住区融合布局，实现城园相融；应依托滨水区域、特色商业、工业遗产等建成特色公园；面向街区内不同人群需求，营造多种生活化街区场景。

（5）建设特色鲜明的天府人文公园场景。传承保护历史遗存，创新现代文化，结合公共开敞空间和"三城三都"城市品牌，打造特色鲜明的天府人文公园场景。从人的感受出发，强化天府传统文化的传承与现代文化要素的彰显，构建面向不同群体的多元文化场景，形成意象鲜明、丰富多彩的人文体验。

（6）建设创新引领的产业社区公园场景。以产业功能区的建设为基础，结合公园、绿地等开敞空间，以绿道串联时尚活力的产业核心与居住社区，植入产业、文创、居住、公共服务、商业、游憩等多元功能，满足各类人群的多元需求，打造创新引领的产业社区公园场景。

（五）营造公园化人居环境

优化中心城区空间布局，实现城市空间与生态空间嵌套耦合。在中心城区构建"一心、五环、六楔、蓝脉、绿廊、千园"的中心城区绿地空间结构（图6）。通过公园城市"细胞"——公园社区的建设，引领公园城市细胞建设新模式，营造公园化的美丽宜居环境以及公园社区特色丰富的业态场景。以微整治、微更新、公园化、场景化的方式，提升已建社区园林景观环境营建水平，以构建网络化的

生态空间结构，构建社区公园体系，组织串联城市绿道系统等方式，建设高标准、品质化新建公园社区场景。通过"两拆一增""拆墙透绿""老公园新活力"、街区街道一体化打造等一系列工作，促进城绿融合。加快林荫路推广，通过道路绿化改造，提升道路遮荫功能，实现道路添绿，使城市道路绿地达标率≥85%，绿化普及率≥95%，林荫路推广率≥85%，提高市民在街道空间中的舒适度和"绿色"感知度。推进立体绿化建设，重点打造政府投资新建公共建筑、构筑物等垂直绿化，出台技术导引和配套政策，鼓励推进社会资金和小区阳台绿化美化，增加城市绿化率与绿视率。

图5 天府沸腾小镇
图6 成都市中心城区绿地系统规划结构图［引自成都市公园城市绿地系统规划（2019—2035）］

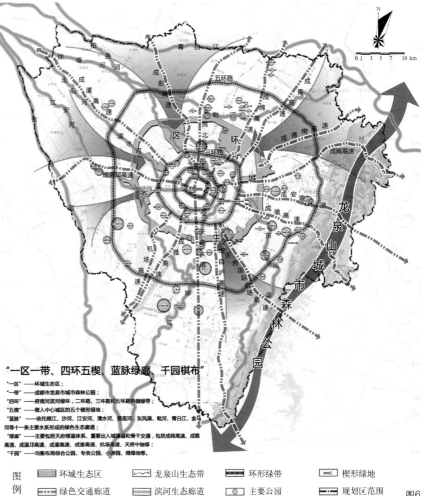

"一区一带、四环五楔、蓝脉绿廊、千园棋布"

"一区"——环城生态区；
"一带"——成都市龙泉山城市森林公园；
"四环"——府南河滨河绿带，二环路、三环路和五环路侧绿带；
"五楔"——楔入中心城区的五个楔形绿地；
"蓝脉"——依托锦江、沙河、江安河、清水河、摸底河、东风渠、毗河、青白江、金马河等十一条主要水系形成的绿色生态廊道；
"绿廊"——主要包括天府绿道体系、重要出入境通道和骨干交通，包括成绵高速、成温环高速、成渝高速、机场高速、天府中轴线等；
"千园"——均衡布局综合公园、专类公园、小游园、微绿地等。

图例：
环城生态区　龙泉山生态带　环形绿带　楔形绿地
绿色交通廊道　滨河生态廊道　主要公园　规划区范围

图6

河北省国土空间规划魅力休闲体系建设专题研究

中国城市规划设计研究院／邓武功　康晓旭

提要： 针对人口密集、资源空间与需求市场并存的地区，提出了在省域层面通过"构建魅力休闲体系"实现"魅力国土空间"的方法路径，对支撑省域国土规划具有重要、创新意义。

一、魅力休闲体系的内涵与规划思路

（一）魅力休闲体系的内涵

2020 年 1 月，《省级国土空间规划编制指南（试行）》提出"充分供给多样化、高品质的魅力国土空间"的指导性要求，"魅力国土空间"正式成为国土空间规划中的一项内容。结合郑德高等人提出的"国家魅力景观区"、王笑时等人提出的"魅力景观空间"、李巍等人提出的"魅力国土空间"的涵义，本文认为魅力国土空间可以定义为：以自然文化景观资源聚集为特征，展示国土景观形象，向人提供高品质生态文化服务，满足人民日益增长的对优美生态环境需要的国土空间。

在省域国土空间规划的语境下，魅力国土空间包含不同的具体形态。在生态空间中表现为：①国家公园、自然保护区，其中以允许开展自然教育、生态旅游的一般控制区为主；②风景名胜区、森林公园、湿地公园、地质公园等各类自然公园；③其他依托自然文化景观资源的各类景区、旅游区等。在生产空间中表现为以农业生产为主，兼具休闲游憩功能的田园景观区、休闲农业园、生态农业园、田园综合体等。在生活空间中表现为城乡大尺度蓝绿空间、历史文化名城名镇名村、传统村落等。

魅力休闲体系是基于魅力国土空间的新型发展体系，是以上不同空间下自然文化资源的富集区域以及保障该区域功能发挥的支撑系统的综合体系。

（二）规划思路

从资源空间格局分析入手，以休闲需求与服务供给的关系作为研究重点，在京津冀地区未来发展总体格局的指引下，提出河北省魅力休闲体系的构建模式（图1）。

二、魅力休闲体系构建条件分析

（一）资源空间格局分析

河北省魅力国土空间的资源格局可以概括为"三带、五区"，即自然文化资源聚集的 3 条廊道和 5 个地理分区（图2、表1）。

（二）供需关系空间格局分析

通过对河北省旅游景区开发、交通体系和服务设施建设现状进行分析，并与京津冀区域的人口分布、收入水平进行对比，可以发现反映河北省魅力

图 1　规划思路与技术框架

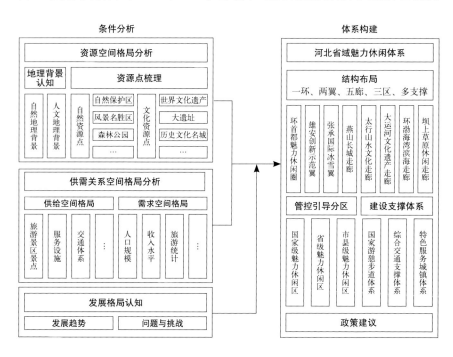

国土空间供给与需求关系的三种典型空间模式。

1. 以北京为首要目的地，向河北扩散的海外
入境和跨省旅游

河北省在顶级资源上存在短板，旅游基础设施
建设落后于京津，对境外及远程跨省游客的吸引力
不足。2017年，全省海外入境游客约160万人次，
不到北京市的一半，且主要集中在承德、秦皇岛等
文化遗产富集地区，很少向省内其他区域扩散。河
北省国内游客中，京津冀外的游客占比约40%，较
浙江省外游客占比46%、四川省外游客占比45.8%
稍低，且主要来源于邻近的河南、山东、山西、辽
宁等省份。相关研究也表明，京津冀三地旅游发展
极不均衡，北京旅游的形象地位很高，河北被屏蔽
于北京的阴影之下。海外入境和远程跨省旅游呈现
出以北京为首要目的地，向河北扩散的模式。

2. 以京津为客源地，向外辐射的假日休闲市
场和旅游流

河北已经成为供给京津旅游服务的重要地区，
其中又以假日休闲观光、生态运动健康、避暑避霾
养生、亲子文化教育等类型增长最为迅速。进入
2010年后，自驾车旅游爆发式增长，服务京津并
沿交通廊道扩散的假日休闲市场逐步形成，环首都
两日旅游圈格局开始显现（图3）。

这一模式中存在的主要问题有：①河北环京地
带的休闲空间供给不能满足北京庞大的需求；②目
的地设施配套落后，低水平发展的问题普遍存在；
③京津冀休闲供给一体化发展存在政策障碍。

3. 增长迅速，但存在明显不匹配的市县本地
供需关系

随着城乡居民收入水平提高和休闲需求增长，

河北省魅力国土空间资源格局　　　表1

资源廊道 / 地理分区		特征概述
三带	太行山魅力景观带	河北地区最重要的文明发祥地，隋唐以前北方最发达的经济带，华北地区通往其他区域的古老通道
	长城魅力景观带	中华民族精神的象征，万里长城的精华段落，农耕文明与游牧文明的交错带与交流带
	大运河文化带	规模宏大，历史悠久，是历史上促进南北交通、政治稳定、经济繁荣、文化交流的重要纽带
五区	太行山—燕山山地	河北省自然景观资源最富集、生物多样性价值最高、地形地貌最复杂的区域，是休闲旅游发展的重点区
	坝上高原	以森林、草原、湿地组合景观为主，呈现出不同于内蒙古高原深处单纯草原的复合景观类型，是距离中原地区最近的草原
	河北平原	人文历史资源富集，集中分布在太行山东麓地区。冀中南平原农垦历史悠久，自然景观资源匮乏，仅残存分布一些湖泽类型的水体景观，如衡水湖、永年洼等
	燕山南麓	资源上呈现出文化与自然组合的特征，表现在燕山山前丘陵地带的自然公园上，如清东陵国家森林公园、迁西景忠山、五虎山、青龙山等
	滨海地带	风景资源集中在北部沿海地区，以秦皇岛的山海风光、昌黎的黄金海岸、唐山的海岛资源为代表。南部沧州沿海资源相对匮乏，以沿海湿地和海滨地质遗址类型为主

图2　河北省魅力国土空间资源
格局图
图3　以北京为客源地的供需关
系空间格局示意图

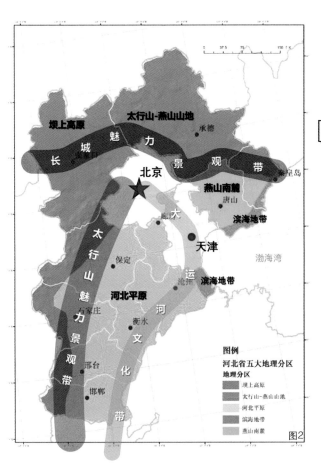

图2

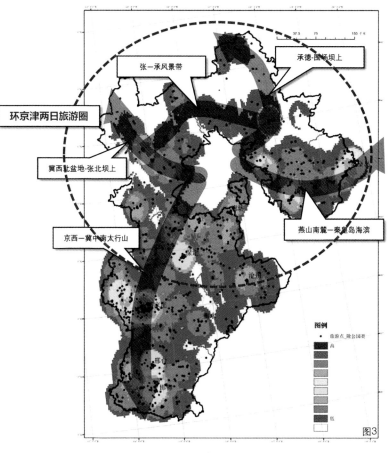

图3

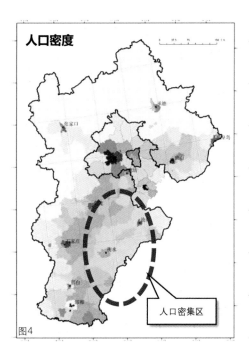

人口密度

人口密集区

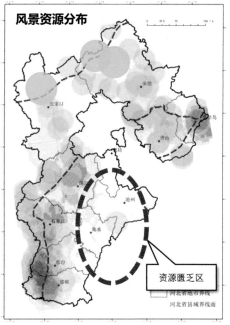

风景资源分布

资源匮乏区

河北省地市界线
河北省县域界线面

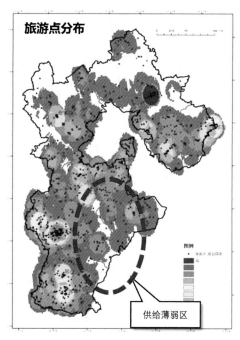

旅游点分布

供给薄弱区

休闲市场逐步由资源导向朝资源与需求双导向转变。但从河北省内需求与供给的对比看，存在着明显的不匹配。冀中南平原是河北省人口最为稠密、休闲需求旺盛的地区之一，但同时也是风景资源匮乏、旅游供给薄弱的地带，这就导致了供需的不匹配，体现出供给的不均衡（图4）。

（三）发展格局分析

京津冀的未来发展格局，直接影响河北省魅力休闲体系的构建，其中有三点趋势尤其需要重视。

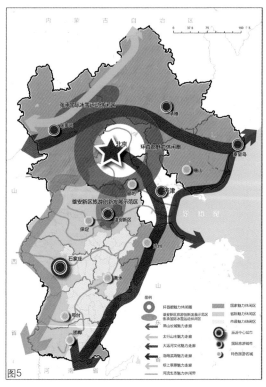

图 4 冀中南平原地区存在明显的供需不匹配
图 5 河北省魅力休闲体系空间布局

①民族复兴中，魅力国土空间负有塑造国家形象的责任；②魅力国土空间承担着河北省产业发展转型任务，面临保护与开发的矛盾；③雄安新区建设、冬奥会等国家战略与重大事件，影响魅力国土空间的布局。

三、魅力休闲体系构建

以建立供需匹配的空间格局为导向，通过整合区域优势资源、划定三级休闲区、确立三类支撑系统，在全省构建形成"一圈、两翼、五带、三区、多支撑"的魅力休闲体系（图5），进而提出魅力休闲体系实施的政策保障。

（一）布局结构性要素

1.一圈引领

以服务京津居民度假休闲需求为导向，通过加大对环京小城镇旅游基础设施建设投入，着力解决供给不足、品质不高的问题。以张承坝上地区、保北地区及廊坊为主体，以优势生态资源和特色度假设施为依托，构建环首都魅力休闲圈，成为京津冀旅游协同发展的先导区、示范区和引领区。以4个"旅游+"产业融合区为建设重点：以冬奥会为契机建设形成的京张文化体育旅游融合区，以长城、森林、温泉、皇家文化为依托的京北度假文化旅游融合区，以大兴机场为核心建设的京南临空商贸旅游融合区，以拒马河水系廊道衔接十渡—野三坡形成的京西拒马河生态康体融合区。

2. 两翼齐飞

两翼布局，是河北省突破资源瓶颈限制，提升国际国内旅游吸引力的重要举措。南翼结合雄安新区"贯彻落实新发展理念的创新发展示范区"城市定位，通过建设高标准的现代城市休闲体系，塑造优质旅游服务品牌，打造雄安新区旅游创新发展示范区。北翼借助冬奥契机，打造以崇礼为核心，以张家口和承德为支撑的张承国家冰雪运动休闲区。

3. 五带串联

"五带"指的是通过整合资源空间，以满足休闲供给而形成的五条廊道，分别是：

（1）燕山长城魅力走廊。包括河北省燕山地区，以长城沿线燕山地区为主。发挥近邻京津的区位优势，突出生态燕山与壮美长城绵延相伴的资源特色，强化与京津的合作，做好生态保护、长城修复、设施配套、产业升级、扶贫富民等重大工程，发展高端文化体验、生态休闲、乡村度假系列化旅游产品。

（2）太行山山水文化魅力走廊。包括太行山主脊及其以东的山地和山麓部分。以山前历史文化聚集地带为依托，建设太行山东麓文化旅游带。以太行山高速及其连接线为依托，加快建设太行山水画廊风景道。推动太行山国家森林步道建设，强化与山西、河南的合作，合力打造千里太行旅游产业带、国家山地休闲度假示范带。推动观光旅游升级、户外产品和度假产品开发，形成复合型山水生态旅游目的地。

（3）大运河文化魅力走廊。以大运河主河道流经的廊坊、沧州、衡水、邢台、邯郸五市和雄安新区等为主，以国家大运河文化带建设为契机，保护好、传承好、利用好大运河历史文化资源，成为打破冀中南供需不匹配的突破点。

（4）环渤海湾滨海魅力走廊。包括河北沿海地区的秦皇岛、唐山、沧州三市的环渤海湾滨海区域。发挥渤海湾山海相依、文化深厚、生态优越的资源优势，培育邮轮游艇、滨海温泉等高端休闲度假项目，促进海滨旅游向内地延展、向海洋进取、向海岛深入。

（5）坝上草原生态魅力走廊。依托张承坝上地区独具竞争优势的生态环境和优美的森林草原景观，以自驾观光旅游为基础，通过整合资源、提升品质，打造引领坝上旅游全域发展的千里草原风景画廊。

（二）划定三级休闲区

以县域为基本单元，在全省划定三级休闲区，提出发展指引，可作为省域国土空间规划中主体功能区的弹性补充（图6）。

（1）国家魅力休闲区，是具有国家自然文化资源价值，具有国土景观代表性，最能集中体现国家形象的区域。国家魅力休闲区面向全国，满足人民休闲需求并承接部分首都国际交往功能。其中4个承接国际交往活动的核心区域分别为：雄安新区、张家口冬奥会举办地、承德世界遗产地和北戴河海滨疗养度假区。

（2）省域魅力休闲区，是具有省级自然文化资源价值，具有省域影响力与发展潜力的区域。省

图6　三类魅力休闲区

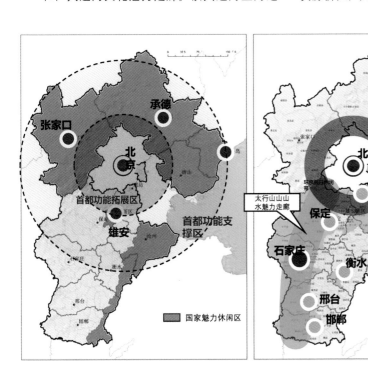
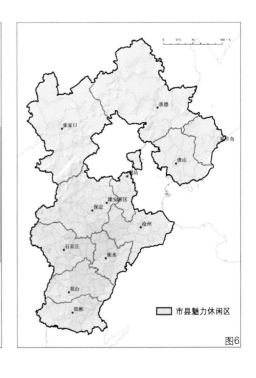

图6

一级地类	二级地类	含义
自然保护与旅游用地	自然保护用地	指在生态空间内因具有突出生态、景观、科学价值而需要特别保护的用地
	游憩活动用地	指在生态空间内集中开展各类游憩活动的用地
	旅游设施用地	指在各类生态空间内，为开展休闲游憩活动而建设的人工景点、游憩道路、游憩服务设施、管理设施、保护监测设施等所需的用地

域魅力休闲区以服务京津冀区域、冀晋鲁豫交界区域为主。主要包括环京津地区南部、环雄安地区、太行山及其东麓地区以及衡水。

（3）市县魅力休闲区，是具有市县级自然文化资源价值，具有市县地区影响力与发展潜力的区域。市县魅力休闲区是以服务当地人民群众为主，以农旅融合、城镇近郊游憩开发为主的地区。

（三）确立三类支撑系统

1.国家游憩步道系统

依托省域范围内大山大水，构建国家游憩步道体系，体验由山到海的壮丽、多元的自然景观与长城、大运河、避暑山庄等中国传统文化精粹。游憩步道依托山间、滨河现有步道和各类小路设立，保持自然、野趣的风貌，重点串联现有的各类自然保护地、历史名胜、传统村落等风景旅游资源，沿途配置标识系统、解说系统、帐篷营地、应急救护点等游憩服务设施。以太行山国家森林游憩步道和燕山长城游憩步道为主体，以沿省内大运河、滹沱河、滦阳河的步道为补充。

2.综合旅游交通系统

加强重点旅游区通用机场建设和改扩建，推进围场、张北、唐山国际旅游岛等通用机场建设，实施秦皇岛北戴河、张家口、承德机场改扩建。完善公路交通体系，提高旅游景区可达性，鼓励在国省干线公路和通景区公路沿线增设观景台、自驾房车营地和公路服务区等设施。持续推动串联太行山山水文化魅力走廊的太行山高速建设和支撑环首都魅力休闲圈的首都地区环线高速建设。推进港口与水系航运建设，促进水运交通与休闲游憩体系融合。结合秦皇岛港口功能调整推进国际游轮母港建设，结合重点水系生态修复工程推进河道通航改造，逐步实现大运河衡水段、沧州段、香河段部分河道通航。

3.特色服务城镇系统

随着自驾车旅游爆发式增长，小城镇的地位在旅游休闲格局中崛起。特色服务城镇体系除提出继续加强省会中心城市地位，培育雄安、张家口、承德和秦皇岛4个国际旅游城市外，还提出了发挥乡镇自然生态环境优良、各类特色农产品丰富、地域民俗风情浓郁、毗邻旅游休闲景区的优势，在全省范围内发掘100个以上具有特色的旅游服务乡镇的建议。

（四）提出体系实施的政策保障

1.建立自然文化景观资源普查、登记制度

建立自然文化景观资源普查制度，开展全省资源调查评价工作，为资源的保护、利用以及魅力休闲体系建设奠定基础。探索建立自然文化景观资源登记制度，在实施自然资源登记时，将自然文化景观资源作为一类特殊的类型纳入登记制度体系。

2.完善支撑魅力国土空间保护与利用的土地用途分类

建议将生态空间中因具有突出生态、景观、科学价值，而需要重点保护或集中开展游憩活动的空间，设置为"自然保护与旅游用地"。其中包括自然保护用地、游憩活动用地、旅游设施用地。

3.完善支撑魅力休闲体系建设的用地保障制度

在城镇开发边界外，采用"名录管理＋约束指标＋分区准入"相结合的管制方法，实施建设用地"点状供地"制度。允许预留一定比例的建设用地机动指标，用于零星分散的旅游休闲项目等点状设施的建设。

项目组成员名单

项目负责人：程　鹏

项目参加人：邓武功　康晓旭　杨天晴　吕明伟

西北半干旱地区海绵城市规划及建设探索
——以青海西宁为例

中国城市建设研究院有限公司／阳　烨　孙　晨　翟　玮　何俊超　白伟岚

提要： 立足长期扎实的海绵城市实践，深入剖析西宁市存在的水资源匮乏、水环境污染、水生态脆弱、水安全威胁等生态问题，制定"治山、理水、润城"的系统化建设路径，构建切实可行的特色目标指标体系与实施策略，为我国西北半干旱性地区海绵城市建设供借鉴。

以西宁为代表的西北地区半干旱河谷型城市分布于我国西北黄土高原与青藏高原的过渡地带，为典型的大陆性高原半干旱气候，人均水资源占有量低，受潜在的水土流失与山洪威胁较大。这类城市水环境污染严重，面临产业转型与新型城镇化战略需求，亟须探索新的发展模式。

2016年4月，西宁成功申请国家第二批海绵城市试点城市。作为西北地区海绵建设的实践先驱，因其独特的地理条件与气候特征，逐步摸索出海绵城市建设的规划技术要点，为西北半干旱河谷型城市提供可复制、可参考的经验模式。

一、西宁概况

西宁是青海省省会，全市总面积7660km²，建成区面积118km²，常住人口231万人。中心城区位于河谷地带，呈"两山对峙、三水汇聚、四川相连"的空间格局，近30年的年均降水量为410mm。1995~2005年，西宁城市发展缓慢，城市建设用地面积仅增加2km²。2005～2015年，由于国家西部大开发战略的实施，西宁城市发展迅速，建成区面积由原来的68km²扩张至118km²，原有大量农田、耕地转为城市建设用地。城市下垫面的巨大变化带来了一系列的生态问题。

二、现状问题

（一）山——水土流失与冲沟安全威胁

西宁中心城区位于山间谷地，山体地貌多为黄土丘陵沟壑，地形坡陡沟深，土壤多为沙质黄土，抗蚀能力低，水土流失严重，以面蚀为主，兼有沟蚀、重力侵蚀，土壤侵蚀模数在3500～5500t/(km²·a)。山体坡面水土流失面积约4.4km²，沟道侵蚀面积约70.9 km²。西宁市地质灾害高易发区总面积为9.425km²，其中地质灾害高发、中发区主要集中在山间沟谷区域。

（二）城——水资源供需矛盾与内涝隐患

西宁市降水量少且时空分布不均，中心城区人均水资源占有量31.54m³，仅占全国平均水平的14%。现地表水资源开发利用率达到72.4%，超过生态脆弱的警戒线。

中心城区整体内涝安全风险较小，存在局部内涝风险点，主要由于地势低洼、排水设施不完善、排水能力不足、雨水管线破坏或排水不畅等原因造成。根据MIKE模型模拟，结合现状排查，西宁市共计31处现状内涝积水点。

（三）水——自然循环断裂与水体污染超标

西宁市共有一级支流4条，大小支沟60余条。随着城市发展，不合理的利用方式使得冲沟与河道的连通性遭到破坏。许多汇入湟水干流和一级支流的沟道在汇入城区前被灌溉干渠截流，沟道与河流的连通被人为侵占截断；一些汇入城区的沟道由于位置偏远，未被纳入城市蓝线管理，存在侵占、填埋现象，降低了山体的生态屏障作用，对城市存在极大的危害。

湟水干流水质状况呈轻度污染，支流水质呈重

西宁市海绵城市建设指标体系表　　　　　　表1

目标分类		建设指标	数值
治山	涵养水源	山体植被覆盖率（新增）	≥85%
		年径流总量控制率/对应设计降水量	98%/27.4mm
	保持水土	水土流失治理比例（新增）	≥80%
		山洪沟道防洪标准（新增）	30年
理水	清水入湟	河道检测断面水质	不低于地表IV类水标准
		河道防洪设计重现期	100年一遇
	蓝绿交织	水系生态岸线比例	≥85%
润城	小雨润城	年径流总量控制率/对应设计降雨量	85%/13.0mm
		SS综合削减率	≥50%
	用排相宜	雨水管渠设计重现期	2~5年一遇
		内涝防治设计重现期	50年一遇
		雨水利用量替代城市自来水比例（优化）	≥2%
		污水再生利用率（新增）	≥50%

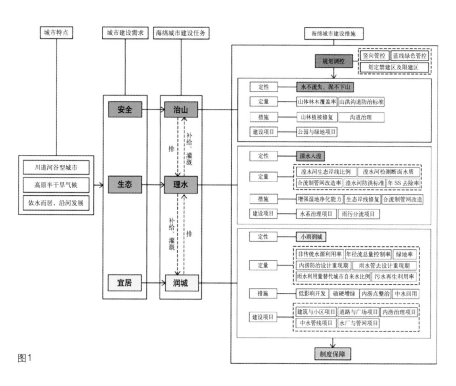

图1

图1　西宁市"理山、治水、润城"的系统化海绵城市建设路径

图2　西宁市中心城区生态安全格局构建技术路线图

图3　西宁市中心城区生态安全格局图

图4　西宁市中心城区生态保护分区图

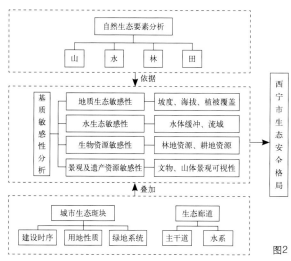

图2

度污染，现状水质为V类、劣V类，主要污染物为NH₄-N、COD，平水期、丰水期水质较好，枯水期水质较差。其中，中心城区段的湟水河、北川河、南川河全年水质均为劣V类水质，水环境质量状况较差。

三、海绵城市建设总体目标

以解决"水"问题为抓手，将水环境治理与水资源化利用作为西宁海绵城市建设的主要控制目标，选取年径流总量控制率≥85%，对应的设计降水量为12.7mm为西宁海绵城市建设的总控制指标，具体指标体系如表1所示。

四、海绵城市建设技术路径（图1）

（1）规划调控：通过对中心城区生态安全格局构建，对建成区的竖向、蓝线绿线制定规划管控要求，并划定禁建区、限建区的管控范围，保护城市良好的山水格局。

（2）"治山"：通过山体绿化和沟道治理，减小径流损失和泥沙输送，构筑城市海绵体外围的水资源涵养和缓冲区，实现"渗、滞"功能。

（3）"理水"：通过沟河水系自然生态修复，连通流域自然循环，突出自我净化功能，构筑海绵体内外清澈干净的水系统，实现"蓄、净"功能。

（4）"润城"：注重以人为本、生态优先，通过低影响开发、破硬增绿、内涝点整治和中水回用，以潺潺溪流为城市增添灵动，让高原群众也享受到海绵城市建设带来的碧波荡漾、杨柳轻拂的福祉，综合实现海绵城市的"六字"要求。

（5）管理保障：通过建立有效的行政管理中心、工程项目小组、项目管控小组、绩效考核办法、投融资制度与技术标准，保障海绵项目建设的顺利实施，推进"规－建－管"一体化，为海绵城市健康持续发展保驾护航。

五、海绵城市规划调控体系构建

（一）总体思路（图2）

（1）采用遥感解译、GIS提取等方法，识别区域自然生态要素（山、水、林、田）。

（2）在此基础上进行生态基底的敏感性分析，采用AHP-Delphi法，确定指标及其权重，辅以GIS叠加分析技术得出分析结果。

（3）确定生态基底敏感性后，识别重要的生态廊道和斑块，叠加中心城区建设情况、用地规划、绿地系统规划，构成生态安全格局，对区域生态安全底线提出规划管控要求。

（4）根据生态敏感性分析和生态安全格局的识别结果，划定中心城区的生态保护分区，提出分区保护指引，并划定禁建区、限建区的管控范围。

（5）在生态敏感性分析和中心城区水系识别基础上，根据汇水面积、水量情况、水系功能等水文特征，对中心城区内的水系、河谷进行分级，优化调整蓝线保护范围，构建水系空间规划管控要求，提出水系建设管控指引。

（二）生态安全格局保护

经生态敏感因素叠加分析，总结中心城区重要的斑块、廊道的分布，将西宁市生态安全格局呈现出"一心、两轴；四片、四屏；多廊、多点"的特征。重点对高敏感区（即水系和可视性较高、植被覆盖较高、坡度较陡的山体，占中心城区总面积的13.2%）严格执行生态保护和修复，保证区域生态安全的底线（图3、表2）。

（三）生态保护分区指引

根据西宁市生态敏感性分析和生态安全格局的识别结果，划定中心城区8片生态保护分区。重点划定对禁建区、限建区、蓝线、绿线的规划管控范围，保护中心城区大海绵生态体（图4）。

（四）水系建设管控指引

经水系、支沟的识别分级，中心城区内一级支流5条、二级支流9条、三级支流19条，将基本常年有水的一、二级沟道全部纳入城市蓝线管控范围，扩大城市蓝线范围，新增蓝线54.8km，总长度达129.1km，总面积1649hm²，并对水系空间提出了表3所示的管控指引。

结合西宁市中心城区水系周边用地及城市空间布局，统筹考虑水系保护与开发需求，将水系分为

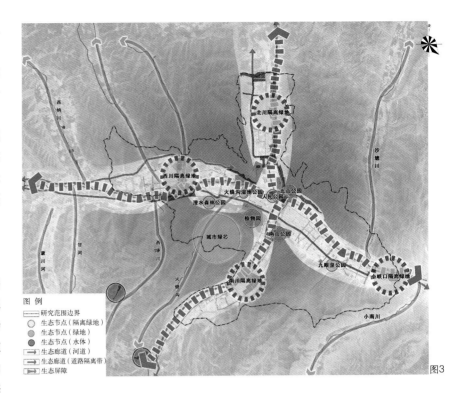

图3

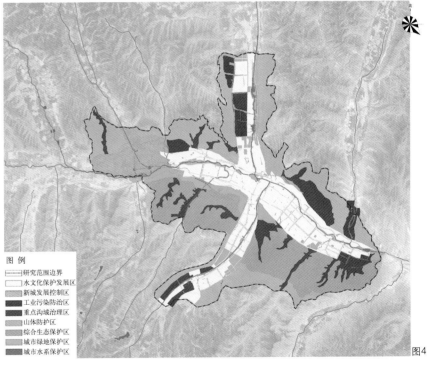

图4

西宁市海绵城市建设生态安全格局保护规划指引表

表2

生态格局	保护区域	规划管控指引
一心	西堡生态森林公园	严格管控城市建设活动，限制其性质和规模；通过人工手段进行生态修复，提升其生态服务价值
两轴	东西走向的湟水河，与南北走向的北川—南川河	沿湟水河、北川—南川河分别划定宽度不低于20m、10m绿地作为河道外围植物缓冲区；充分保护、合理分配、科学利用水资源
四片	西川隔离绿地、北川隔离绿地、南川隔离绿地、小峡口隔离绿地	严格保留隔离绿地，不得侵占或调整用地范围
四屏	围合西宁市中心城区南北山	做好水土流失防治，降低滑坡、崩塌等灾害发生；开展生态修复、植树造林、荒坡治理，提升区域的生态系统服务功能，助力城市的可持续发展
多廊	湟水河及其支流连通的各大生态斑块	注重廊道保护，增强川谷水系和绿地斑块的连通性，完善城市生态格局
多点	市级组团级的绿地斑块	加强绿地维护和管理，提升绿地生态和文化服务价

水系级别	汇水面积	水域空间控制要求	陆域双侧各要求的控制宽度
湟水河干流	—	水域空间必须包括滞洪区以及其周边湿地，维持自然水系的走向与线形，尽量保持自然驳岸或采用生态驳岸	>20
一级支流	>170km²	原则上必须维持自然水系的走向与线形，禁止擅自改变水系走向、占用水域空间	10~30
二级支流	12~91km²	尽量尊重自然水系的走向与线形，可以结合防洪、生态、景观、排涝等方面的要求，在充分论证的基础上，对水系走向进行合理调整	8~20
三级支流	2~10km²	原则上禁止占压、填埋等行为，根据用地布局需要，可对该类水系的走向与线形进行适当调整	5~10

西宁市中心城区水系规划建设指引　表4

功能分区		位置	建设指引
浅山支沟保护段		城市建成区外围的浅山区	控制村庄面源污染，进行以水土保持为目标的小流域治理
产业发展段		城市建成区边缘的工业组团和乡镇	严格控制工业污水入河；保持外围沟道与城内水系的联通
水系城区综合段	湿地景观保护段	海湖湿地公园至新宁路	实现100%的岸线生态化率；建设功能型海绵湿地公园，深度净化处理污水处理厂尾水，保障下游水质
	历史文化保护段	新宁路至建国大街之间的湟水河干流	西宁历史城区保护改造，打造突出河湟文化的水景观
	生活休闲娱乐段	建国大街至民和路之间的湟水河干流	岸线生态化改造和滨水景观的打造，保护河道及滨水空间的完整性
	组团更新段	城中区的总寨镇、沈家寨区域的南川河段和城北区内的北川河段	逐步改造现有城中村的污水排放管网，禁止污染直排入河

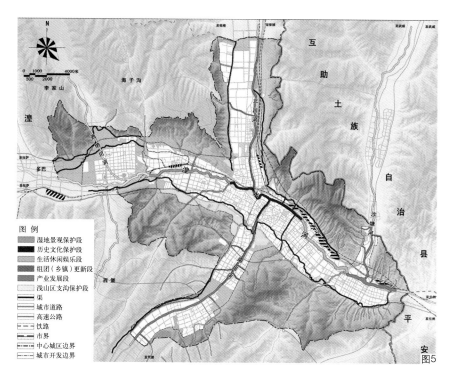

图5　西宁市中心城区水系规划建设指引图

浅山支沟保护段、水系组团（乡镇）发展段以及水系城区综合段三大类，并对水系建设提出相应的规划建设指引（图5、表4）。

六、海绵城市系统规划方案

（一）山体治理规划方案

山体沟道治理方面，构建"源头修复与削减、过程引导与控制、系统综合治理"的全系统化建设实施路径（图6）。

（1）源头上，对中、高山地水源涵养林封育保护，对天然乔、灌木稀疏林地进行人工补植或封山育林；强化水土保持，使山体林木覆盖率达到50%的目标要求；通过雨水花园、植被浅沟、净化塘等低影响开发设施，对片林内重要节点雨水径流进行控制削减，强化雨水滞留与就近浇灌利用。

（2）过程上，对道路边沟进行生态化改造，统筹协调边沟原有的排水与灌溉功能，对灌溉用水与雨水径流进行有效引导与控制。

（3）系统上，对冲沟进行全过程修复与治理，以小流域为单元，采用"上拦、下排、水不下山、泥不出沟"的综合治理模式，通过沟头防护、边坡修复、末端雨水多级净化与调蓄利用系统的构建，达到沟道防洪与地质灾害防护双标准。

（二）水系治理规划方案

1. 技术路径

落实"四水共治"方针，通过改造雨污分流管网收集、转输系统，完善污水处理系统，提升尾水水质及湿地净化回用系统等措施，构建完善的"收集－转输－处理－回用"等一整套污水处理系统，实现点源污染的控制。末端通过沿西宁市中心城区滨水绿地，构建"源头控沙－末端净化"的绿色基础设施系统，发挥绿色大海绵体的净、蓄、用、排功效。同时，加强生态驳岸建设，沿着水系形成一条"串珠式河湖清"工程湖水系治理模式，让更多市民群众享有"河湖清"的生态红利（图7）。

2. 雨污分流管网改造

梳理建成区6个独立的污水排放收集系统，明确老城区合流制雨水管网位置、管段长度及管径等属性，原则上将原合流制管道用作雨水管道，并布置新的污水管道。在用地不满足的地区，布置截污管道，设置适宜的截污倍数，防止暴雨时出现溢流污染。经统计，雨污分流改造管段长度约50km。

3. 中水净化湿地建设

结合污水处理厂的位置及湿地布局，布置4

个尾水净化湿地公园。规划要求污水处理厂尾水进行循环利用,将污水处理厂尾水经再生水厂深度处理后,一部分回用于城市,一部分排入湿地生态补水,供给下游用水。

4. 雨水径流污染治理

对于城市建设区内及新建区域,可主要采用低影响开发设施控制径流污染,以减轻排入城市河湖水系的污染负荷。可结合源头低影响开发设施和19处末端雨洪调蓄湿地公园,对雨水总排口雨水进行调蓄净化,延长雨水排放时间,实现雨水的生态净化效果。

5. 河道水系治理

河道水系综合治理包括河道上游沉沙公园建设、河道清淤疏浚、水系生态修复、活水循环以及水系生态岸线构建等措施。其中,在西川、北川、南川三处隔离绿地建设沉沙湿地公园,控制进入中心城区的含沙量,保证"清"水入城(图8)。实施河道清淤疏浚工程,拓宽淤堵河段,保障河道防洪标准(图9)。此外,通过水系生物系统营造、生态岸线建设和补给中水循环,提升河道自净化能力。

(三)城区海绵城市规划方案

1. 低影响开发系统构建

结合中心城区海绵城市功能分区、行政区划、排水管网以及地形坡度走向、河道水系流向,将西宁市城市开发用地划分为38个管控片区(图10)。通过低影响开发雨水系统构建,建立"源头截流、过程引导、末端蓄存、系统增绿"的低影响开发建设措施,对雨水径流进行定量控制,达到年径流总控制率85%的指标要求,并增加绿色经济效益,实现"小雨润城"目标。

2. 水资源综合利用

通过雨水资源利用系统构建,将集中的降水曲线,延伸为相对平缓的用水曲线,形成以集雨利用为核心的水资源利用系统。通过再生水循环利用系统构建,建立工业与企业生产废水循环和循序利用、再生水回用城市杂用水、再生水补给生态湿地及河道水系三级循环利用途径,为我国西部干旱地区的节水型社会建设提供可复制的经验。

3. 城区水安全保障

结合城市现状易涝点排查,采用MIKE系列模型对城市现状排水情况进行建模模拟,对现状管网排水能力及内涝风险进行评估分析。明确现状雨水管网规划提标改造长度约43.3km,确定了新建雨水管渠长度约307.1km,新建下沉广场等调

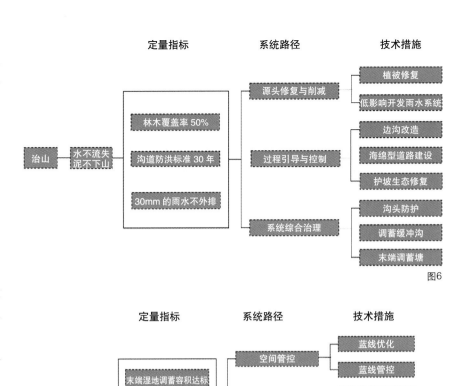

图6

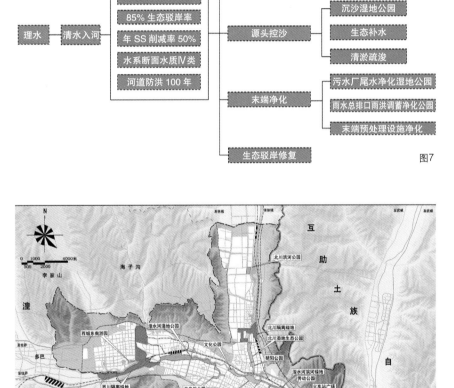

图7

图8

图6　西宁市海绵城市建设山体治理技术路径图
图7　西宁市海绵城市建设水系治理技术路径图
图8　西宁市海绵城市建设功能湿地净化公园布置图

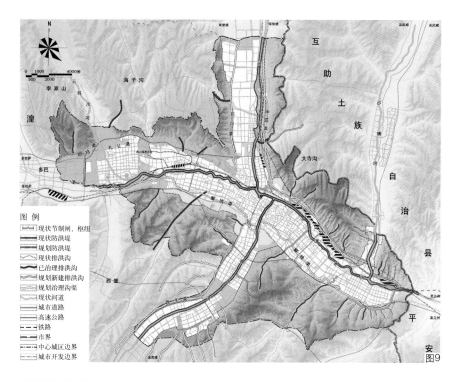

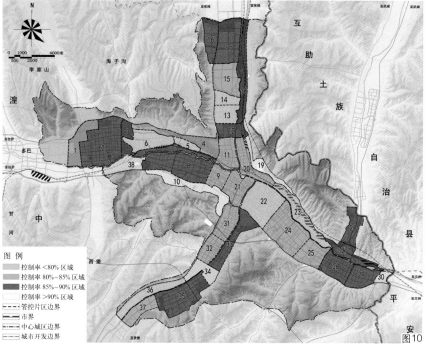

蓄空间约 122 万 m³，给出因竖向不符、管渠管径偏小和管理运维不足等问题造成的 38 个内涝积水点的治理方案。并通过用地竖向控制、超标雨水行泄通道构建防涝系统规划方案，解决管网能力不足 2 年一遇的问题，消除 30 年一遇产生的内涝积水点，防治 50 年一遇城市内涝风险区，全面提升水安全标准。

七、总结

"山、水、城"是西北地区半干旱河谷型城市形态的共性元素，是解决城市水问题的关键点，也是新时代城市生态建设的重要落脚点。

西北半干旱河谷型城市海绵城市建设需在规划、建设、管理等方面统筹协调、深刻融合。在规划管控上，通过竖向管控、蓝线绿线管控以及禁建区、限建区的划定，对城市良好的山水格局与竖向条件进行有效管控；在工程项目建设上，针对海绵城市的目标与措施，以"治山、理水、润城"为海绵系统化技术路径，梳理具体建设项目，确保建设项目与目标指标、问题需求环环紧扣；在管理体系上，建立有效的管理、绩效考核、投融资制度与技术标准，推进"规-建-管"一体化。

项目组成员名单

项目负责人：阳　烨

项目参加人：何俊超　孙　晨　朱　江　翟　玮
　　　　　　王媛媛　高　源　白伟岚

图 9　西宁市海绵城市建设水系防洪治理布置图
图 10　西宁市海绵城市建设年径流总量控制率指标分解图

近郊型风景名胜区的保护与发展
——以湖北襄阳隆中风景名胜区为例

中国城市规划设计研究院风景分院／李路平　田皓允　单亚雷

风景一词出现在晋代（公元265～420年），风景名胜源于古代的名山大川和邑郊游憩地及社会选景活动。历经千秋传承，形成中华文明典范。当代我国的风景名胜区体系已占有国土面积的2.02%（19.37万 km²），大都是最美的国家遗产。

提要：隆中风景区作为近郊型风景区的典型代表，规划通过全面重新认识隆中风景区与所在区域"城景乡关系"，以文化景观资源保护为核心，丰富游览体验为途径，推动城景乡地区协调发展。

一、总体特征

隆中风景区位于湖北省襄阳市的近郊，是1994年国务院批准设立的第三批国家级风景名胜区。风景区由古隆中、鹤子川、承恩寺、回龙河、七里山、水镜庄6个游览景区构成，其中古隆中和水镜庄景区与城镇建设空间直接相连（图1）。

隆中风景名胜区的风景资源种类丰富，主要体现在底蕴深厚的人文环境、古色古香的寺庙观宇、保存完好的明代王墓、丰富多样的古堡山寨、清澈旖旎的湖泊溪涧和环境优美的茂密山林。

其中尤以诸葛亮文化景观资源密集的古隆中最具代表性。古隆中以诸葛亮故居为特色，融人文景观与自然景观为一体，同时也是全国重点文物保护单位。目前有草庐亭、隆中书院、六角井、躬耕田、石牌坊、武侯祠、三顾堂等22处人文景观。这些景观不仅保存汇集了历代碑刻、匾文、书画等金石艺文，而且在建造形式上秉承"天人合一"的思想，与自然环境融为一体，是诸葛亮文化景观在历史上不断发展演变的重要见证。

二、存在问题

隆中风景名胜区处于城市和乡村的接合地带，是城乡关系演变的重要"窗口"地区。随着城市和乡村的发展，在城景之间、景乡之间表现出了多种矛盾。

（一）用地空间的挤压

襄阳市自改革开放后城市空间发展迅速，建成区面积不断增加。城市建设用地在向西拓展的同时，逐步挤压隆中风景区的空间，同时也有一些因历史原因而保留在风景区内的事业单位，随着自身发展，用地空间不断增加。这些矛盾的产生根源是将城市发展与风景资源的保护对立起来，造成风景资源的破坏。

另一方面由于紧邻城区，隆中风景区内良好的生态环境吸引着市民和游客，风景区内部的村民也主动向旅游服务转型，导致农村居民点、旅游服务用地和各类基础设施用地不断扩大。但由于缺乏科学合理的建设引导，不少用地的选址和建设规模都对隆中的风景资源产生了负面影响。

（二）生态环境的污染

快速城镇化时期在城乡接合部往往会聚集部分

图1　隆中风景区区位图

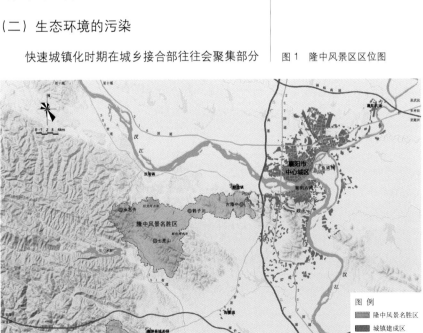

图1

图例
隆中风景名胜区
城镇建成区
主要景区
公路
水系

工矿企业，其产生的污染物对近郊型风景区的生态系统造成严重破坏，导致整体生态效益下降。目前隆中风景区内仍保留有不少工厂企业，其中不乏一些污染严重的工厂，这不仅严重破坏了风景区的环境、地下水源和景观风貌，还对周边居民的身体健康造成威胁。

（三）近郊乡村的衰落

隆中风景区内部或周边的乡村属于近郊乡村，因其所在的独特地理区位，与一般村庄存在较大差异，在产业、人口、文化等方面受到城市影响较大。首先由于城市低端产业外溢，在近郊村庄集聚，加之村中青壮年外出务工比例较大，农田撂荒严重，农业生产衰落。其次因为农民自建房租金低廉，城郊地区的人员逐步混杂，一定程度上对乡村历史风俗造成破坏。另外在文化上，由于长期受到城市文化的影响，新一代村民缺少对自身乡土文化的认同感和自豪感。

（四）乡村风貌的消失

隆中风景区的资源具有"自然与文化交融"的特色，乡村作为其中的人工建设，其景观风貌应融入整体自然环境，而传统乡村景观特色则是对风景区的增色添彩。但目前隆中风景区内大部分的村庄传统风貌并没有得到相应的重视，尤其是新建区域更多的是现代风貌的建筑，高度上也突兀于自然中。

三、规划策略

根据隆中风景区自身特点，结合现状面临的问题，本文从城景乡协调发展的视角，提出以下规划策略。

（一）推动城景乡的有序融合

从区域空间结构上构建"一镇两片三区"的襄阳城西"城景乡"融合发展区（图2）。在城镇区域，实现风景名胜区与城镇之间职能互补，才能以更开阔的视野，在更广阔的空间上统筹发展布局，从而减少发展建设对风景名胜区的保护压力。因此在隆中风景区周边增加特色旅游服务，形成"一镇两片"，即围绕襄阳城和隆中风景区形成配套的茨河特色旅游镇、卧龙和南漳旅游服务拓展片区，承担区域的旅游服务职能。针对周边的乡村资源，形成汉江沿岸休闲旅游区、黄家湾旅游度假区和清凉河乡村旅游区的"三区"。最终保障在区域发展重点、用地管控等方面，"城景乡"三者之间做到目标一致、利益共享、协同决策。

（二）挖掘城景乡的文化特色

首先，提高对风景区所蕴涵的文化景观价值的认知。隆中作为三国时期重要历史事件的发生地和诸葛亮耕读寓居之所，文化景观价值内涵丰富。但从现状的保护和发展措施来看，无论是保护范围的完整性还是其价值内涵，都未得到充分地分析和研究。目前古隆中文化景观的保护与展示集中在全国重点文物保护单位——襄阳"古隆中"的保护范围内（躬耕田冲），但这一范围无法全面真实地反映出古隆中文化景观中"自然环境与人文的完美融合"的特征。因此需要构建隆中完整的文化景观空间格局，这不仅利于文化景观的整体保护，也有利于其所蕴含的理念文化的展示。

其次，挖掘风景区内乡村地区的地域文化特色。隆中风景区范围内有大量具有地域特色的乡村聚落，整体体现出秀雅、清幽的山林田园之美，是一种可耕、可读、可居、可游、令人亲近的自然环境，也正是这样的山水环境吸引诸葛亮在此修身养性、躬耕苦读。规划探索以文化为主导，结合农业与旅游的新型融合模式，通过净化农田与自然风光，增加与隆中文化景观相得益彰的文化展示和体验点，形成集生产、观光、体验等为一体的特色农业。

图 2 "一镇两片三区"示意图

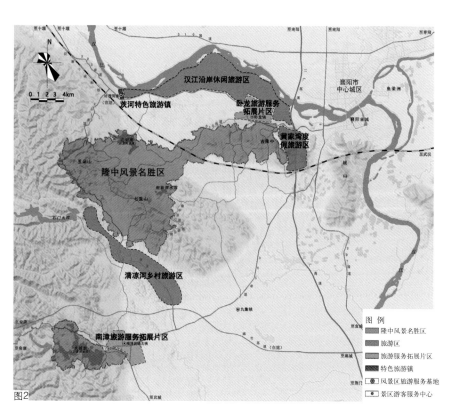

图2

四、规划特色

(一) 凸显文化景观价值的保护培育

隆中风景区最具代表性最有价值的是诸葛亮文化景观资源，针对其文化价值、精神价值和空间价值，规划梳理了隆中文化景观可持续发展与保护的空间范围，还原古隆中与周边地区的空间关系，结合古隆中主要的资源点、观景点、游览线路的视域分析，树立科学合理的保护范围，实现隆中文化景观的要素完整和空间格局完整（图3）。

目前风景区游览活动基本围绕诸葛亮躬耕及三顾茅庐故事展开，游赏内容和空间都较为局促。规划针对古隆中文化景观的价值特征，首先对照历史，延展游赏序列，构建门景区——诸葛躬耕区——诸葛故居区——诸葛智慧区的新游览空间体系，让公众能全方位多层次地去感受古隆中文化景观的价值。

诸葛故居区在现状基础上，逐步恢复梁甫岩、抱膝石等景点，充分还原真实古隆中。同时在自然山水环境中，借助数字虚拟技术，将三顾茅庐和隆中对策等与诸葛亮相关联的事件进行重现，强化展示对象以及对象关系所蕴含的背景和意义。

诸葛躬耕区和诸葛智慧区围绕诸葛亮青年耕读的经历，以现代化的文化演绎为主。诸葛躬耕区增加与耕读文化相关内容和农耕文化体验点；依据青年诸葛亮在古隆中的生活经历，在诸葛智慧区按照躬耕、求学和交友等主题，通过交互技术和虚拟现实的方式提供沉浸式的环境体验。

(二) 展示地区资源特色的风景游赏

规划根据风景区游赏发展定位，结合风景区资源特色与发展现状，以"提升中心景区游赏品质、促进外围景区均衡发展"为原则，构建"一心、七区、多线"的游赏空间结构（图4）。

一心：规划以诸葛亮故居——古隆中为核心，以诸葛亮智慧文化为引领，再现诸葛亮居住、耕读、交友、婚恋等生活情境，成为隆中风景名胜区核心吸引。

七区：规划根据隆中风景区资源特色以及发展现状，按照"差异化、特色化"的发展思路，建设古隆中、鹤子川、孔明湖、五朵山、承恩寺、七里山、水镜庄七大景区，作为落实风景区游赏功能的主要空间载体。

古隆中景区：以诸葛亮故居——古隆中为核心，以三顾茅庐、隆中对策等三国故事的人文景观和古朴清幽的自然景观为特色，重点开发耕读体

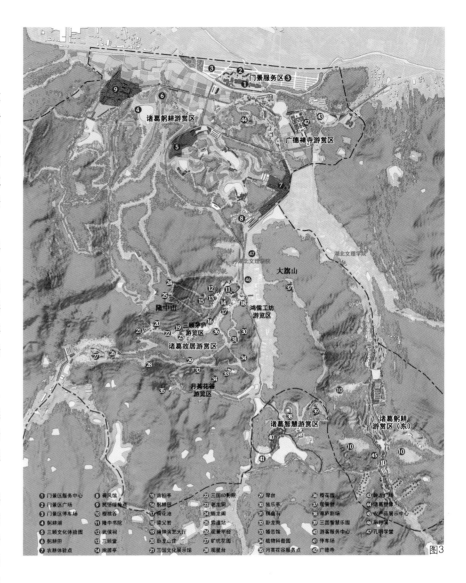

图3 古隆中景区游赏规划图

验、史迹观光、智谋朝拜、礼佛禅修等功能。

鹤子川景区：以清新雅致的田园风光为特色，重点开发农事休闲、户外游憩等功能，兼顾风景游览功能。

孔明湖景区：以烟波浩渺的湖光山色为特色，重点开发水上观光、水上游赏等功能。

五朵山景区：以层林尽染的五朵山秋色以及神秘的襄王墓葬为特色，重点开发秋赏红叶、户外探险等功能。

承恩寺景区：以古色古香的寺观庙宇和幽深静谧的峡谷风光为特色，重点开发古刹探寻、峡谷揽胜等功能。

七里山景区：以山峦叠翠的森林氧吧为特色，重点开发山野游憩、植物科普、古寨体验等功能。

水镜庄景区：以司马荐贤的三国文化和清澈的水镜湖水为特色，重点开发文化鉴赏、水上观光、南漳绿道等功能。

多线：规划依托风景区良好的自然生态环境，结合游览道路、峡谷溪涧、水库等安排自行车、徒

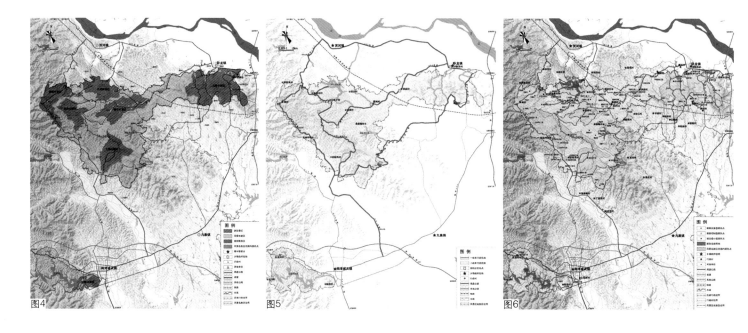

图4　景区总体布局结构图
图5　两级车行游览路线规划图
图6　居民点调控规划图

步、水上游览线路，游览线路突显文化体验和户外休闲等游赏主题。

（三）统筹城景乡协调发展

1. 促进交通设施一体化发展

现阶段风景区随着接待游客规模的不断扩大，自驾游等多种游览方式的兴起，以及村落经济不断发展，农产品贸易逐年增长，城镇地区与风景区之间的交通需求不断增加。

规划基于游客规模测算和风景区内部居民出行以及农产品流通等因素，在现有交通系统的基础上提出了两级车行游览路线。其中一级游览路线主要组织社会交通，衔接各景区、主要村落与城市，有利于三者之间更好地融合与沟通。其形成的"外环加衔接线"的结构，能够保障风景区内各个景区与周边城镇纳入一个整体的外围交通环，同时内部通过衔接线的建设方式，提高各景区与城镇之间的联络效率，促进城景在交通设施发展上的一体化（图5）。

2. 引导风景区内居民点有序发展

在风景资源保护基础上，一方面引导对风景资源保护有较大负面影响、位于地质灾害区的居民点向风景区内聚居改善型居民点转移或在风景区外进行安置，降低风景区内居民生产、生活、对于生态环境的扰动。另一方面对风景区内居民点的空间分布特征、传统村落格局、乡土建筑以及乡土材料、生产生活方式进行识别，在新农村

建设中予以保留、保护，申报一批历史文化名镇名村，并引导居民参与旅游产业，在保持风景区资源永续利用前提下，通过旅游业发展带来的机会促进当地经济结构的调整，创造新的就业机会，提高居民生活水平。

本规划根据地质安全要求、风景资源保护培育要求、居民点的空间分布特征，将现有居民点划定为搬迁缩小型、聚居改善型、聚居控制型3类（图6）。

五、结语

作为近郊型风景区的典型代表，隆中风景区"城景一体"和"景乡一体"的特点以及面临的问题，是我国众多近郊型风景区的一个缩影。本次规划通过全面重新认识隆中风景区与所在区域"城景乡关系"的过程，以诸葛亮文化景观资源保护为核心抓手，全面扩展提升风景区的风景资源，加强基础设施和旅游服务设施建设，为市民和游客提供更丰富的游览体验，推进隆中风景区旅游事业发展，推动城景乡地区协调发展。

项目组成员名单
项目负责人：李路平　孟鸿雁
项目参加人：贾建中　唐进群　田皓允　肖　灿
　　　　　　王伟英　刘颖慧　单亚雷　程　鹏
　　　　　　李一萌

北京大运河文化带背景下滨水绿色空间高质量发展策略

——以顺义区大运河（潮白河）森林公园规划为例

北京山水心源景观设计院有限公司／翟　鹏　王　菲

提要： 本项目合理统筹生态保护、文化传承和居民利用三者的关系，着力建设集生态修复、游憩使用、运河特色于一体的滨水绿色空间，并与运河水系建设、与社会经济发展相协调，将大面积的低效空间转化为引领河东、河西协调发展的生态绿洲、宜居示范和文化窗口。

北京大运河文化带的绿色空间，既涵养了大运河水系，也承载了众多运河文化遗产，是大运河文化带建设的重要内容和空间载体。北京市提出发挥大运河文化带对城市功能空间的组织和优化作用，以大运河文化资源密集地区为重点，擦亮沿线的"珍珠"，大尺度布局文化、生态空间，以线串珠、以珠带面，构建"一河、两道、三区"的大运河文化带发展格局。

大运河两岸的绿色空间是实现大运河文化带保护传承和利用的重要载体。然而，目前的北京大运河两岸在生态修复、景观遗产保护、文化景点展示和体验等方面存在诸多问题。亟需从高质量发展角度对北京大运河文化带沿线绿色空间建设进行探索和研究。

一、北京大运河绿色空间高质量发展内涵

（1）修复大运河生态基底。大运河生态环境是北京大运河（潮白河）文化带存在的基础和条件。生态修复的重点既要包括水资源保护、水环境整治、水生态修复、水生态补偿，也应该包括周围绿色空间的扩大、生物多样性的丰富、生态廊道的构建等。修复大运河生态基底有利于把大运河文化带建设成为人与自然和谐共生的空间典范。

（2）打造城乡居民绿色空间。根据《北京市大运河文化保护传承利用实施规划》的相关要求，北京将把大运河绿色空间构建为生态文化景观廊道，根据不同河段景观特色，系统绿化大运河两岸，增

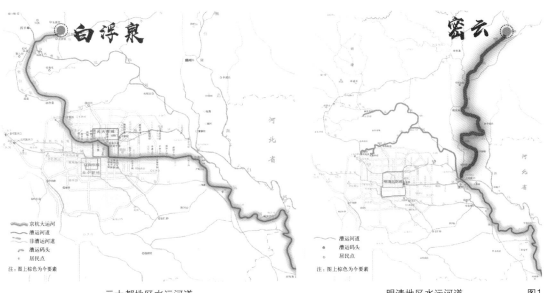

元大都地区水运河道　　　　　　　　明清地区水运河道　　　图1　　图1　潮白河与北京运河的关系

彩延绿，提高重要河段和节点景观水平，营造步道、文道、绿道融合连通的文化景观廊道。通过打开滨水绿色空间，融入休闲游憩功能，将大运河打造成"人民的运河"。

（3）形成大运河文化特色景观。将大运河文化遗产本体与周围的环境整体考虑，利用景观诉说历史，展现地域特色，有利于文化遗产的保护利用和风貌融合，有利于讲好北京大运河故事。

二、潮白河现状特征

（1）运河文化地位被忽视。潮白河位于大运河的上游，是北京大运河的重要组成部分。潮白河自秦代开始漕运，到明清时期正式成为大运河的重要水源，同时大运河的漕运线路也从通州码头向北延伸至密云（图1）。潮白河沿线聚集了众多历史名胜、漕运遗产，但多不为人知，有待进一步挖掘和利用。

（2）河东河西城乡割裂明显。由于潮白河的天然阻隔，河西、河东城乡差异日趋明显。河西区域绿色空间被逐步挤占、蚕食，河东区域绿色空间大而无当，生态效益偏低。城市与河道之间受堤路阻隔及滩地过宽的影响，缺乏有机联系；河岸线可达性弱，连续性差，临水不见水、见水不亲水，城市活力不足。

（3）生态系统受到威胁。潮白河是连接首都北部山区和南部平原地区的重要生态走廊，顺义段北承上游水源地，南接北京城市副中心，生态敏感

度高。但现有生态空间分布零散，低效林占比高，河滩地中湿地分布孤立、破碎，多种小动物生存空间受到威胁。

三、潮白河文化遗产梳理

潮白河历史文化资源丰富，主要包括历史名胜、漕运遗产、古城遗址、水系治理历史、周边民俗文化等多种类型（图2）。

（1）历史名胜。康熙十三年《顺义县志》记载的"顺义老八景"及1932年修成的《顺义县志》记载的"顺义十二景"中，位于潮白河沿线的历史名胜包括"龙泉烟寺、圣水三潮、海岛回澜、洋桥破浪、狐奴远眺、金牛古洞、碧霞春晓、石梁蟹火、清浊流芬"9处。这些名胜由于大多不复存在，渐渐被人淡忘。

（2）漕运文化遗产。历史上顺义潮白河因其位于京郊且水路发达的优势，借助漕运实现商贸、军事共荣，形成了京郊小江南。旧时漕运遗址包括了史家口潮白古渡口等码头遗址，南北故道、引河故道、潮河故道、白河故道等河流故道遗址，以及望粮囤等军漕遗址等。由于不再具有实用功能，这些遗址被逐步废弃，踪迹难寻。

（3）古城遗址。古人沿潮白河逐水而居，形成了顺州古城、狐奴古城两座古城。顺州古城始设于唐天宝初年，是北京地区仅有的古代州城遗址，今尚存西北部残垣一段。狐奴古城位于小营北府村前狐奴山下，置于西汉初年，属古渔阳郡。古城与潮白河相互影响，城因水而兴，水因城而活。

（4）治水历史。潮白河在历史上水患频发，十年九涝。历代对潮白河多次进行治理，现存"苏庄枢纽、李公护堤"等多处闸、坝、堤遗址。

（5）周边民俗文化。潮白河沿线民俗文化包括国家级非物质文化遗产"牛栏山二锅头酿造工艺"，北京市非物质文化遗产"大胡营高跷、杨镇龙灯会"等。漕运开通影响了周边居民的生活习惯，也形成了不同的风土人情。

四、潮白河绿色资源梳理

（1）公园景点资源。潮白河沿线现已建成各类公园、游园6处，但现状公园分布不均，存在服务盲区。其中，两处最大的公园（顺义新城滨河森林公园、奥林匹克水上公园）占现状公园总面积的94%，但都离居住组团较远。公园类型以社区公园、生态公园为主，缺乏大运河及城市地域文化元素。

图2 文化资源分布

图例
▲ 潮白河名胜节点
■ 漕运文化遗址
◆ 古城及建筑遗址
◇ 治水历史相关节点
● 治地域民俗文化相关节点
地下文物埋藏区
古城

图2

多种绿色空间（改造前）

林地　苗圃　空地　平原造林地

荒废的大棚　果园

图3

多种绿色空间（改造后）

大尺度的城市森林

图 3　绿色织补
图 4　生境营造

（2）林地资源。现状绿色空间内林地资源约占 1/3，但低效林占比较高。树种单一，难以抵抗病虫害；林龄单一，仅能提供单一栖息地和有限食源；林层单一、过密，野生动物难以获得有效生存资源。

五、顺义区大运河（潮白河）绿色空间发展策略

（一）构建稳定的森林湿地生态系统

生态系统建设的具体目标是：实现新增乡土森林 941hm²，改造低效林地 1642hm²，恢复湿地 85hm²，形成多种动物生境。打造"潮白河乡土森林，小动物栖息天堂"。具体包括以下 4 项措施：

（1）绿色织补。潮白河区域是多项规划中明确的生态绿廊，是全区生态核心。规划深入挖掘潜力地块，将部分废弃的大棚、果园、边角地以及未来村庄拆迁腾退空间等逐步绿化。通过连小成大、连带成网，构建大尺度绿色基底，提高林地占比 10 个百分点（图3）。

（2）林地提升。现有林地中约 40% 为低效林，以速生杨、柳为主，还有火炬树等外侵树种，林相单一，长势逐年退化，不利于生态系统稳定。规划按照"低投资、低维护、高质量"的改造思路，采用宫胁法培育潮白河流域乡土植物幼苗，逐步更替现有枯死树。林地提升注重乡土长寿树种使用，注重复层、异龄、混交搭配，注重土壤改良与植被建设同步，注重新林地与原有林地的有机结合，逐步营造健康稳定的森林生态系统。可改造低效林地 1642hm²。

（3）湿地恢复。现有河滩地中部分坑塘、低洼地是较好的湿地资源，但由于零散、破碎且与河槽隔离，难以发挥有效的湿地功能。按照"宜林则林、宜湿则湿"的原则，将河槽外坑洼地整理连通，通过地形改造、水域恢复等措施，营造浅滩、水域、生境岛等湿地环境。近期湿地以雨水收集为主，局部有条件的区段，引入中水进行补充。远期

河槽蓄水后，可与河道连通，实现河水再净化。可恢复湿地 85hm²。

（4）生境营造。潮白河具有天然优良的生态基底，是鸟类等动物的最佳栖息地，但受到植被多样性差及生境破碎的影响，现有的生境条件仍有较大改善空间。其中，大白鹭、白尾鹞、长耳鸮、黑卷尾、黄鼬等动物亟需进一步加强保护。针对潮白河流域鸟类及乡土小动物需求，规划连续的 200~1200m 动物迁徙廊道，新增疏林草地、针叶乔木林、低密度阔叶乔木林、开阔水域、浅水滩涂、湖心岛、隐蔽水域、中型低密度灌木丛、中型中等密度灌木丛、中型高密度灌木丛等 10 余种乡土动物生境，满足不同乡土动物的栖息（图4）。

（二）构建以人为本的休闲游憩系统

满足周边居民 5~30 分钟便捷游憩，拓展服务人群，延长游园时间，打造"两岸宜居的乐水河滩，建设市民身边的自然"。具体包括以下 3 项措施：

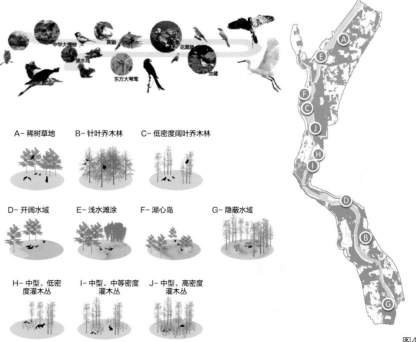

中华大蟾蜍　黄鼬　花䴓鼠

黑水鸡　东方大苇莺　池鹭

A- 稀树草地　B- 针叶乔木林　C- 低密度阔叶乔木林

D- 开阔水域　E- 浅水滩涂　F- 湖心岛　G- 隐蔽水域

H- 中型、低密度灌木丛　I- 中型、中等密度灌木丛　J- 中型、高密度灌木丛

图4

图5　风貌再现

（1）精准建园。在现有公园基础上构建两级游憩系统。一是建设以河东万亩森林和苏庄桥南万亩湿地森林组成的森林游憩系统。以低干扰游憩为主，承担首都城郊自然游憩地功能。二是建设中心区滨水公园游憩系统。通过补、扩、改、增手段，消除公园服务盲区、均衡公园布局、增加公园功能、打造公园特色，形成两岸城乡居民同乐共享的城市公共空间。

（2）还水于民。增加亲水基础设施，针对性开展亲水驳岸设计，创造适宜、丰富的滨水岸线，并充分利用河滩地的湿地恢复区域，为城乡居民提供丰富的亲水活力空间。

（3）滨水贯通。新建潮白河绿道，充分结合绿道规划和公园游线布置，通过"绿道""公园环线""亲水步道"三类游憩线路，建设贯通、丰富的滨水空间慢行设施。实现串联城乡绿色资源，提供健身游憩场地，丰富慢行交通方式，整合区域旅游资源，展示地域文化特色等多重功能。

（三）构建顺义大运河特色的文化景观系统

形成完整的文化游览体系，增加滨水眺望系统，打造景观特色，形成"历史与现实交织的大河风貌，城市与自然融合的新地标"。具体包括以下3项措施：

（1）风貌再现。受堤路阻隔及滩地过宽的影响，潮白河与城市之间景观割裂，缺乏有机联系。规划新增观景平台、瞭望塔等视觉联系设施，形成"显山、融城、露水、赏林"的多层视野，充分展现城市风貌（图5）。

（2）历史记忆。现状滨河景观缺乏大运河文化元素。规划建设"一带、一核、多节点"的文化游览体系。

"一带"是指构建潮白河历史文化解说带。通过"景观解说、智能解说、情景解说"等方式，将历史文化融入景观空间，并以文化为主线，将多个公园融为一体。

"一核"是指构建潮白河文化核心区。将规划的两河生态文化公园、现状的减河公园、双兴绿地整体形成的蓝绿空间打造成潮白河文化集中展示区。包括利用现状建设用地，建设"顺义大运河（潮白河）博物馆"，集中展示潮白河漕运文化与水利变迁，并作为公园智慧建设的预留空间。在博物馆至潮白河与减河交汇处，建设潮白河文化轴，通过文化景观与自然景观的结合，形成顺义文化新地标。

"多节点"是指以"古漕运遗址""顺义八景"等历史景观为依托打造的文化景观节点。包括结合苏庄闸桥遗址，再现"洋桥破浪"新景；结合牛栏山运河文化广场建设"粮墩远眺"景观；在俸伯桥游园重现"漕运千帆"盛景等。

（3）特色塑造。为打破规划通航区界面形式的单一与景观乏味的问题，在通航区规划打造特色景观长廊。采用"线、面"结合的种植改造方式，打造层次丰富、色彩亮丽、季相鲜明的两岸植物景观带；设置标志性景观构筑物，形成通航区视觉焦点；对符合条件的桥体增加花箱装置，丰富桥体立面景观；增加两岸绿地及驳岸景观照明，满足夜间游园需求，烘托夜航氛围。

项目组成员名单

项目负责人：翟　鹏　王　菲

项目参加人：王建菊　马文浩　吴　昊　马薇娅
　　　　　　刘欣然　王　哲　肖雨濛　马威午
　　　　　　张新伟

景观地貌　　五彩浅山

周边标志性构筑　潮白陵园

望"塔"
FOR TOWER

望"林"
FOR FOREST

场地标志性构筑　顺平路潮白河大桥

望"城"
FOR CITY

图5

生态优先、节约有序的公园设计

——以江苏苏州虎丘湿地公园设计与建设为例

苏州园林设计院有限公司 / 沈贤成　冯美玲

提要： 公园营建坚持生态优先、节约有序的原则，经过15年的蜕变，虎丘湿地公园由污染源地转变为蓝绿交织的城市生态绿肺，由城市塌陷区转变为多重价值的天堂湿地，实现湿地融城。

节约型园林追求最大限度发挥生态效益、最大限度节约资源（包含节土、节水、节能、节材、节力等方面）、最合理的投入获得最适宜的综合效益。国家生态园林城市是国家园林城市内涵的深化和拓展，更加注重城市生态功能的完善。公园城市的价值目标为绿水青山的生态价值，诗意栖居的美学价值，以人文价值，绿色低碳的经济价值，简约健康的生活价值以及美好生活的社会价值。

一、虎丘湿地公园概况

（1）区位。在1996年版苏州城市规划中，将虎丘湿地公园定义为苏州"四角山水"空间布局的重要组成部分。作为四角山水之一的西北绿楔，地处城市通风口，是苏州西北地区重要的"生态绿肺"。

（2）建设概况。经过15年的建设，虎丘湿地公园实现了由废弃污染地到湿地的转变，由湿地公园到景区联动的转变（图1）。

（3）总体布局。虎丘湿地公园总面积9.04km²，地跨姑苏区与相城区。设计紧扣"岛岸湖湾、隐逸之洲"设计主题，从场地的肌理与特质出发，展现岛、岸、湖、湾等自然形态，使其成为一处传承吴文化文脉因子、人与自然和谐共生的天堂湿地，一处生态保育、度假休闲、科研教育多元共生湿地的天堂（图2）。

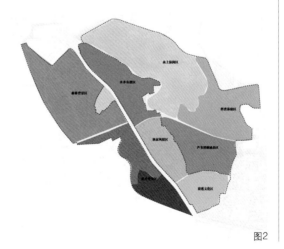

图2

图1　平面演变图

图2　虎丘湿地公园景观分区图

图1

虎丘湿地公园各季果熟植物　　　　　表1

	春 3~5月	夏 6~8月	秋 9~11月	冬 12~2月
乔木	枇杷、桑树	杨梅、梧桐、朴树、桑树	复羽叶栾树、重阳木、银杏	楝树、女贞、香樟、乌桕、喜树、水松、鹅掌楸
灌木	胡颓子、山樱花、紫叶李	梨、桃	冬青、南天竹、琼花、枸杞、接骨木	冬青、南天竹、火棘、石楠、垂丝海棠、腊梅
地被、水生	山麦冬、麦冬	荷花	芦苇、荻、狼尾草等观赏草	芦苇

图3

图4

图3　芦苇碧塘涵养区
图4　新渔人家
图5　水上森林
图6　科－种类比例图
图7　科－数量比例图

图5

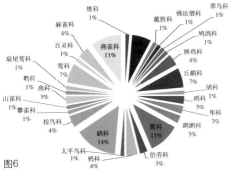
图6

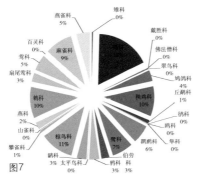
图7

二、生态优先、节约有序的理念

（一）节约使用土地、生态修复废弃地

经过15年的蜕变，虎丘湿地公园由污染源地转变为蓝绿交织的生态绿肺，由城市塌陷区转变为多重价值的天堂湿地，实现湿地融城（图3）。

（二）合理利用现状鱼塘、农田和林地

（1）对现状鱼塘的利用。对原有场地内鱼塘进行改造利用，将场地特征与设计相结合，在尊重场地记忆（鱼塘、渔家）的基础上，恢复近自然的生态系统。通过梳理水系让水体充分流动起来。恢复了水体原有生态功能，对水质改善、水生动植物多样性提升有显著作用。设计了"水八仙"种植区，展现江南水乡农产品及传统特色食物。鱼塘中点缀"渔家"，延续当地传统民居风格，作为农耕文化展示与科普体验场所，以田园农舍的形式表现原始朴素的农耕文化、士大夫"隐逸"文化（图4）。

（2）对现状林地的利用。合理利用场地内苗圃苗，形成独特的植物景观（图5）。

三、生态和节约技术在深化设计中的应用

（一）低干扰的多样化生境营造

（1）圈层渐进开发模式。依据湿地距城市环境的距离，分为外层——融合模式、中层——交织模式、内层——隔离模式。

（2）多样化生境营造。着重营造多样化生境，为丰富生物多样性奠定基础，形成一个多种植物生境的湿地系统。其中湿地生境包括湖泊、池塘、浅滩、沼泽、滩涂、河流等；林地生境包括乔木林地、灌木林地、疏林地等。

（3）涵养林营造。栈道穿插于湿地水生植物园中，与涵养林保持一定的距离，将对动植物的干扰降到最低。园内多处营造无人岛屿、冬季保留芦苇荡，为生物留出栖息空间。

园内食源类植物的种植十分丰富，为保护鸟类多样性提供一定程度的保障。

（4）生物多样性展示。

公园在生物多样性方面已初现成效，园内目前存在鸟类100余种，隶属于8目27科（图6、图7）。

由每月鸟类趋势图（图8）可见每月的鸟类的种类和数量基本具有冬季逐渐增多、夏季逐渐减少的趋势（图7）。分析每月留鸟、夏候鸟、冬候鸟、

过境鸟类型分布可见虎丘湿地公园留鸟（约34%）、冬候鸟（约36%）居多，也可反映出湿地公园及周边地区较适宜鸟类觅食、栖息。

（二）乡土植物应用、低成本维护的绿化设计

（1）植物营造原则。营造地域性特征突出、丰富多维的植物景观，包含4个方面：地域特色的水乡风貌、彩绿共融的季相景观、层次多变的空间格局、多维丰富的文化价值。

（2）乡土植物应用展示。虎丘湿地公园现共有维管植物104科243属339种，其中，有乡土植物250种，外来植物89种。蕨类植物有5科5属5种，裸子植物有3科5属11种，被子植物96科、233属、323种。

（3）低成本维护的湿生植物与宿根花卉的运用。设计通过低成本维护的湿生植物营造出粗朴自然的湿地环境，同时为鸟类提供觅食、栖息、躲避危险的环境（冬季保留芦苇荡）。

（三）海绵技术的应用

（1）高定位、大格局。构建国家级海绵城市经典案例、构建自然生态手法的雨水管控示范、传承江南地区水文化的生态科普课堂、打造具有显示度的海绵城市项目、营造高效益的综合协调发展典范。

（2）外联水系、区域协调（图9）。消纳部分城市雨水，引入人工湿地，净化后再排出，实现雨水在城市中的自由迁移。公园中不同形态水体的结合、大水面及湿地的营造使其在蓄洪排涝方面具有更强的适应性。公园以净、渗为主，滞、蓄、用、排为辅方式，通过节制闸等水利设施合理控制水位，确保景观效果和湿地功能的平衡统一。

（3）内串沟塘、水体灵动。沟通场地内的河道、水塘，形成"岛岸湖湾、隐逸之洲"。

（4）"十大海绵技术"助力。在研究苏州乡土植物的综合功能和群落构建基础上，因地制宜、细致入微，探索路径、考研产品、改善工艺，秉持"精细化、精准化、精致化、精品化"的原则，以"小精巧"技术措施，精雕细琢。利用十大海绵技术（生态草沟、雨水花园、生态滞留池、集雨型绿地、透水铺装、湿塘、小微湿地、深井灭藻系统、多塘系统、根孔湿地）打造海绵设施组合拳，系统性构建小细胞到大格局的组成。

（5）水环境检测。湿地公园内水质得到明显提升，内部水体稳定为Ⅲ类，局部水体部分可达Ⅱ类。水生态系统明显改善，水生植物已达100余

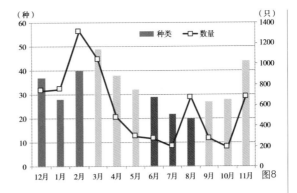

图8　每月鸟类趋势图
图9　水系规划图

种、水生动物30余种。

（6）生物多样性展示。物种调查中已观测到18种鱼类，生活在不同水深环境中；两栖动物6种，多见于潮湿的水岸。

（四）土壤修复技术

（1）依据园林种植土质量要求，调节土壤酸碱度等指标。

（2）鱼塘、河道淤泥充分晾晒、再利用。

（3）改善种植土构造：将园林绿化枯叶、作物秸秆等粉碎后拌入种植土；小型微耕机深耕，改善种植土的构造和空气流通；种植豆科植物固氮养土。

四、节约有序的建设与管理

（一）建设原则

先低后高：控制投资建设强度，先期投入少量资金完成基础建设工作，持续推进。先软后硬：软

图例
■ 外部河道
▨ 内部河道
　 生态净水工程
▶ 水流方向
▌ 现状闸站
▬ 规划闸站
▶ 进水连通口
　 出水连通口

图9

图10

图11

图 10　遥望虎丘塔
图 11　沉水廊道

规划，落实上位规划的文化定位，以植被恢复为主提升与修复湿地公园生态系统；硬规划，协调交通体系规划、公共服务、市政基础等配套设施，提升湿地公园服务功能。先绿后游：首先完成湿地公园的生态修复，实现废弃地到湿地的转变；继而提升公园的人文内涵、在湿地公园的容量内最大限度提升游客的参与性，发挥湿地的人文价值以及在美好生活中的社会价值。

（二）分期建设

建设时序。2006~2012 年，以生态修复、鱼塘退养、水系沟通、植被修复为主，实现了由废弃污染地到湿地的转变；自 2012 年至今，实现了湿地公园到景区联动的转变，实现了与虎丘景区联动以湿地带动周边发展、湿地保护理念更新，实现了统一建设与统一管理（图10）。

（三）生态科普、文化旅游相结合

（1）修规三次调整定位

2012 年，虎丘湿地公园定位为苏州北部重要的城市绿肺，具有水源涵养、湿地科普、自然体验、休闲度假等功能，为集森林、湖、田于一体的城市湿地公园，其更强调虎丘湿地的生态功能。2013 年，定位调整为"岛岸湖湾，隐逸之洲"、苏州北部的城市绿肺、市民体验慢生活的隐逸之洲，亲近自然、体验宁静、愉悦身心的好去处、新亮点。2019 年，定位调整为自然原真的生物栖息场所、姑苏韵味的城市湿地公园、联动虎丘的高端旅游产品，生态涵养与文化旅游并重。

（2）区域联动、文脉贯穿

虎丘风景名胜区、山塘水街景观及虎丘湿地片区（前身为水乡长荡湖）三者组成的整体称之为"虎丘风景名胜区"。虎丘后山的湖荡湿地景观是虎丘景观意向的重要支撑与补充，且自古就有"虎丘后山胜前山"的说法。虎丘湿地公园内部已营造多处景点观望虎丘塔。在湿地公园旅游产品上强调与虎丘风景名胜区的互补与共生，以自然野趣为特色，以自然科普、湿地游览与森林度假等为核心产品。

（3）休闲旅游空间的营造

A 生态科普空间的营造

栈道穿插于湿地水生植物园中，与涵养林保持一定的距离，既为游客提供游览路径，同时也将对动植物的干扰降到最低。

沉水廊道兼具海绵科普功能，通过触摸、探索等方式让游客了解湿地生态系统的构成，产生对湿地认知的兴趣，从而自觉保护生态环境（图11）。

藏于林中的观鸟塔为游客提供观赏湿地的不同视角与不同的空间感，其既成为观鸟的最高视点，与虎丘塔遥相呼应。同时也成为小片区的标志性构筑物，丰富了天际线。

B 靠近城市的休闲空间的营造

靠近城市的开敞水上休闲区丰富了游览方式，已成为亲子、家庭出行的休闲度假胜地。沙滩嬉戏滨湖区的营造，使其成为苍翠葱郁的湿地绿肺中的金色活力区。

项目组成员名单
项目负责人：贺风春　沈贤成
项目参加人：刘亚飞　潘亦佳　宋春锋　冯美玲
　　　　　　徐　吉　殷　新　周思瑶　徐昕佳
　　　　　　沈　骏

大型公园规划设计与区域发展增值模式探讨

——以北京南海子湿地公园为例

北京创新景观园林设计有限责任公司／祁建勋　郝勇翔

提要： 在一个超大规模、超长时序的公园建设中，该项目充分预测、研究、实施、获得了公园自身不断完善、公园周边持续发展、自然与文化交相融合、公园和人居环境相互促进的综合效益。

一个地区的复兴有多种途径，其中通过营建大型公园为区域发展注入活力，形成品牌效应，聚集人气进而带动文化与经济的繁荣，已成为一种有效模式。

本文梳理了南海子湿地公园十年来公园建设各阶段特点，从生态、文化、经济等层面，分析大型公园给周边区域发展带来的重大影响。随着公园增值模式的形成，将持续带动周边经济的长期繁荣。

一、大型公园的特征

大型公园的面积通常大于 $200hm^2$。因其规模尺度巨大，能满足多方面社会需求并向公众免费开放，通常具有以下特征：

（1）区域发展核心。大型公园以生态优势为引领，逐渐向外辐射形成文化圈和经济圈的聚集，成为区域发展的核心。

（2）多功能融合。一般尺度的公园，主要承担着生态环保、休闲游憩、景观营造、文化传承、科普教育、防灾避险等功能。而大型公园作为城市的重要组成部分，还承担了生态系统修复、区域经济发展、市政设施配套、城市蓄滞洪等重要功能。

（3）主题与特色。大型公园是一个地区历史文化的重要载体，肩负着文化传承的重要使命。在其规划建设中要深入挖掘文化内涵，突出主题特色。

（4）分步实施与最终目标。在保持最初的规划原则与建设目标不变的基础上，大型公园按照建设阶段有步骤分期实施，并根据城市发展与外界条件变化进行局部的动态调整，最终与周边区域形成资源共享、优势互补的发展模式。

二、南海子湿地公园规划背景

《北京城市总体规划（2016—2035 年)》提出，将完善中轴线及其延长线，结合南苑地区改造推进功能优化和资源整合，结合南海子公园、团河行宫建设南中轴森林公园。

在大兴、亦庄分区规划中，南海子湿地公园区位优势明显。公园处于大兴新城、亦庄新城和大兴国际机场之间的中心位置，是大兴东南部森林湿地生态带上的重要节点。同时，公园也被纳入亦庄新城的规划蓝图中。作为亦庄西部的生态文化休闲中心，为实现亦庄"森林绕城、湿地润城、公园遍城、文化兴城"的美好愿景，南海子湿地公园意义重大。

三、南海子地域文化特点

（一）皇家文化

明清以来，北京的城市格局可归纳为"一城两区"。其中以皇城居中，北部是以"三山五园"为代表的皇家园林，南部是以南海子（清代称南苑）为核心的、面积 $210km^2$ 的皇家苑囿区（图 1）。

南海子先后经历了辽金肇始、元代奠基、明代拓展、清中鼎盛、清末衰败五个历史时期，是元、明、清三朝皇家苑囿。在行围狩猎、阅兵演武的演替与发展中，南海子形成了独特的皇家文化底蕴。明清以来，至少有 15 位皇帝来此进行巡幸、狩猎、阅武、驻跸等活动。

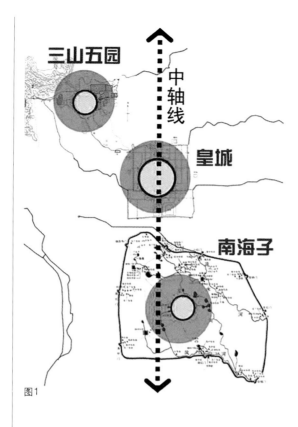

图1

麋鹿种群数量的稳步上升，使麋鹿苑成为国际生物多样性保护的成功典范。

（3）场地现状

1980年代后期，南海子地区原有的湿地逐渐消失，挖沙取土，植被遭到破坏，现状坑塘被城市垃圾填埋。同时低端产业大量聚集，土壤、空气、地下水受到严重污染（图2）。

四、南海子湿地公园规划设计

（一）项目概况

公园北起南五环路、南抵黄亦路，总面积801hm²。其中一期于2010年9月开园，二期主体部分于2019年7月开园（图3、图4）。

（二）功能分区

公园以恢复湿地生态为基础，传承文化为灵魂，实现综合效益最大化，建成以湿地和文化为特色的多功能、可持续发展的湿地公园。

为契合场地特征、突出公园特色，我们提炼出皇家文化、麋鹿文化和湿地文化为三大价值核心，打造大尺度的皇家园林空间结构，营建南囿秋风为特色的植物大景观，全园统筹划分四大功能区，即：生态核心区、湿地展示区、南海子文化区和管理服务区（图5）。

五、公园价值提升与区域发展引领

（一）公园建设的四个阶段

1. 生态建设：优化环境提品质

在2010年公园建设之初，我们以生态核心区和湿地展示区为重点，先期启动生态建设。

（1）垃圾治理与空间格局营造。项目范围内原有多处垃圾填埋场。为防止垃圾对地下土壤和水源的持续污染，减少建设过程中的二次污染，以垃圾不出园为原则，我们将建筑垃圾破碎后用作堆山骨料，生活垃圾筛分后集中无公害掩埋处理

（二）场地特征

（1）原生湿地

南海子位于永定河冲积扇前缘，历史上曾"连郊逾畿、五海相连、嘉树甘木、奇花异果、禽兽繁育、景色宜人"，是北京城南最大的湿地。被明朝大学士李东阳列为燕京十景之一的"南囿秋风"即指这里。

（2）麋鹿传奇

曾经的南海子地区，生态环境十分优良，动植物资源非常丰富。我国特有并被视为皇权象征的珍稀动物——麋鹿，即在此地繁衍生息。

历经变迁，麋鹿生活范围与种群数量逐渐减少。由于1900年永定河的水患与战乱最终使麋鹿在中国大地上消失。值得称奇的是，我国于1985年从英国引进麋鹿，放养在位于公园中部的近60hm²的麋鹿苑内。适宜麋鹿栖息的生态环境，使麋鹿在8年时间内就从22头繁育到200余头。

图2

图1 明清时期北京城市格局
图2 公园建设前现状

图3

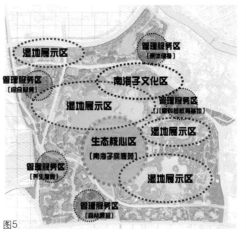

图5

图4

（图6）。我们在公园北部坐北朝南堆筑了28m高主山，并在主峰两侧设计连续余脉。不但整个公园有了良好的背景屏障，也使环湖山体之间形成山水环抱、南北呼应的格局，充分体现出大山大水、气势宏伟的皇家园林传统空间的布局形式（图7）。

（2）麋鹿栖息环境营建。麋鹿，以及适宜麋鹿栖息的湿地环境，是公园的一大特色。我们围绕麋鹿苑周边的大片绿地，结合山水地形空间，充分利用河道、湖体等水系条件，构建以林地生境、草地生境和湿地生境为主体的、适宜麋鹿及各类动物栖息的生态环境（图8、图9）。

在紧邻麋鹿苑的东部规划了25hm²的麋鹿扩养区，遵照麋鹿的生活习性为其营造了一片专属栖息地：种植苜蓿等牧草类饲料类地被，满足鹿科动物食料需求；复层搭配常绿乔灌木，为麋鹿等动物活动提供隐蔽条件；种植杏、山桃、柿树、枣树等果树为鸟类提供食物；保留老树桩与枯枝灌丛，为

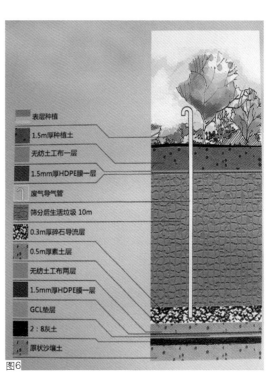

图6

图7

图8

图9

图10

刺猬、野兔、黄鼬等小动物提供栖息场所；搭配多样化地被品种，丰富昆虫多样性。

（3）生态旅游观鸟胜地。经过十年的建设与养护，公园生态环境得到很大改善，昔日的皇家猎苑被市民推举为"北京十佳生态旅游观鸟地"。

夏季观测到的野生鸟类有 50 余种，隶属于 13 目 23 科，其中受保护鸟类 46 种。2019 年 3 月 2 日，公园内发现了一群由 19 只疣鼻天鹅组成的天鹅群。作为我国数量最少的天鹅种群之一，在此成群出现引起了广泛关注。

2. 文化传承：突出主题树品牌

南海子珍贵的历史文化资源是一份宝贵的财富。我们通过深入挖掘、系统保护，以亲切的艺术表现形式，展示完整多元的南海子皇家文化景观序列。

（1）历史文化步道：皇家文化展示序列。全长 1000 多米的历史文化步道，展示辽金肇始、元代奠基、明代拓展、清中鼎盛、清末衰败以及当代盛世建园 6 个历史时期发生在南海子的重要历史事件，让游人了解南海子底蕴深厚的历史文化，仿佛漫步在历史的长河之中。

（2）九台环碧：民间历史故事展示平台。以"九台环碧，南囿秋风"为主题，建设了 9 个山顶观景台（晾鹰台、观围台、古秀台、侧妃台、救驾台、观麋台等）。每台均以一个南海子典故，讲述一段百姓喜闻乐见的传说故事（图 10）。

（3）草原风情特色大帐。风格独特的草原大帐，将传统的猎苑文化融入近万平方米的户外开敞空间，市民来此可以直观体验这一特色文化的魅力。

（4）研学会馆。为使南海子文化更好地研究与传承，公园内开设了以"紫禁学馆"为代表的研学会馆，吸引了一批知名书画院和文化研究单位的入驻。

3. 项目引入：丰富功能聚人气

大型公园更重要的作用，是承载更多的社会服务功能。南海子湿地公园依托生态与文化特色，将符合本地区发展特质的功能项目引入园中。

（1）麋鹿苑湿地科普行。该项目是公园的常设活动之一。依托麋鹿苑为中心的天然湿地，使游人与大自然亲密接触，阅读自然之美。具体包括：

探秘麋鹿 - 鸟类课堂 - 湿地观鸟 - 夜探博物馆 - 鸟类知识大讲堂 - 国学吟诵 - 营地夜宿。

尤其是鸟类知识大讲堂，可以系统了解北方鸟类品种和生活习性；在国学吟诵中，孩子们跟随老师一起诵读《诗经·鹿鸣》，体验古人读书的乐趣，感受汉语在唇齿间的味道。

（2）南海子生态课堂。公园大尺度的生态湿地，适宜开展各类形式的科普活动，南海子生态课堂应运而生。该活动针对中小学生设计，通过湿地游览、专业解说、实习写生、标本制作等，对动植物进行全面系统的认知研究，使南海子湿地公园成为真正的大自然中的博物馆。

（3）健康运动打卡地。穿梭于湿地与山林，全园打造一条长 10 余公里的健身步道。主要服务于亦庄和北京市民，可定期举办健步、慢跑、半程马拉松等群众赛事，成为南城少有的健康运动打卡地。

4. 产业布局：融合产业求发展

得益于十年前的公园总体规划，预判到以后的发展趋势，于是我们在公园外围区规划了综合服务、养生度假、森林露营、康体健身、儿童科普教育 5 处主题鲜明的功能服务区。同时，我们广泛听取社会企业的意见诉求，积极寻求合作，以共建共赢的理念，建立了"政府主导 + 社会参与"的合作模式。

现在，一些成熟的契合公园发展的产业项目，正在逐步引入园中：

（1）养生度假区。利用现状红星医院作为医师资源优势，寻求中医药行业的龙头企业合作，构建国家级健康养生基地。一条融合区域发展、传承文化、服务民生健康的发展路径初步形成。

（2）综合服务区。以南海子文化创意产业为特色，设置南城稀缺的艺术馆和艺术画廊等文化场所，形成高雅文化聚集地，最终使之成为传承和弘扬南海子地区文化乃至中国传统文化的基地，成为人文北京的新亮点。

（3）儿童科普教育区。以水上趣味为主题，打造综合性、专业化的儿童户外活动空间，引入绿色能源和绿色生活等体验项目，使孩子在活动中接触自然、感受快乐。

（二）公园价值提升模式

在建设过程的每一个阶段，南海子湿地公园不断提升自身价值，实现了公园价值最大化。与此同时，更高水平的建设要求及群众呼声，又将进一步促使公园新一轮的提升。公园建设水平向更高层次迈进，良性循环的价值提升模式初步形成（图11）。

（三）大型公园建设引领区域发展

经过十年的建设，南海子湿地公园大尺度的生态基底已经完整呈现，文化主题特色鲜明，产业项目纷纷落地。公园周边城市建设开发有序，知名企业纷至沓来。

通过南海子公园的建设，将原来相对落后的旧宫、瀛海地区，建设成为环境优美的宜居宜业之城，与高标准的亦庄开发区连为一体统一规划，完成了跨区域的环境及资源整合，实现以大型公园引导区域发展的初步设想：

（1）土地价值提升。公园周边的城市建设，吸引了诸如中信新城、万科朗润园、中铁花语府等众多知名楼盘，带来了人群的聚集。随着城市配套的日趋成熟和居民生活水平的不断提高，土地价值获得大幅提升。

（2）会展服务平台涌现。以公园优美的环境为依托，高端服务平台层出不穷，为亦庄开发区的高新企业提供会议会展、洽谈接待、文创活动等服务。

（3）大型科普博物馆建设。以麋鹿为最大价值核心，北京生态博物馆正在筹建，将成为北京市重要的生态科普宣传基地。

（四）公园与城市的融合发展

公园与城市融合发展，是新时代理想城市建构模式。以"让森林走进城市，让城市拥抱森林"为宗旨，各地正积极创建国家"森林城市"；以新发展理念为引领，成都市成为"公园城市"的建设典范；以城园相融为多年追求，深圳市正在向"城市大花园"的规划愿景迈进……

项目组成员名单

项目负责人：李战修

项目参加人：祁建勋　郝勇翔　张迟　林雪岩
　　　　　　陈雷　罗威　吴晓舟　赵滨松
　　　　　　侯晓莉

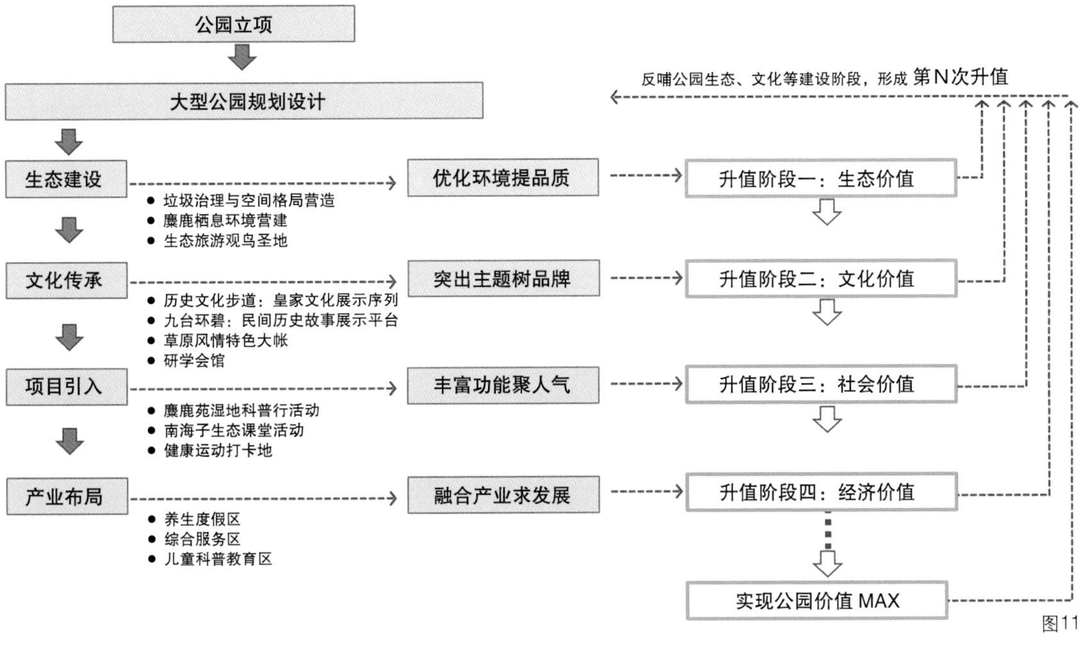

图11　公园价值增值模式分析图

江苏南京高淳区固城湖水慢城景观规划设计项目

南京市园林规划设计院有限责任公司／苏雅茜

提要： 本项目通过生态修复和生物多样性恢复，实现了生态、生活和生产的协调促进，成为南京市高淳区传统农业产业向旅游+现代农业转型的示范项目、本土特色综合性旅游区的标杆领地和展示高淳慢城的窗口。

一、项目概况

南京市高淳区固城湖水慢城位于高淳区固城湖西侧（图1），景观规划设计基于《固城湖旅游度假区概念性规划设计方案》及《固城湖农业产业升级建设项目控制性规划》，将文化振兴、空间塑造、旅游引导相结合，利用现状生态湿地及蟹田等景观资源，将规划付诸实践，让美丽乡村产生美丽经济，打造为省内具有一定影响力的以湿地观光和体验为特色的休闲旅游目的地。

设计分为五大景观片区：湿地生物博览园、垂钓园、芦苇文化体验园、水质生态园及南部的荷花园，总设计面积约200hm²。

二、设计思路

项目以永胜圩田为核心区域，充分解读圩田人家的生态、生产、生活，利用山、湖、圩等丰富多样的自然生态资源，重点发展生态休闲、农事体验、休闲运动、娱乐度假等功能，构建向游客展示水乡生态美景、参与圩田生产体验、感受乡村生活情怀的公共开放空间；通过丰富的旅游产品和业态的设置，让人们体验圩田水乡文化，并在共兴共享的乡村旅游中发扬光大（图2）。

项目难点：

（1）如何充分利用现状水体及洲岛资源，组织片区功能，划分景观空间。

（2）如何充分发挥湿地生态功能，提升湿地净化作用，并展现生态之美。

（3）如何采用先进的动物园设计理念，在营造观览体验的同时，丰容笼舍，便于管理。

设计策略：

（1）五大地块通过环大堤滨水景观带进行串联，通过水上交通和游船码头的设置沟通五大空

图1 区位图
图2 总平面图

图1

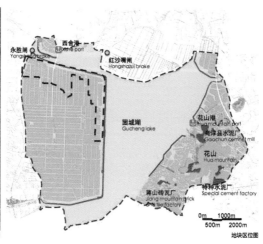

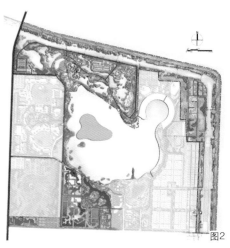

图2

间、水体、景观、植被、互为嵌入与渗透。

（2）园区设置上遵循一园一特色，一片一主题，湿地生物博览园打造湿地生物世界，是度假区的重点建设区域，芦苇荡文化体验园以芦苇造景为主，水质生态园是芦苇景观的延伸，发挥植物净化功能，空间上延续与连贯。

（3）园区内部以不同岛屿和水系划分功能和景观空间，营造丰富的湿地景观环境，重点强调"滩"和"岛"的营造。

（4）提升湿地生物的观赏体验，增加参与体验项目，变静态的观赏为动态的互动，基于船行体验，侧重水上游览。

（5）保护原生植被资源（水杉林），丰富湿地植被种类，充分展现不同片区特色植物景观，分为陆生群落、主题林类、混交林类、疏林草花类、水生群落、道路系统植物特色群落。

三、空间布局及特色

（一）空间布局

南京市高淳区具有江南典型的生态特征，项目依托圩区水系，通过环大堤滨水景观带串联内部各个主要功能区，实现一园一特色、一片一主题的空间特征。

（二）各片区特色

1. 湿地生物博览园

与南京市红山动物园合作，采用先进理念及设备，遵循动物"五项自由"原则与丰容建设，以湿地水生动植物观赏为主，主要有鹤园、鳄鱼馆、天鹅湖、孔雀放飞岛等，并辅助食草、灵长、鸟类等观赏互动性较强的动物场馆，增加游览的趣味性。其中，鹦鹉馆内由叠水、亭廊、栈道、热带植物形成立体观览效果；鹤园依托河流水网，由罩网分成3个大小不等的区域，并区分繁殖区、水上活动区、栖息区，模拟自然湖岛浅滩环境，通过水深控制不同水禽活动范围。内部区域可进行船行游览，近距离观赏鹤鸟生活（图3）。

2. 芦苇文化体验园

以片植芦苇为空间特色，通过群岛划分水面，错综复杂、宛如迷宫。项目利用道路桥梁、栈道、高空平台，形成多视点、多途径游览模式，丰富游客体验。戏渔谷分成2个片区，南部片区与芦苇文化体验园相连，以水乡渔家风格体验传统捕鱼捞鱼，北部片区设计国际垂钓竞技区，内部场地建筑等符合各项比赛标准（图4、图5）。

图 3　湿地生物博览园总图
图 4　俯视芦苇文化体验园
图 5　芦苇文化体验园照片

图3

1—飞鸟坪、服务中心　6—鸳鸯池　11—景亭　16—芳草地
2—食草动物园　7—亲水平台　12—天鹅岛　17—观鸟塔
3—鳄鱼池　8—水杉岛　13—天鹅渡　18—浮筒栈道
4—灵长猛兽园　9—鹤趣坪　14—鹤岛　19—后勤管理
5—爱心投喂　10—涉水台　15—蝴蝶馆

图4

图5

3. 水质生态园

以跌落的水台形成水质净化系统，建立复合型的湿地净化系统，丰富步道系统，增设观景平台，注重亲水性及水质净化技术的展示。圩田生活体验园整合水乡生活、水乡体验、田园采摘、水上游赏四大功能，保留、梳理圩田形态、滨水农家建筑，依托场地将经济性作物、乔木、水生植物作为特色，梳理现状河道，开展龙舟比赛。

4. 荷花园

位于水慢城南部片区，是进入水慢城的形象展示空间。此片区将荷花观赏、生产、采摘、品

图6　荷花园照片
图7　湿地生物博览园鹤园照片

种培育等相结合，形成爱莲八景，展示残荷秋叶、荷柳相映、荷竹相恋、荷蒲共植和独自吐艳等植物景观（图6）。

（三）构筑物特色

园区景观亭廊形式来源于干栏式建筑（所谓的水上居住或栅居，分布在长江以南）及高淳的乡土建筑，采用钢木结构，运用竹材、石材（局部）、茅草等乡土材料，景观桥梁一桥一景，整体呈现出质朴自然的特色（图7）。

（四）生态材料特色

园内主路采用透水混凝土，小路铺装采用砾石、木桩等透水材料，驳岸以自然驳岸为主，采用水下杉木桩，考虑滨水材料的耐久性，栈道选择高耐竹材代替防腐木，小品采用石笼、钢木等耐久性较强材料。

四、生态技术

（一）水生态技术

水慢城区域水域是一个液相封闭体系，通过关注水域的生态平衡来实现湿地水生态系统的功能。区域内部水系与永胜湖水系贯通，水流从西向东沿环大堤滨水景观带，再通过永胜湖，由东向西形成环线。

（1）水体自净：建立自然水景系统（NAS），模拟天然水体生态系统，建立微生物、水生植物、水生动物生态关系。

（2）湿地净化：以表流湿地为主体，潜流湿地为补充，生态沟渠、生态氧化塘为辅助，形成多层次复合湿地净化系统。

（3）水体动力：大湖的水进入表流湿地芦苇文化体验园进行初步净化，经过提水泵的抽取进入水质生态园进行深度净化，水质生态园出水进入水生态保持区河道内。

（二）设施生态技术

基于水网圩田肌理上的场地空间，场地排水

设施作为项目重点来考虑。主干道道路外侧采用带状植草沟，下部安装盲管导水；主、次级步道采用砾石、木桩、透水混凝土等透水路面，削减地表径流。景观建筑桥梁的外立面装饰尽量采用当地乡土材料，如石材、砖、主材、茅草等，体现生态外观特征。

动物园鹦鹉馆为调节温室温度采用水源热泵技术，夏季将建筑物中的热量转移到井水中；在冬季，则从相对恒定温度的水源中提取能量，提高制热效率，便于维护管理。

（三）植物生态技术

保护原生植被资源，充分展现不同片区特色植物景观。改善植被生长环境条件，营造景观地形。丰富湿地植被种类，为湿地动物提供庇护与栖息环境，构建完整湿地生态系统，保证水质稳定，体现净化功能；使水生植物群落稳定实现自我更替的生态功能；无有害藻类暴发、水生动物调控得当等，实现生态平衡。荷花园通过竖向土方控制荷花的种植范围。各独立区域内，选择某一单一品种，总计栽植74种（品种），植荷的密度以每667m² 种植300~400支为宜。定期清塘，将植荷区与养殖区用密网分隔。

五、结语

本项目是南京市高淳区传统农业产业向"旅游＋现代农业"转型的示范项目，是南京高淳固城湖旅游度假区首发区域，是本土特色综合性旅游区的标杆领地，是展示高淳慢城的窗口，通过沟通圩田湿地，构建生态林带，丰富了生物多样性，提升湿地净化功能，降低了环境污染，促进了固城湖片区生态和谐，同时有助于充实高淳乡村旅游产业，对丰富乡村生活产品、提升乡村生活品质发挥了主导作用。项目以观光为基础，开发融入乡村民俗、美食、特产、农事体验和农家生活等特色产业，带动了高淳本土创业就业，发挥了经济社会效益。

项目组成员名单
项目负责人：李　平
项目参加人：郑　辛　陈啊雄　苏雅茜　李舒扬
　　　　　　殷　韵　徐　旋　崔恩斌　叶亚昆
　　　　　　高俊彦　樊　晓

河南登封嵩山风景名胜区永泰寺景区详细规划

河南省城乡规划设计研究总院股份有限公司／时朝君　龚自芳　李喜印　袁　茜　刘　锐

提要： 严格保护文物本体，深入挖掘、展示文化内涵，注重与周边景区、内部村庄的联动发展，建设具有典型山水文化特色的名胜景区。

永泰寺位于河南登封少林寺东部，是嵩山风景名胜区的重要组成部分。永泰寺是佛教禅宗传入中原后营建的第一座女僧寺院，是我国现存始建年代最早的尼僧佛寺，被称为尼祖众庭，也是嵩山风景区内唯一的一座女僧寺院。永泰寺景区总用地面积4.38km²，项目投资约1.8亿元。

一、项目特点

景区所在的太室山属典型的嵩山地质特征，嵩山七十二峰中的浮丘峰、子晋峰、观香峰、望都峰位于景区内部，浮丘峰海拔1440.3m，是景区内最高点。山下区域较为平坦，平均海拔约600m，永泰寺寺院坐东朝西，背依望都峰，南眺少林水库（图1）。

该项目具有如下特点：

1. 人文价值高，文化展示不足

永泰寺景区文化多元，既有历史人物又有神话传说，人文元素丰富而神秘，具有较高的历史人文价值，其中以佛家禅宗尼僧文化和道教太子晋文化最具代表性。但当前景区文化展示力度严重不足，展示形式过于单一，极大降低了大众对永泰寺历史文化的感悟力与认知度。

（1）禅宗尼僧文化

禅宗尼僧文化是佛教文化中较为特殊的存在，是永泰寺景区最具特色的文化类型。出家受戒者为僧者，男性为男僧，女性为尼姑即尼僧，尼僧对佛教的信仰更甚于男僧，故此她们游心经律，精勤苦修，感悟佛经，为佛教文化的发展作出巨大贡献。永泰寺院内留存的石碣、石碑上，镌刻着诸多关于

尼僧日常修行、禅居等活动的记载。

景区内禅宗尼僧文化的展示，当前仅表现为寺院法事活动以及尼僧禅修行为本身。依附于寺庙建设的素斋馆名气较大，但因其紧邻永泰寺院，产生的油烟及噪声污染对永泰寺的禅寺形象造成了不良影响。因景区尚未开发，游客游览范围仅局限于永泰寺寺院周边。

（2）太子晋文化

太子晋文化以永泰寺西侧的太子沟以及北部的太室山为载体。太子晋为东周时期周灵王之子，懂音律，喜吹玉笙，喜修道炼丹，被奉为王姓始祖，有太子升仙之典故，屈原、李白、白居易、杜甫等文人骚客为后世留下了众多赞誉太子晋的诗词名句。太子沟内高山屏负，幽静清莹，相传因东周周

图1　现状分析图

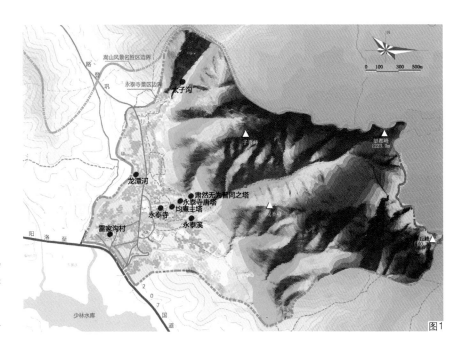

图1

灵王之太子晋在此修身养性而得名，子晋峰、观香峰、浮丘峰都出自与太子晋相关的历史典故中。

太子晋文化集聚的太子沟、望都峰等区域，因山高路险、谷深林密，深受众多野外探险的驴友青睐，但由于游览线路缺失、景点宣传力度低，普通游客难以企及，风景资源未得到有效利用，文化展示则仅限于神话故事的传颂及山峰命名本身，缺乏有效的外延与辐射。

2.历史遗存多，保护力度偏弱

永泰寺历史悠久、文化璀璨，景区内文物古迹遗存众多，具有等级高、种类全、数量多等特点。永泰寺唐塔作为唐代密檐塔的杰出代表，被列为国家级文物保护单位；永泰寺以及寺院内的各类附属文物、均庵主塔（金朝）、肃然无为普同之塔（明朝）为河南省第一批省级文物保护单位，具有十分突出的艺术价值、科学价值与社会文化价值，是不可再生的文化珍品。景区内的文物本体分为文物建筑、附属文物、地下遗址三类，其中文物建筑有永泰寺唐塔、永泰寺明塔、永泰寺金塔（以下简称"三塔"）；附属文物为散落于永泰寺寺院内的金石碑刻；地下遗址有北魏塔遗址、白衣殿遗址、千佛阁遗址三处。除了文物古迹本身外，永泰寺创建所依托的子晋峰、太子沟、永泰溪等山水要素，至今保留着较为原始的自然面貌，与太子庙、盘古庙等宗教人文景点，一并构成了永泰寺独具特色的人文自然风貌。

当前，景区内历史文化遗存保护力度较弱，遗存范围周边无任何监控设施，主要依靠管理人员巡视。永泰寺唐塔现状被农田所包围，均庵主塔已经损毁严重，肃然无为普同之塔藏在深林中疏于管理。加之文物本体缺乏保护范围的界定，各类人员均可随意进入，随着游客以及登山者的增多，对文物本体的有效保护带来了极大的安全隐患。

3.区位优势强，配套设施滞后

永泰寺紧邻进入外界少林寺景区的主干道207国道，交通便捷，区位优势明显。永泰寺地处少林景区与法王寺景区之间，距离少林寺仅5km车程，是联系少林寺、少室阙和法王寺等著名景点的重要枢纽。

嵩山风景名胜区每年都有数以百万计的游客前来观光、朝拜、旅游，少林景区与法王寺景区作为嵩山风景名胜区内最为重要的两大景区，知名度高、景点众多、景源集中，担负着嵩山风景区半数以上的游客量。当前，服务于少林景区与法王寺景区的旅游服务设施仅有少林寺旅游服务中心和法王寺旅游服务次中心，远远不能满足日益增长的客源需求，对嵩山风景名胜区的发展构成制约。

嵩山风景名胜区总体规划中将永泰寺定位为旅游服务次中心，客观上要求永泰寺景区能够具备较强的旅游服务功能，在一定程度上起到为少林寺、法王寺景区分流游客、缓解服务压力的作用。

永泰寺景区当前发展相对滞缓，以永泰寺门票收入以及服务于永泰寺的餐饮、住宿等收入为主，景区内的雷家沟村居民经济收入以种植、养殖等第一产业或外出务工为生，未与永泰寺形成有效互动。景区内基础设施、旅游配套设施建设薄弱，难以担负嵩山风景名胜区旅游服务次中心这一重任。

二、项目亮点

（一）文化挖掘、突出特色

规划深入挖掘永泰寺自身文化，把永泰寺景区建设成为以寺院及三塔本体保护与展示为主体，皇家僧尼文化与太子归隐修道文化为特色，突出游览观光、禅修体验等内容的特色景区。结合自然及人文条件，实现山下、山上区域差异化发展（图2）。

1.禅宗尼僧文化展示

山下区域突出展示禅宗尼僧文化，以永泰寺及"三塔"为主体，以禅修体验、寺塔礼佛为主要功能。于永泰寺与服务中心之间，整治现状低洼场地，取永泰溪水，开辟永泰放生池，寓意"慈悲为怀，体念众生"；建设联系"三塔"及永泰寺院的拜礼道，起始于永泰寺后门，沿中轴线向三塔方向延伸，依托三塔修筑转塔道及转塔场地，象征轮回，作为古寺游赏的高潮阶段，突出禅修体验，沿礼佛道及永泰溪配套建设听师廊、归一

图2 规划总图

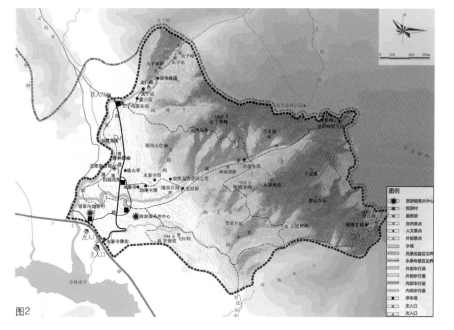

图2

亭等节点。让游客在眼看、耳听、环绕、身触中感受佛性本有、见性成佛的佛教禅理,感受领会佛文化之真谛。

2. 太子晋文化展示

山上区域突出展示太子晋文化,以子晋峰、太子沟等自然风光为主体,开展登山览胜、沟谷寻幽等游览观光活动。规划严格保护自然山水和景观环境,整修现状反映太子晋文化的太子庙等人文景点,结合太子晋历史神话传说,开辟凤凰台、太子试剑等人文景点,依托太室山奇峰高崖打造绝壁玄梯、百丈崖等自然景点及游览线路,丰富游览内容,增强游客的文化体验性。

(二) 双规合一,重点保护

永泰寺景区内文物众多,但保护欠佳,文物本体及文物环境面临潜在的破坏威胁。规划将永泰寺文物本体以及文物环境的保护作为规划的基本出发点,将永泰寺文物保护规划与嵩山风景区总体规划进行有效结合,将文物保护范围与嵩山风景名胜区生态保护培育范围进行套叠,合理划定文物本体保护范围,细化保护措施,实现对文物本体的双重保护(图3)。

规划将寺塔本体、地下遗址以及周围自然环境的关系纳入整体保护框架,对寺塔本体进行科学有效的本体保护,对周边建筑进行整治整修;对寺塔本体周围进行环境整治和防护,消除各种破坏隐患,全面改善寺塔及各处地下遗址的保存条件。现存的地上文物古建及地下未探明的文物遗址都将采取相应的措施,进行严格保护,同时对历史文化建筑进行合理的展示利用,以延续、发扬永泰寺的历史文化,突出其禅宗尼僧祖庭的地位和价值。保证历史文化资源与生态景观资源的原生性,遵循严格保护、合理利用,实现景点、设施建设与保护相协调。

(三) 统筹布局,联动发展

以少林寺龙头景区为支撑,加强永泰寺游客服务次中心对少林寺、法王寺的旅游服务职能,实现与周边景区的联动发展。将永泰寺景区与毗邻景区的游览线路进行合理串联,加强永泰寺同周边少林寺景区与法王寺景区的联系,使景区有效融入以少林文化为代表的嵩山风景区人文旅游观光带中,成为少林寺景区、法王寺景区的有益补充。以建设嵩山风景名胜区游客服务次中心为契机,在严格保护历史人物、自然风貌的前提下,通过游览线路的梳理,文化体验设施的建设,丰

富游览内容。注重景区与内部村庄的联动发展,合理布局旅游服务次中心、旅游村、服务部等旅游配套服务设施。

保留雷家沟村的农业生产与乡野特色,以乡村振兴为契机,打造田园风情主题游览区,使观光旅游与休闲旅游相结合,突出游线的体验性与参与性,与永泰寺形成有效互动(图4)。

结合登封当地山地民居特色对现有民房进行改造,修缮整理后作为配套旅游服务设施服务游客;同时对村庄规模实行严格限制,使得民居景观与风景区整体环境相互融合。合理解决复杂的居民社会系统与风景资源保护等方面存在的突出矛盾,实现景区风景游赏、游览设施、居民社会三大系统的协调发展。

图3 分级保护规划图
图4 协调发展引导图

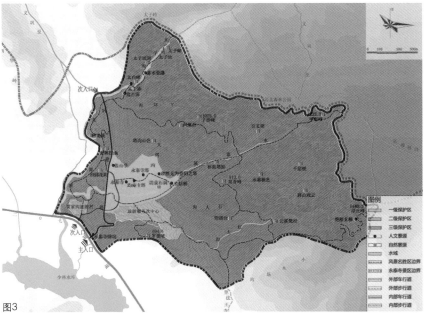

图3

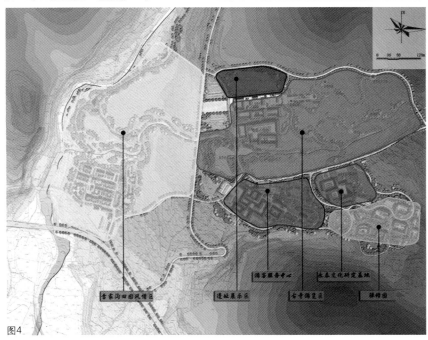

图4

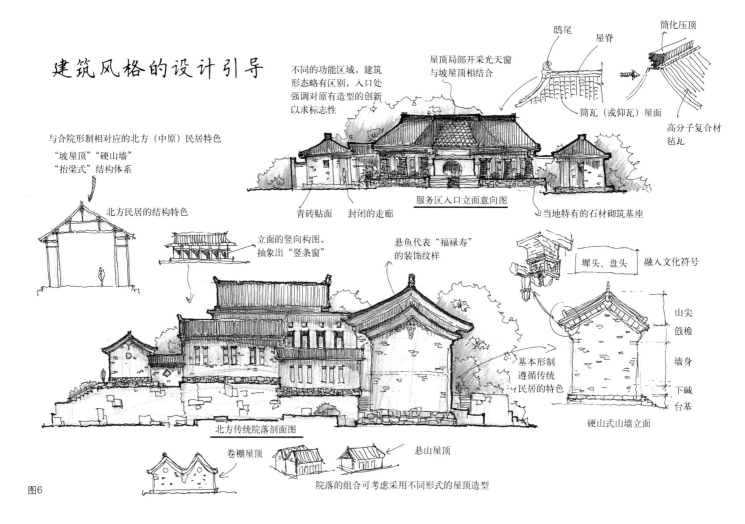

永泰寺唐塔 永泰寺
617.0
610.0

永泰溪
视线阻隔
611.5

游客服务中心
615.0
607.0
视线阻隔

图5

建筑风格的设计引导

不同的功能区域，建筑形态略有区别，入口处强调对原有造型的创新以求标志性

屋顶局部开采光天窗与坡屋顶相结合

鸱尾　屋脊

简化压顶

筒瓦（或仰瓦）屋面

高分子复合材毡瓦

与合院形制相对应的北方（中原）民居特色
"坡屋顶""硬山墙"
"抬梁式"结构体系

北方民居的结构特色

服务区入口立面意向图

青砖贴面　封闭的走廊

当地特有的石材砌筑基座

立面的竖向构图，抽象出"竖条窗"

悬鱼代表"福禄寿"的装饰纹样

墀头、盘头　融入文化符号

山尖
戗檐
墙身
下碱
台基

基本形制遵循传统民居的特色

北方传统院落剖面图

硬山式山墙立面

卷棚屋顶

悬山屋顶

院落的组合可考虑采用不同形式的屋顶造型

图6

（四）科学规划，特色引导

规划通过场地布局、景点设置、建筑风格三方面，实现对景区各类建设活动的有效引导。

根据各地块所在的保护区级别制定相应的保护措施，充分考虑地质、高差等情况，做到地尽其用，建设用地以外地块均禁止建设。

建筑布局尽量因借自然，依山就势，突出整体的天然之感，避免对永泰寺造成不良视觉影响（图5）。

景点设置做到巧而得体，精而合宜，与周围的自然景观风貌融为一体；建筑风格充分反映地域特征，保证与景区环境相协调（图6）。

项目组成员名单
项目负责人：时朝君
项目参与人：龚自芳　李喜印　袁茜　刘锐
　　　　　　全刚　刘斐　刘俐含　李萌迪
　　　　　　邓晓蕾

突出"生态园林城市"特色，探索"公园城市"理念

——广东珠海市绿地系统规划实践

北京中国风景园林规划设计研究中心／蔡丽敏

提要： 以珠海市良好的绿地现状条件为基础，规划对"国家生态园林城市"绿地系统发展方向进行探讨，对"公园城市"理念进行了初步探索。

园林一词出现在汉代（公元1世纪），来自古代的游娱和畋猎范围，园聚如林；绿地源自古代的四旁植树和村宅园围，有着防风避晒，表道固地和生产实用功能；园林绿地系统是由若干园林、绿地和相关要素按一定的关系组成一个整体。当代的园林绿地系统一般占城市总用地的20%～38%。

一、城市绿地现状及规划思考

（一）现状概况

珠海市位于广东省南部，珠江口西岸，濒临南海，是国家经济特区和粤港澳大湾区的核心城市。珠海市新版城市总体规划于2016年获得批复，提出了建设"国际宜居城市"和"滨海风景旅游城市"的目标；同年，珠海市获得首批"国家生态园林城市"称号，市委市政府提出建设"公园之城"的绿地建设目标，珠海市绿地系统规划正是在以上背景下开展修编工作。

珠海市绿地系统规划的规划范围即市域（城市规划区）约7827km²，其中陆地面积1724km²，海域面积6103km²。至2015年，珠海市建成区面积141.31km²，建成区绿地率为46.12%，绿化覆盖率47.50%，人均公园绿地面积22.77m²/人。各项绿地指标均达到"国家生态园林城市"标准。

（二）现状分析

对标城市总体规划提出的建设"国际宜居城市"目标和市委市政府提出的"公园之城"目标，珠海市绿地建设还需要进一步提升。

绿地生态系统完善方面，城市规划区扩至全市，"山海河城田岛"兼具的地域生态特色未完全体现；覆盖全市范围的绿地生态安全格局体系不健全；绿地网络体系和绿地生态服务功能有待完善。

公园绿地建设方面，公园体系还不健全，缺少植物园、儿童公园等专类公园；建成区内500m公园服务半径覆盖率为87.63%，中心城区和新城区还有很多区域未覆盖（图1）；缺少体现地域特色和文化的公园；绿地面积虽大，但缺少与宜居城市、旅游城市等城市目标相对应的标志性绿地。

（三）规划思考

作为首批"国家生态园林城市"，珠海市是现阶段绿地建设高水平城市的代表，其绿地发展方向对于全国的城市绿地建设和发展都有重要的引导意义。规划应充分利用已有建设成果，探索"国家生态园林城市"绿地发展的新方向和新模式，为城市绿地向更高水平发展积累规划经验。

基于以上分析与思考，本次规划以现状为基础，以新版城市总规为指引，重点从巩固"国家生态园林城市"建设成果和探索"公园城市"建设理念两方面确定规划策略并落实规划内容，以高品质蓝绿空间助力城市发展。

二、以巩固"国家生态园林城市"成果为导向的规划策略

（一）参考国际宜居城市经验，确定高品质发展目标

结合珠海市城市发展目标，规划首先对国际宜居城市的规划经验进行参考，包括墨尔本市、温哥华、多伦多等。总结可借鉴的经验包括：①以人为本，按需建设公园绿地；②建设城市森林，即提高林木覆盖率；③构建完善的公园绿地体系；④形成网络化的绿地连接体系等。

基于国际先进经验借鉴，以及珠海市建设"滨海风景旅游城市"和"国际宜居城市"的发展目标，本次规划提出建设"国际宜居公园城市""滨海旅

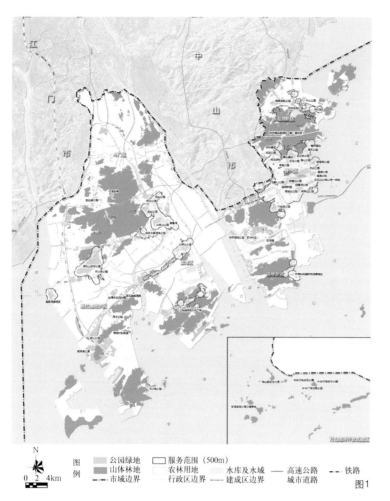

图例
公园绿地
山体林地
市域边界

服务范围（500m）
农林用地
行政区边界

水库及水域
水系及水域
建成区边界

高速公路
城市道路

铁路

N
0 2 4km

图1

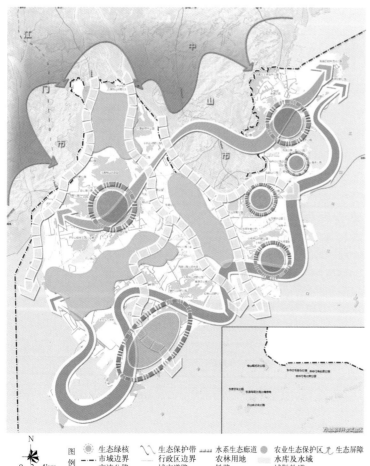

图例
生态绿核
市域边界
高速公路

生态保护带
行政区边界
城市道路

水系生态廊道
农林用地
铁路

农业生态保护区
水库及水域
城际轨道

生态屏障

N
0 2 4km

图2

游园林城市""绿色家园森林城市"的绿地系统规划目标。

（二）构建绿地生态安全格局，明确市域绿地结构

在珠海市生态功能区控制指引基础上，规划识别大型山体和区域绿地形成的区域绿地组团为生态斑块，提出生态斑块的保护和建设策略；通过连续的山体、滨河绿化带、道路绿地等廊道建设，加强生态斑块之间的联系；再通过小型山体、公园绿地等非连续性重要生态节点的保育和建设，增加生态系统的稳定性，构建包括"区域绿地组团—生态廊道—生态节点"多层级的生态安全格局，发挥绿地系统的自然生态服务功能。

在多层级生态安全格局分析的基础上，以市域城镇体系发展布局为指引，确定以生态服务功能为特色的市域绿地系统结构为"一屏两带，三区五廊，六核千园"（图2），形成"一屏两带护海山，区域绿核生态源，农地连片河织网，山水海田建千园"的生态基底意象。

"一屏"是指由珠海市外围的古兜山系、五桂山系组成的城市外围生态屏障。"两带"是指沿海生态防护带和中部山体生态防护带。"三区"是指三处集中农业生态保护区等。"五廊"是指五条入海河道生态廊道，包括前山河、磨刀门水道、泥湾门水道、鸡啼门水道和崖门水道滨河生态保护带。"六核"是指六处以山体和岛屿为主体的区域绿地组团，如"五桂山 - 凤凰山 - 淇澳""茅田山 - 连湾山 - 大平山 - 大杧岛 - 高栏岛"等。"千园"是指分布于市内的各类城市公园，包括海滨公园、海天公园等。

（三）打造蓝绿空间网络体系，提升生态服务功能

在绿地生态安全格局构建基础上，结合"千里绿廊""最美林荫路"、珠海绿道、乡村风情道等工程，加强海岸绿地、河道绿地、排洪渠绿地、道路防护绿地、道路附属绿地等线性绿地建设（图3），提质山体绿地，增加自然保护区、森林公园、郊野公园、湿地公园、村居绿地、城市公园绿地等节点绿地，形成覆盖全域的蓝绿空间网络体系，进一步提高绿地生态服务功能。

通过网络结构分析方法，对现状和规划绿地系统网络体系进行量化，量化指标包括网络闭合度、线点率和网络连接度三项指标值进行对比，具体见表1。

现状与规划绿地生态网络结构对比说明表　表1

评价要素	现状生态绿地网络	规划绿地生态网络
节点（个）	141	211
廊道（条）	168	307
网络闭合度	0.10	0.23
线点率	1.19	1.45
网络连接度	0.40	0.49

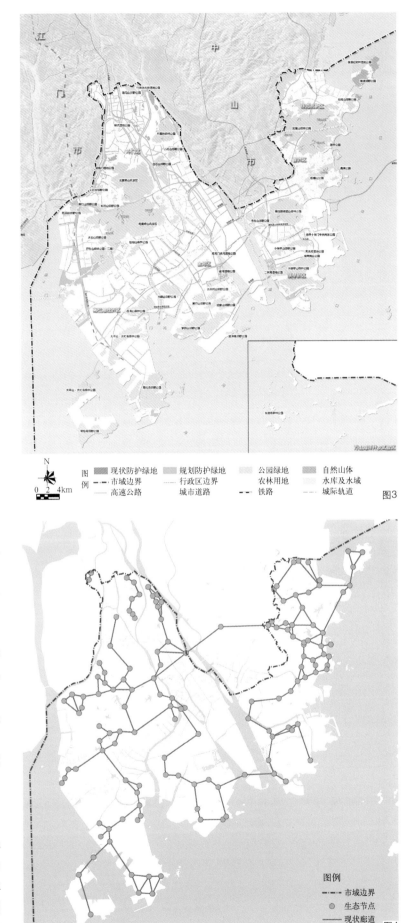

　　规划后绿地生态网络系统的三项指标值与现状绿地生态网络相比都有所加强。表明经规划后，珠海市绿地生态网络系统不论从连接度、网络复杂度和连通性上都有一定的提升，蓝绿空间生态网络化建设得到了加强（图4、图5）。

（四）遵循以人定量、按需建设，统筹布局公园绿地

　　绿地系统规划与建设要参考人口总量和人口分布情况，以满足居民需求为基本原则。珠海市公园绿地布局与建设，既要求人均公园绿地面积达到相关要求，还要求服务范围对居住区全覆盖。

　　本次规划完成后，全市人均公园绿地达到22m²/人，实现了公园绿地500m服务半径对居住区全覆盖，超过国家生态园林城市标准要求（图6）。规划期末新增综合公园35处，各区、镇均有综合公园。规划期末新增社区公园254处，其中面积1hm²以上的社区级公园共有129处，面积1hm²以下的居住区级公园共有125处，总体布局均匀，满足了居民多样的日常休闲需求。规划期末新增专类公园42处，包括湿地公园、森林公园、海洋公园和各类文化公园等。

　　为保证公园提供功能的多样性和环境的多样性，规划对各区公园的类型进行最低数量限制，珠海市行政区及功能区共有7个，规划每个区至少1处综合公园、1处湿地公园、1处森林公园、1处郊野公园。每个村和社区至少建设1处社区公园。每个区都能实现休闲功能由简单到综合，休闲环境由城市到自然的公园服务体系。

（五）提高林木覆盖率，建设城市森林

　　生态绿地方面，自然保护区、风景区、森林公园、郊野公园、滨海及湿地公园等以生态保护为主，严格按照大绿化、大林业一体化要求，加强林地保护，增加林木数量和提升内林分本身质量，增加林地内乡土植物数量。另一方面注重提升林分美景度，引入山乌桕、广东润楠等景观树种，建设景观林，形成优美的山区自然生态景观。

图1　现状公园服务范围　　　　图3　防护绿地规划
图2　市域绿地规划结构图　　　图4　现状绿地生态网络结构图

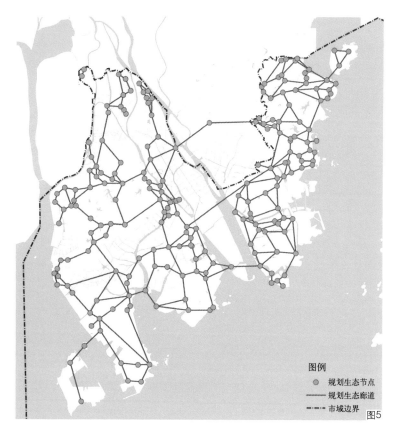

城市绿地方面，结合生态景观林带、森林之门、林荫道建设等绿地工程，增加各类绿地内乔木应用数量，完善城市森林生态系统，形成"林在城中，城在林中"的绿色之城。其中规划林荫路推广率达到90%，林荫停车场推广率达到60%。林荫路建设过程中，重点增加乔木应用量，规划增加道路两侧绿地宽度，丰富两侧绿地植物结构，构建乔灌草结合的复层植物群落。

村居绿地方面，结合"幸福村居""生态村居"等工程，每个村主要出入口或道路至少建设一处乡村风景道；保护风水林，重点建设环村绿化带；营造风景林、水源涵养林。

通过生态绿地内保护建设原有林地、增加城市绿地内乔木数量、建设村居绿地等全面提高林木覆盖率，建设生态与景观功能兼具的城市森林。

（六）探讨"生态园林城市"绿地规划典型模式，提升规划借鉴性

以城市自然条件为基础，以生态保护和居民生活为需求支撑，以先进技术和方法为技术支撑，通过城市发展目标引领，突出生态和文化特色，形成具有完善的公园体系、特色景观体系、绿地网络体系和城市森林体系，且结构合理、布局优化的生态园林城市规划绿地体系（图7）。

通过规划体系的总结，进一步丰富绿地系统规划理论，能够为其他城市绿地的建设，尤其是国家生态园林城市后续绿地规划的方向提供参考。

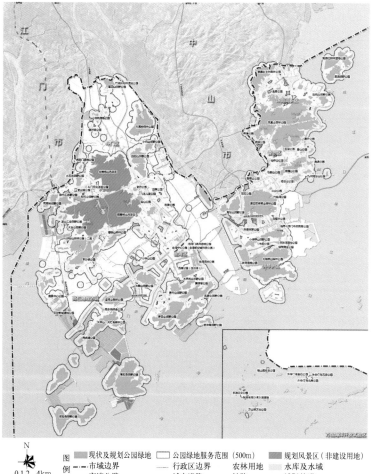

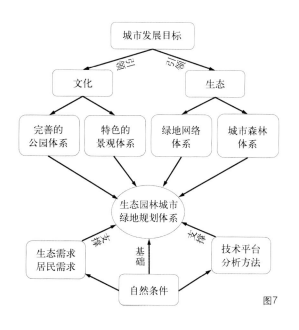

图5　规划绿地生态网络结构图
图6　规划公园服务范围图
图7　生态园林城市绿地规划典型模式图

珠海市特色公园分类说明表   表2

序号	特色公园类型	特色说明
1	水网湿地	以滨海、滨河湿地公园为主，突出海岸风光和滨海风貌
2	森林郊野	以森林公园、郊野公园等山体类公园为主，展示珠海市自然山体风光
3	都市特色	以城市综合公园和专类公园为主，凸显城市文化特色
4	社区村居	以社区公园和村居公园为主，满足居民休闲、娱乐、健身等日常活动需求

珠海市文化专类公园统计表（部分）   表3

序号	公园名称	所属区	文化特色
1	生态文化公园	中心城区	生态文化
2	九州岛海洋公园	中心城区	海洋文化
3	界涌西南环保园	中心城区	环保文化
4	凤凰山植物博览园	中心城区	植物文化
5	工业新技术主题公园	中心城区	工业新技术
6	科技文化公园	中心城区	新科技文化
7	洪兴公园	中心城区	保税区文化
8	洪湾涌南湿地公园	中心城区	湿地文化
9	航空文化公园	金湾区	航空文化
10	旅游文化公园	横琴区	旅游文化
11	南场文化公园	高栏港	民俗、村史文化
12	飞龙儿童公园	斗门区	儿童文化
13	森林文化公园	斗门区	森林文化
14	大蛛山公园	斗门区	历史、名村文化

三、以探索"公园城市"建设理念为导向的规划策略

（一）提出珠海市特色公园分类体系，突出珠海市景观特色

为了进一步突出珠海市特色，建设更加完善的公园绿地体系和高品质的公园绿地环境，珠海市提出建设"公园之城"。在《城市绿地分类标准》CJJT85—2002的基础上，规划提出珠海市特色公园分类体系，包括"滨海都市、水网湿地、森林郊野和城乡村居"四大公园体系，突出珠海市"山海河城田岛"的自然景观特色，指导全市公园建设（表2）。

（二）提出珠海市"公园之城"多维公园体系，突出分级建设

规划在全市和各区均构建"纵横双向"公园体系，形成多类型、多样化的休闲服务供给。

纵向体系强调布局不同距离与资源类型的公园类型，是指森林、湿地公园—城市公园（综合公园、专类公园等）—社区公园体系。纵向公园体系可以满足景观游览、休闲度假、周末及日常休憩、运动等不同活动需求，同时也能满足不同距离的出行需求，形成5分钟、0.5小时和1小时三级公园休闲目的地体系。

横向体系强调不同规模与功能复合性的公园类型，是指综合公园—专类公园—街旁绿地（小游园），满足多种人群的不同休闲需求。横向公园体系可以满足居民对公园差异化的功能需求，包括不同年龄、不同兴趣爱好居民的多样化需求。"纵横双向"公园相互融合、相互补充，共同构成珠海市种类齐全、功能多样、特色突出的多维公园体系。

（三）突出公园在城市文化传承与展示中的作用，建设文化专类公园

文化的传承与展示能让绿地具有持久的生命力，为人们所熟知和铭记。珠海市拥有深厚的历史文化和现代文化，在绿地建设中融入文化元素，突出绿地的地域性特色。

规划注重突出珠海市的多元文化，依托专类公园规划，在每个功能区均规划文化主题公园，文化主题涵盖历史文化、民俗文化、地域文化、海洋文化及现代的生态文化、科学文化、产业文化、环保文化等（表3）。

（四）规划城市标志性公园绿地，打造珠海"绿色名片"

标志性绿地是指能够代表珠海市典型自然景观特色、融合珠海市文化内涵、景观资源丰富、绿地建设品质较高、在全国具有知名度的公园绿地。通过标志性绿地的规划，进一步带动全市绿地品质提升。

依托"公园之城"建设，分析城市山水格局，建设体现珠海独特资源和景观特色的标志性公园，如海滨公园（城海相连）、凤凰山植物博览园（山城相接、植物丰富）、淇澳红树林湿地公园（海岛、特有植物），提高绿地可识别性，打造城市对外宣传的"绿色名片"，突出公园在城市建设中的影响力。

四、规划实施的重要意义

（一）积累规划经验，服务珠海市民

结合珠海市"山河海城田岛"一体的景观格局，对巩固"国家生态园林城市"建设成果、建设"公园城市"进行了规划探索，为"国家生态园林城市"发展方向和"公园城市"建设积累了规划经验。

本规划对珠海市"公园之城"和绿地系统建设提供了有力支撑，截至2019年，已建成城市公园708个，城区人均公园绿地面积达21.23m²，形成了"园在城中，城在园中，城园相融"的公园网络。公园成为市民休闲娱乐、参与生态教育的场所，"公园之城"建设成果显著，提高了居民幸福感和获得感。

（二）对接国土规划空间要求，提供数据支撑

《市级国土空间总体规划编制指南（试行）》中在"贯彻新时代新要求"的工作原则中提出"坚持以人民为中心""坚持底线思维"等原则，在主要编制内容中提出"（2）优先确定生态保护空间：明确自然保护地等生态重要和生态敏感地区，构建重要生态屏障、廊道和网络，形成连续、完整、系统的生态保护格局和开敞空间网络体系，维护生态安全和生物多样性。（6）结合市域生态网络，完善蓝绿开敞空间系统，为市民创造更多接触大自然的机会……（7）确定中心城区绿地与开敞空间的总量、人均用地面积和覆盖率指标，并着重提出包括社区公园、口袋公园在内的各类绿地均衡布局的规划要求。"

珠海市绿地系统规划在识别大型区域绿地组团，构建绿地生态安全格局的基础上，注重打造蓝绿空间网络体系；公园绿地建设中，遵循"以人定量、按需建设"原则布局各类公园绿地，重点解决公园绿地500m服务半径对居住区全覆盖问题，在建设中突出珠海市自然和人文文化特色。规划理念与内容与国土空间规划要求基本一致。

此外本次规划将现状数据和规划数据全部纳入GIS平台绿地数据库，与国土空间规划要求的数据平台及数据形式一致。规划将为珠海市国土空间规划内绿地相关规划内容提供数据和内容支撑。

项目组成员名单
合作单位：珠海市规划设计研究院
项目负责人：殷柏慧　蔡丽敏
项目参加人：杨　眉　张守法　康晓旭　孙丽辉
　　　　　　丁浩虹

"城市双修"作为中国特色城市更新的探索
——以福建福州市"生态修复、城市修补"总体规划为例

中国城市规划设计研究院风景分院／高 飞 李路平 王 璇

提要： 本次规划以"美丽与美好"为主题，从特色目标与问题短板两个导向开展工作，一是围绕"修山水文脉，提升竞争力，建设美丽福州"，二是围绕"补民生短板，体现获得感，建设有福之州"。

一、中国城市更新的历程及特点

中华人民共和国成立至改革开放前，改造更新的对象主要为旧城内的商业和居住区。改革开放至2010年城市更新在这个时期最显著的特征是以房地产开发为主导的更新改造。早期的城市更新中的参与主体是以政府主导的，而地方社区居民与组织在城市更新过程中，能发挥的作用比较有限。

2010年以后，形成了一批更新方式强调主体多元性（包括政府、地产商、公众等）和改造手段多样性（如保护、整治与拆建等）的可持续的更新实践。

近年来，中国城市更新的现实背景与形势需求都发生了很大的变化。首先是"人居三"的《新城市议程》更加包容和全面，内容与可持续发展目标密切关联，倡导社会包容、规划良好、环境永续、经济繁荣的新的城市范式。其次中央城市工作会议强调城市工作是一个系统工程，要坚持集约发展，提倡城市修补和更新，加快城市生态修复，树立"精明增长"和"紧凑城市"理念，推动城市发展由外延扩张式向内涵提升式转变等等。

在城市建设开始从单纯以增量扩张为主向存量优化更新转型的背景下，"城市双修"即生态修复、城市修补，是存量规划时代空间治理的新方法、城市更新的新模式。

二、福州市"城市双修"概述

福州市"城市双修"从问题导向（补短板）和目标导向（显特色）两个方面入手，以"传承理念显特色、整合成效促提升、谋划全盘理系统、聚焦示范见效果、远近结合建平台"为总体工作原则，制定了"生态典范、幸福标杆"为总目标引领的八层级技术工作框架。按照习总书记在福州工作时所说的"做好福州工作，关键是要充分发挥福州的优势与特色"，规划牵住"提品质，显特色"这一牛鼻子开展工作（图1）。

福州市"城市双修"的系统治理包括生态环境修复、历史文化延续、景观风貌优化、交通市政提升、公共设施修补、宜居社区建设等六个方面。一要围绕"修山水文脉，提升竞争力，建设美丽福州"，开展生态环境修复、历史文化延续、景观风貌优化三大系统修补工作；二要围绕"补民生短板，体现获得感，建设有福之州"，重点补足交通市政提升、公共设施修补、宜居社区建设三大系统短板。

三、福州市"城市双修"技术重点

（一）美丽福州

在福州城市文化方面，各时期的历史遗存都

图1 福州"城市双修"系统治理双导向示意图

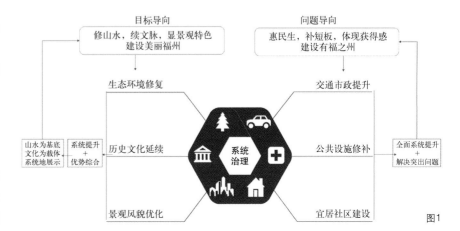

图1

图 2　福州城市文脉与景观
图 3　福州最美空间结构图
图 4　福州最美"漫"道路
　　　线示意图

福州延续千年的老城风貌展示轴　　　三坊七巷

福州延续千年的老城风貌展示轴　　福州有很多"美丽"有待去展示

图3

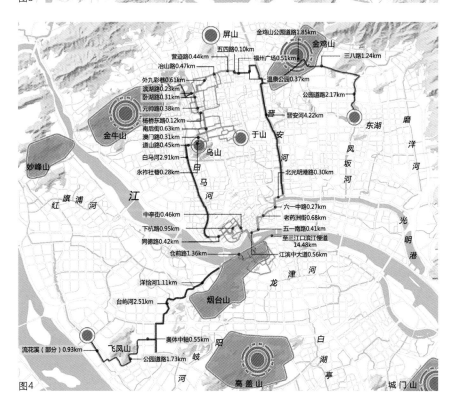

图4

有保留，世人熟知的"三坊七巷"只是其中的冰山一角，福州还有很多"美丽"有待去展示，"它们"现在或"停留在图纸"或"隐匿于市井"或"难于通达"。因此，双修工作就是要梳理福州最美、展示福州最美（图2）。

1. 梳理最美

通过识别福州城市关键性空间要素，在空间上梳理形成"双轴、六区、一线"的福州最美结构（图3）。"双轴"即古城轴线、沿江轴线；通过古轴线上的最美片区展现福州"山环水抱古韵地"的山水、历史文化特色；通过沿江轴线上的最美片区双修示范，展现福州"派江吻海新福州"的新时代的发展前景。"六区"即冶山—西湖片区、于山—乌山—南门片区、上下杭片区、烟台山片区、三江口片区、马尾船政片区。"一线"即从展示角度和从人的游憩体验感受出发，梳理形成的福州最美幸福"漫"道。

2. 展示最美

通过对各类能体现福州特色慢行空间要素的梳理，包括历史文化街区、传统老街巷、公园绿地、文化广场、滨河空间、生态山体等等，形成适宜市民及游人慢行的福州最美"漫"道（图4）。通过最美"漫"道串联并充分展示福州山水之城的优良生态、古韵之地的悠久文化、江海之都的发展梦想和有福之州的幸福生活。

（二）美好福州

福州市作为省会城市，却存在较为突出的"民生"尴尬，居民的幸福感还有待于提高。从2012年开始，福州市以"沟通、路平、灯亮、整洁、有序、安全"为标准，进行了"无物业小区改造"，设施的建设仅仅是多块牌子，面积普遍不达标。因此，我们需要尝试用"双修"来解决福州存在的民生问题，提升幸福指数，实现均等普惠，促进社会善治。

项目组通过广泛听取民声，开展了部门座谈、276个社区居委会自评、10039份居民调查问卷、30多个抽样社区走访的工作，总结提出了"定、理、补"三大建设策略。三大策略形成了福州双修"有据可依、有的放矢、便于实施"的规划措施。

1. 定

"定"即要明确宜居建设标准，制定福州宜居社区指标体系。该指标体系是综合了社区硬坏境（住宅房屋、基础设施、公共设施、交通系统、建筑设计、绿化景观、环境卫生）和社区软环境（家庭氛围、邻里和谐、安全归属、社区秩序、人际心里、居民参与）的系统性评估体系。从社区空间、

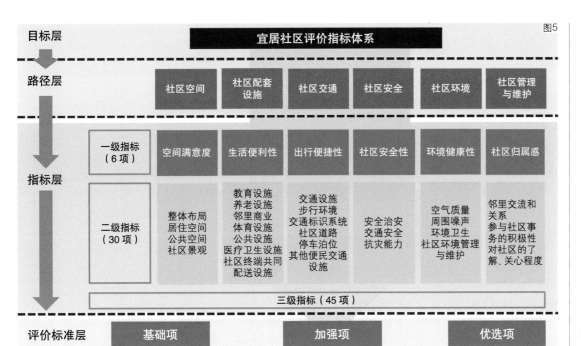

图5

目标层	宜居社区评价指标体系					
路径层	社区空间	社区配套设施	社区交通	社区安全	社区环境	社区管理与维护
指标层 一级指标（6项）	空间满意度	生活便利性	出行便捷性	社区安全性	环境健康性	社区归属感
二级指标（30项）	整体布局 居住空间 公共空间 社区景观	教育设施 养老设施 邻里商业 体育设施 公共设施 医疗卫生设施 社区终端共同配送设施	交通设施 步行环境 交通标识系统 社区道路 停车泊位 其他便民交通设施	安全治安 交通安全 抗灾能力	空气质量 周围噪声 环境卫生 社区环境管理与维护	邻里交流和关系 参与社区事务的积极性 对社区的了解、关心程度
三级指标（45项）						
评价标准层	基础项		加强项		优选项	

图5 福州市宜居社区建设指标体系示意图

社区配套设施、社区交通、社区安全、社区环境、社区管理与维护等六大方面加以构建，以空间满意度、生活便利性、出行便捷性、环境健康性、社区安全性、社区归属感作为一级指标，再从一级指标细化为二级指标30项和三级指标45项，每个指标有相应的分值和权重比例。依据宜居社区评价指标体系，让社区居民对各项指标的满意度进行评分（图5）。

2. 理

"理"即要全面梳理社区现状，明确建设对象，通过"四三一六"对社区评估进行总结。

四等级：评估划分了四个社区等级，便于掌控社区的整体宜居水平，且"不宜居"社区将作为双修工作的重点对象。

三类型：社区问题与其建设年代具有高度关联性，同一时期建设的社区所面临的问题具有高度一致性。因此，掌握社区年代的整体状况，便于对社区复杂的问题进行归类和研究。

六方面：通过基础信息综合分析，对社区空间、社区配套设施、社区交通、社区安全、社区环境、社区管理与维护等六大方面的问题加以梳理。

一特色：福州是国家历史文化名城，悠久的历史文化和优美的城景格局是城市的一大特色。因此，在社区建设的同时，应着重突出城市的自身特色，识别文化社区，进行重点塑造。根据福州市历史文化街区及历史文化风貌区范围，识别福州文化社区，共48个。

3. 补

"补"即为补齐社区宜居短板，形成宜居社区建设项目库，分步落实。福州双修需要遵循"分布落实、便于实施"的原则，通过建设"总体项目库"，实现整体建设与分项建设，为宜居社区建设双修工作的持续推进制定计划；建设"近期项目库"，实现"代表性"与"示范性"，为宜居社区建设双修工作树立模板。

项目组成员名单
合作单位：福州市规划设计研究院
项目负责人：高 飞 李路平 崔宝义
项目参加人：王忠杰 李科昌 王 璇 刘宁京
　　　　　　张 斌 兰伟杰 曾 浩 张 浩
　　　　　　贺旭生 单亚雷

大规模国土空间造林绿化规划实践探索

——以北京新一轮百万亩造林绿化工程为例

北京北林地景园林规划设计院／周叶子　徐　波　郭竹梅　陈　宇　姜海龙

提要： 该项目从优化城市空间布局、改善首都生态环境、提升市民的绿色福祉等方面促进落实北京"减量发展"的理念，持续加大以林草植被为主体的生态系统修复，为首都提供更多优质生态产品。

一、项目简介

（一）规划背景

为缓解"大城市病"的困扰，建设国际一流的和谐宜居之都，北京市适时提出开展新一轮百万亩造林绿化建设工程设想，并通过编制《新一轮百万亩造林绿化建设工程总体规划》（以下简称规划），运用战略思维对北京市绿化建设进行顶层设计，擘画首都未来可持续发展宏伟蓝图。2012~2015年实施的平原地区百万亩造林工程，使平原地区森林覆盖率达到26.8%，初步改善了平原缺林少绿的状况，奠定了平原地区绿色生态空间格局的基础。然而，首都绿化依然存在森林总量不足、绿化质量不高等问题。全市森林每公顷森林蓄积量仅为27.93m³，远低于全国每公顷森林蓄积量89.79m³的水平。针对上述问题2017年北京市委常委会决定"以更大决心和魄力，开展新一轮百万亩植树造林，集中连片进行大尺度绿化，不断提升首都生态文明建设水平，把北京建设成为天蓝水清、森林环绕的生态城市"。此项工程的开展对于统筹山水林田湖草系统治理，优化首都生态安全格局，提升市民的绿色低碳生活水平具备重要意义。

（二）规划重点与目标

规划集中回答了"为何建、在哪建、怎么建"的问题。从国土空间保护和治理的视角，立足生态系统完整性与连通性提出"无界森林、宜居城市"的发展理念，期望打破森林边界，融山、水、田、湖、草、城于林，构筑共享生态圈，逐步实现浅山层林尽染、平原蓝绿交融、城乡林茂鸟语的规划愿景。力图通过五年时间，提前实现北京城市总体规划目标，确保全市森林覆盖率达到45%，平原地区森林覆盖率达到33%。

（三）规划用地布局

新一轮百万亩造林绿化建设工程作为落实《北京城市总体规划（2016—2035年）》城市空间布局与"一屏、三环、五河、九楔"市域绿色空间结构

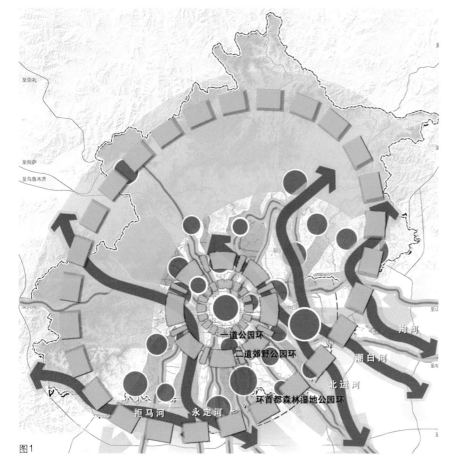

图1

的具体行动,其用地布局对于实施的质量与效果起到关键作用。规划在现状森林尤其是上一轮平原造林工程新增的 105 万亩森林的基础上,锁定了 255 处重点造林绿化区域,为落实用地布局提供了有力的支撑,并提出四大选地原则:一是锁定结构,规划在充分落实市域绿色空间结构基础上,进一步提升造林绿化地块的规模效应,向重点廊道与大尺度森林片区集中造林,即优先落实"一屏、三环、五带、九楔、多廊、多片区"(图 1)结构内的绿化建设;二是整合资源,通过填空造林推动千亩绿地成为万亩绿地,强化规模效益,整合提升零碎绿地;三是注重联通,优先建设起到联系、串联作用的林地,加宽加厚沿公路、河流、铁路的绿色廊道;四是统筹城乡,保证造林工程与城市空间结构和发展格局充分协调。在四大原则及"连小片成大片、去薄弱连绿廊、环村镇织网络"(图 2)的落地策略指引下,规划实现落地 100 万亩,与现状绿色空间共构 78 处以林为主的万亩斑块。

(四)分类建设指导

规划衍生《北京市新一轮百万亩造林绿化工程建设技术导则》,将造林绿化地块分为生态涵养主导型、景观游憩主导型、森林湿地复合型及生态廊道型四种类型,并分别从功能营造、植被选择、雨洪调控等方面提出具体的建设要求及指引。同时通过"森林 +"的模式探索造林地块与山、水、田、草、园、村等元素的协同设计,实现多要素相互渗透、和谐共生。

(五)分区分期实施任务

结合各区造林需求与建设条件,按照"保证结构、推进重点、先易后难"的实施原则,分年度明确各区建设任务指标及重点造林绿化区域。确保 4 年完成主体建设任务,5 年建设 100 万亩森林。

二、规划实施情况

截止到 2019 年,新一轮百万亩造林绿化建设工程共完成绿化 49.3 万亩,基本实现任务过半,全面提升首都生态承载能力,形成围绕城市重点功能区的大型万亩森林斑块(图 3),在生态敏感区域形成多处核心生态栖息地。通过减量疏解、留白增绿显著加速了全市绿化建设进程,有效提升公园绿地可达性和城市景观环境,推动美丽乡村建设,实现数万名农民实现绿岗就业,对首都的发展产生深远影响。

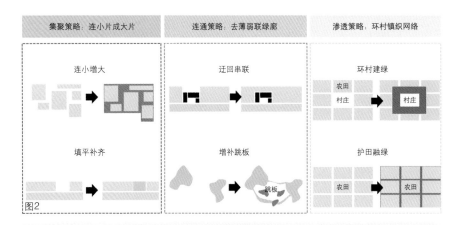

图2

图3

三、几点思考

《新一轮百万亩造林绿化建设工程总体规划》作为以目标和实施为导向的规划,直接指导后续百万亩绿地建设,如何在传导上位规划战略思维的同时,保障规划具备较强的落地性和建设指导性,更好地实践高质量增绿,成为本次规划探索与思考的重点。

(一)如何实现科学布局

在寸土寸金的北京再次新建一百万亩森林,是此次规划的一大难点。规划及时把握国土空间科学划定"三区三线"、非首都功能疏解腾退的历史机遇,研究首都绿地理想格局,优先争取对于生态格局尤为重要、对于宜居生活尤为关键的重点空间进行绿化布局,转变绿地伴随城市扩张蔓延被不断蚕食的现状,严格保护重要的生态空间,锚固城市格局,优化人居环境品质,实现国土空间绿化建设的高质量发展。

上一轮平原造林工程总体规划虽然提出 80% 造林工程量应落在"两环三带九楔多廊"的结构布局中,但实施过程中因用地协调等多种因素,与规划目标仍存有差距。本轮规划深入分析各结构落实面临的主要问题,分结构明确下一步重点建设内

图 1 《新一轮百万亩造林绿化建设工程总体规划》绿色空间结构示意图
图 2 落地策略模式
图 3 建成效果——新机场高速周边万亩森林斑块

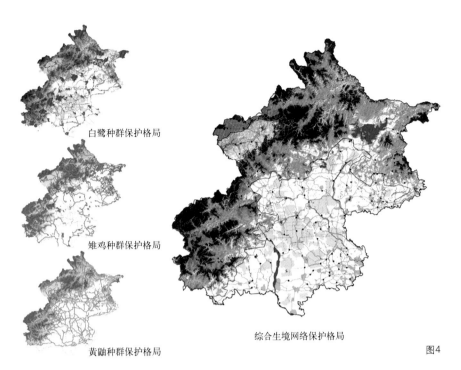

白鹭种群保护格局

雉鸡种群保护格局

黄鼬种群保护格局

综合生境网络保护格局

图4

图 4 综合生物多样性保护格局示意图

现实土地供给的协调。规划通过建立园林绿化、规划和自然资源委多部门互动协调工作模式，统筹建设用地内外各类用地空间，在坚持基本农田保护要求的基础上，充分协调非首都功能疏解后的减量建设用地、未利用地等可绿化用地与需要绿化用地之间的关系，站位城乡用地布局优化与全域全要素资源保护的角度，以造林绿化用地为突破口推动各部门达成共识，最大程度保障了理想布局的落地。

同时为实现用地布局方案有效传导，规划形成了市区两级上下协调机制，在市级用地方案的统筹下，以优先保障生态格局和重点区域的绿化用地布局为原则，由规划和自然资源部门下发至各区征求镇乡和相关部门意见，规划与镇乡和相关部门共同协调绿化用地情况，通过多轮反馈、互动工作，不断调整、完善用地布局方案，推动用地层层落实。

（三）如何推动高效建设

作为一个指导实施的规划，保证建成效果也成为规划关注的重点。造林地块所处区位及功能定位差异性较大，需要因地制宜提出相应建设要求保证后续实施质量。如针对生态涵养主导型地块，需要更好地发挥其生态功能，通过采用"混交、复层、异龄"的近自然结构营建植物群落，为提升生物多样性创造条件。而针对景观游憩主导型地块，需要在充分发挥森林生态和景观功能的前提下，丰富森林的功能和内涵特色，结合林窗空间、林缘空间合理布置游憩、体验、科普教育等游憩服务设施，形成粗中有细、开合有致的景观空间特色。同时，此次造林绿化要置于山水林田湖共构生命共同体的大背景下展开，通过森林推动各类要素的和谐共生。未来建设不仅要考虑林地本身质量的提升，还要考虑森林与农田保护的结合、森林与村庄发展的结合、森林与浅山生态修复的结合、新建林与原有林的结合等等，不断提升林地质量，拓展林地的发展内涵，多方面盘活林地资源，走出一条更高质、更可持续的发展路径。

项目组成员名单

项目负责人：郭竹梅　周叶子

项目参加人：徐　波　高大伟　陈　宇　刘明星

姜海龙　李　悦　李　伟　张东旭

王　斌　李雅琪

容，优先保障造林地块向结构集聚增绿，推动北京绿地空间的"四梁八柱"搭建形成。

在生物保护方面，推动形成由核心生境—迁徙廊道—跳板所组成的生境网络（图4），明确北京市域生物多样性保护范围，实现城市与生物共存共荣。针对生物多样性不足、绿地孤岛、绿而不活等问题，以生态优先、系统保护为导向，借鉴岛屿生物地理学、景观连接度等景观生态学理论，选取适应北京高度城市化地区环境的鸟类与小型哺乳动物类群，识别现状与潜在的栖息地、觅食地等生境斑块，模拟生物在生境斑块间迁徙活动的廊道网络，构建更为连续、完整的生境网络，为造林绿化用地布局提供生物保护方面的要求。

在普惠民生方面，考虑到城区依然存在公园绿地服务半径盲区，规划延伸拓展至核心区、中心城区、新城等建设用地范围，积极探索百姓身边增绿路径。结合公园绿地可达性分析为规划提供智慧支持，运用路径规划工具生成交通可达圈，准确锁定公园绿地服务盲区，梳理其中的城市空闲地、城中村、低效产业用地等，开展拆迁腾退、复绿升级，结合小微绿地、城市森林等绿化形式推动建成区新增多处来之不易的绿地空间，改善城区环境品质，为建设出门见绿、共享可达的人性化绿色空间提供支持。

（二）如何确保用地落实

要实现上述布局蓝图，最关键的环节还是与

基于多尺度视角下的流域生态网络构建与管控研究

——以青海省海东市核心区湟水河流域景观生态规划为例

北京清华同衡规划设计研究院有限公司／梁　晨　胡　洁　孙国瑜

提要： 基于区域生态空间格局的研究与规划，构建山-水-城-人一体的生态安全网络，对城市核心区的滨河空间、沿山空间等重要生态空间提出发展方针、空间设想及生态空间管制要求，实现生态管控的规划落地。

一、项目背景与研究尺度

海东是青海省下辖市，总面积 1.32 万 km²。湟水河作为黄河上游最大的一级支流，其流域也是海东撤地设市后东部城市群建设的核心区域。该流域的生态安全不仅关系到湟水河流域的生态质量，也关系到黄河中下游地区乃至整个黄河流域的可持续发展。

将规划和研究范围划分为两个层次：一是海东市湟水河流域内沿河谷以山脚为起点，至一级山脊线的区域，这也是本研究的重点规划范围（总面积 573km²）。二是包含海东市域所在的湟水河全流域（图 1）。

二、规划研究思路

规划首先在现状分析与辨析生态空间特征的基础上，初步提出生态网络结构的基本构成。其后结合流域生态特征分析的空间落位进行耦合分析，进一步深化并确定生态网络的空间格局。最后通过生态网络空间体系的管控与引导落实景观生态空间系统化的解决方案，从而明确实施策略与具体措施（图 2）。

三、湟水河流域核心问题及评估

海东湟水河流域地处黄土高原丘陵沟壑区，周边山高陡峭，平均森林覆盖率不足 24%，造成水

图 1　研究尺度与范围
图 2　生态网络构建与管控工作技术框架

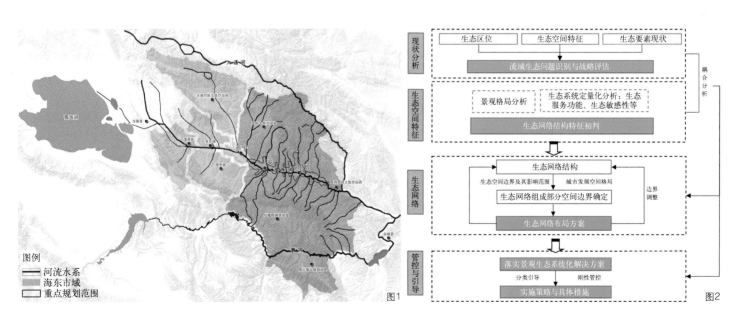

图1

图例
河流水系
海东市域
重点规划范围

图2

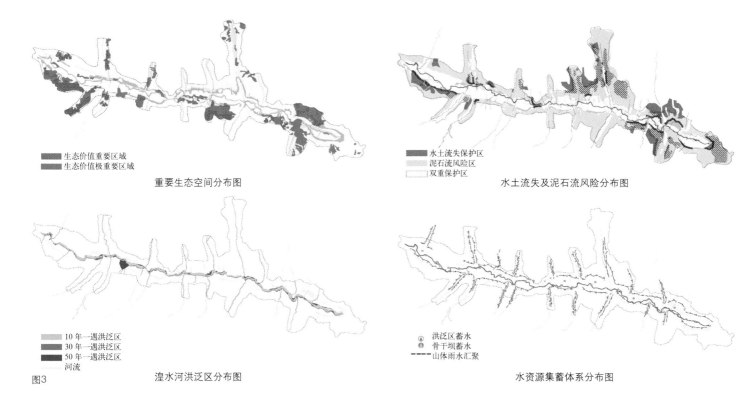

生态价值重要区域
生态价值极重要区域

重要生态空间分布图

水土流失保护区
泥石流风险区
双重保护区

水土流失及泥石流风险分布图

10年一遇洪泛区
30年一遇洪泛区
50年一遇洪泛区
河流

湟水河洪泛区分布图

图3

洪泛区蓄水
骨干坝蓄水
山体雨水汇聚

水资源集蓄体系分布图

图3 湟水河核心问题评估分析
图4 生态空间特征示意图

源涵养能力不足。近50%的土地属于干旱浅山区，多为童山秃岭，水土流失集中，治理难度较大。近年来，由于矿产资源开采以及水库、电站、城市建设等，更加剧了人为水土流失的态势。强烈的水土流失不仅导致湟水河含沙量剧增，更使得土壤含水量减少，水源枯竭，旱灾、洪灾、滑坡、泥石流等自然灾害频发，水生生态系统退化严重，湟水河特有鱼类濒临绝迹，区域生物多样性锐减。

因此，如何进行重要生态空间保护、控制水土流失威胁、严防河道洪泛风险、增加水资源集蓄就成为海东市湟水河在生态安全层面所面临的核心问题与挑战。规划团队通过GIS平台及相关技术方法对区域生态体系进行分析，识别生态保护热点区域；并利用模型分析结合实地多次调查，明确水土流失与滑坡灾害高风险区域并提出措施建议；基于"为河流留出空间"的理念，设立并保护洪泛区，实现生态防洪；通过对水平衡的分析，提出在海东境内涵养水源的应对策略，保障未来水资源供需平衡（图3）。

四、生态网络构建

为湟水河生态安全四大核心挑战提供设计指导原则和空间解决方案，规划将核心问题分析与流域生态空间特征进行耦合，形成以湟水河为核心串联整个山谷与城区的生态网络。

（一）系统整合

海东市核心区湟水河流域生态空间特征是以湟水河为中轴的对称结构，南北两侧沿河道至周边山体依次为：湟水河干流及其南北向支流构成的滨河空间、河川地区以城市绿地为主的绿色空间、河谷地区与南北山体过渡的山前空间、南北两侧的山体空间（图4）。

（二）空间方案

规划结合流域空间特征及生态网络结构，确定生态网络各组成部分的具体边界，最终形成空间方案（图5）。整个生态网络体系由山体生态屏障、山前生态廊道、滨河生态廊道、南北绿廊、城市绿

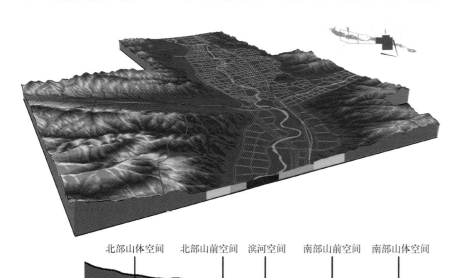

北部山体空间　北部山前空间　滨河空间　南部山前空间　南部山体空间

图4

色基础设施5大空间组成。规划以生态保护与修复为重点，辨析了不同空间内部核心问题的影响程度以及工作重点（表1）。

五、生态网络管控与分类引导

为进一步落实生态空间管控与引导要求，规划从整体生态网络体系的角度出发，细化了不同组成空间在保护、修复与利用方面的具体分类引导措施。同时，进一步融入对城乡用地空间的管制要求，支撑生态控制范围等刚性控制空间的划定，成为自然资源与城乡规划主管部门实施空间管理的依据（表2）。

以滨河生态廊道为例。规划结合生态网络空间方案中核心问题的影响程度，提出本区域未来的工作重点主要在河流防洪安全、河流生境恢复以及河流综合功能提升三大方面，按照空间分类引导与刚性控制相结合的方式，明确了景观生态保护与修复的具体措施。

（一）分类引导

1. 河道安全提升——堤坝体系规划
规划对现有堤防和规划的堤防进行评估，以

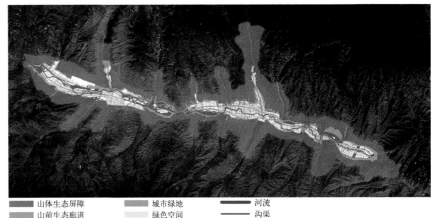

图例		
▬ 山体生态屏障	▬ 城市绿地	▬ 河流
▬ 山前生态廊道	▬ 绿色空间	— 沟渠
▬ 滨河生态廊道	▬ 南北绿廊	▬ 建成区

图5

"给河流发展空间"为基本规划原则，依托50年一遇洪水淹没线范围，在防洪安全、保证滨河生态价值以及为城市预留合理发展空间的前提下，对堤防进行调整优化。

通过综合评估，规划对原有防洪标准较低、紧贴河道两侧且形式单一的堤坝进行合理移除、新增和调整，最终提出优化后的生态导向下的堤坝体系及断面形式，以指导未来湟水河堤坝建设工作（图6）。

2. 河流生境恢复——滨河湿地规划
为提升湟水河生物多样性，恢复河流生境，作

图5　生态网络空间布局

生态网络与流域生态安全问题耦合分析　　　　　　　　　　　　　　　表1

流域生态安全问题		重要生态空间保护	水土流失	水资源集蓄	防洪安全
生态网络	山体生态屏障	■ 保护生态敏感性区域、生物多样性区、生态功能服务区。 ■ 为保证生态维护与修复，调整部分南北两山森林用地类型，如部分高生态风险或高生态价值区域不用作人为干扰过大经济林等。 现状用地及规划用地性质情况	■ 在两山林地采用水土流失及泥石流防护措施。 ■ 根据生态维护要求，调整林地使用策略，如泥石流风险区不宜使用需要较多灌溉的林地	◆ 在两山林地结合使用水资源收集、储存、再利用的措施，如坝田等。 ◆ 在林地灌溉中使用回收水、贮存水。 ◆ 通过林用植被储存泥土中的水分	◆ 利用山地植被减少地表径流，进而降低洪水风险
	山前生态廊道	● 设置连续的山前生态廊道作为山地与城市之间的缓冲区域。 ● 保护生态敏感性区域、生物多样性区域、生态功能服务区	● 保持山前生态廊道在高泥石流风险区最小150m的距离，作为城市安全缓冲区。 ● 作为缓冲区，承接来自山体的泥沙沉积	● 综合考虑山坡具体条件采取相应的水资源集蓄措施，如在陡坡采用草植，在缓坡采用乔木与灌木等。 ● 以可渗透的水渠、水塘替代混凝土	◆ 在山前生态廊道增加植被，以减少地表径流，减少洪水风险。 ◆ 在山前生态廊道设置贮水渠以收集强降雨的过量水
	滨河生态廊道	■ 尽可能保持湟水河的自然形态。 ■ 采取更生态环保的河流整治措施，如使用自然洪泛区代替硬质堤坝。 ■ 维护、新增湿地以促进河流生态	● 利用洪泛区进行自然泥沙沉降。 ● 整治加固河岸，防治水土流失	● 在支流与主河道交汇处设置水储蓄设施。 ● 利用生物进化系统循环净化水体并利用循环净化水进行农业与景观灌溉	■ 还地于河，规划自然洪泛区。 ■ 移除过于靠近河道的硬质堤坝，增进河流生态安全。 ■ 新增湿地作为自然洪水调控系统，加强河流生态价值
	南北生态绿廊	■ 保持南北两山之间的生态联系，为保持生态在空间与功能上的完整性，至少维持200~800m的绿廊宽度。 ■ 保持绿廊现有植被及生态特征。 ■ 限定城市扩张边界	● 在临近高泥石流风险区的生态绿廊内采取泥石流防护措施。 ● 修复有水土保持价值的植被群落。 ● 在支流调整分层跌水以进行泥沙沉积	● 在支流与主河道交汇处设置水储蓄设施。 ● 设置生态净水，为灌溉提供回收再生水。 ● 在支流进行分层跌水以渗透贮存地下水	◆ 加强支流洪水调控。 ◆ 在支流进行分层跌水以减缓河流流速。 ◆ 新利用植被等应对强降水
	城市绿色基础设施	● 保持南北两山之间的生态联系，使之成为连续完整的生态系统。 ● 限定城市扩张边界	◆ 在临近高泥石流风险区的绿地采取泥石流防护措施。 ◆ 修复有水土保持价值的植被群落	◆ 保持现状植被以防治水土流失。 ◆ 设置生态净水，为灌溉提供回收再生水	◆ 利用雨水花园进行雨水收集，减少地表径流。 ◆ 利用绿色街道、城市湿地进行水体净化

注：■ 影响程度高；● 影响程度中等；◆ 影响程度一般。

生态网络管控与分类引导要点 　　　　　表2

生态网络	管控与引导范围	刚性控制	分类引导
山体生态屏障	以山脚为起点，至一级山脊线。控制宽度约0.5~3km不等，最宽处约4km，平均宽度1.6km	山体生态控制范围划定	山体生态功能区划；山体景观风貌引导
山前生态廊道	拟定100m为山前生态廊道内生态保护区的最小廊道宽度，严格限制此红线内的城市建设		山前生态空间类型；山前生态功能区划
滨河生态廊道	湟水河干流两侧的绿色开敞空间	河流保护线划定并颁布管理条例	生态导向下的堤坝规划；滨河湿地规划；滨河生态功能区划
南北生态绿廊	为维持生境空间完整性，至少维持200~800m的绿廊宽度	南北生态绿廊生态控制范围划定	建设强度分级控制
城市绿色基础设施	城区范围内各种开敞空间和自然区域	城市绿线划定	城市绿地系统规划；城市水资源集蓄系统规划

河流保护线控制管理策略 　　　　　表3

分区范围	划分依据	主导功能	管理规定
主河道河流保护线、支流河流保护线	主河道＋支流河流蓝线重要的生态价值；现状、已规划及建议规划的滨河公园现状用地及规划用地性质情况	保护重要生态功能区域，如森林、湿地等维持生物多样性，从而确保生物资源的可持续利用保护生态脆弱区／敏感区，减缓与控制生态灾害，从而保障人居环境安全（包括湿地、河岸、边坡）改善河水自净能力维护生态系统服务功能，从而支撑经济社会可持续发展，维护滨河景观质量	禁止建设永久建筑和地下基础设施建设禁止进行破坏植物、动物群落的活动限制土地使用，所有使用功能必须为生态环境友好性质严格进行排污管理及环境治理考虑生态及景观效益的临时性娱乐设施可在经过审批后存留

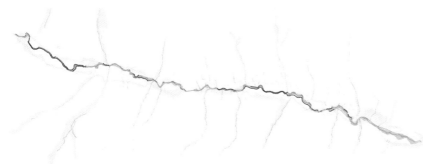

—— 保护城区堤坝
—— 保护交通基础设施堤坝（与道路结合）　　　—— 河流
—— 保护自然地貌（不稳定河岸加固）　　　■ 50年一遇洪泛区
　　　　　　　　　　　　　　　　　　　　　　　　　　图6

■ 洪泛区　　　　　　　　　　　　■ 农业用地
■ 湿地　　　　　　　　　　　　　■ 水处理（储水蓄水／水产养殖）
■ 滨水公园（净化水质／休闲游憩）　　　　　　　　　图7

为动植物重要栖息地的湿地应被引入湟水河滨河空间。规划设置的湿地多数位于河流洪泛区内，利用河流中控制洪水的措施来保持湿地的湿润环境，从而实现湿地生态系统的健康运行。

根据河流生态系统特征，新增湿地主要设置在干流和支流交界处以及10年一遇洪水线内。同时鉴于湟水河泥沙含量过高的情况，未来将在湿地中建设水资源净化系统，从而实现泥沙的沉降与生态过滤。

3.河流价值提升——功能布局优化

为实现河流的综合功能，在生态恢复与防洪安全的基础上，规划合理引入生产、游憩及景观功能，从而全面提升湟水河河流的综合价值（图7）。

（二）刚性控制：划定河流保护线

湟水河干流贯穿海东市核心区，呈现出城市经济发展空间与河谷生态空间高度重叠的态势，因此其刚性管控的重点在于河流保护线的划定。以往的河流生态控制范围划定方式常笼统地以控制常水位线外围若干米为主要形式，未切实考虑河流的防洪安全及生态安全的精细化管理需求。本规划中湟水河河流保护线划定以50年一遇河流蓝线划定的洪泛区保护范围为基础，纳入了反映滨河生态价值的区域（林地、湿地等）、滨河现有及已规划滨河公园，并同时考虑生态敏感性与生物多样性的评价结果、现状及规划用地情况与管控难易程度。规划最终划定了湟水河干流与支流两个层级的河流保护线，面积共计38.37km²，并提出相应的管控策略（表3）。基于划定结果，海东市政府牵头各相关委办局共同颁布实施河流保护线保护管理条例，从政策层面建立了海东市中心城区湟水河流域河流保护线制度。

项目组成员名单
合作单位：荷兰都市方案规划建筑设计事务所
项目负责人：胡　洁　Marja Nevalaine
项目参加人：胡　荣　梁　晨　马　娱
　　　　　　Hans Dekker　寇聪慧　孙国瑜
　　　　　　刘　哲　贾培义　雍苗苗　龚　宇

图6　堤坝体系规划示意图
图7　滨河空间功能布局示意图

走向健康城市

——河南省郑州市郑东新区龙湖区域慢行系统规划思考

北京清华同衡规划设计研究院有限公司／胡子威

提要: 在现有高品质街区基础上进一步描画科技、智慧、人文和健康篇章,以打造城市复合型高品质慢行系统为目标,激活社区小经济,注入持续活力,塑造城市文化风貌,改善居民生活品质。

郑州地区拥有深厚的历史积淀,是华夏文明的重要发祥地与中国八大古都之一。龙湖区域位于城市东北部,为近年重点建设的城市新区,周边用地类型丰富,预估容纳人口 46 万。龙湖区域慢行系统属于城市整体慢行网络中的重要圈层,覆盖面积为 28.7km²。

在迅速的城市化进程中,城市功能出现了一些短板,其中居民出行品质的不足尤为突出。本规划着力于构建一个完善的"健康慢行系统",将社区、自然与城市进行弹性缝合,使城市拥有持续的健康活力。

一、问题、挑战

项目组经过对龙湖区域研究和实地考察后,发现场地面临六大挑战:

(1)交通环境:为了应对交通拥堵问题,盲目加宽机动车空间,导致道路交叉口半径极大,车行与慢行空间比例严重失衡。

(2)生态环境:城市绿地类型丰富、数量充足,但由于分布不平衡,城市局部气候并没有得到改善。区域内生态系统难以自我调节,应对生态破坏的弹性不足。

(3)公共服务:公共服务体系缺失、功能单一。公共设施质量不高,特色不明显,数量不足。

(4)地域文化:地域文化缺失严重,世事变迁中,文脉难以传承。

(5)地区经济:地区经济增速渐缓,如何激活社区小经济成为一个紧迫的问题。

(6)居民活力:龙湖区域现有约 10 万居住人口,相关活力元素值表明该区活力明显低于周边成熟区域。

二、规划理念

通过"稳静交通系统的创建、人文传承空间的营造、社区口袋公园的重塑、绿色慢行廊道的构建"等多种手段,建成交通有序、社区健康、生态和谐的城市新区;全面构建郑州高生活品质、休闲开放的核心圈层;树立中原地区公园城市建设、智慧协同管理的标杆;描绘出一幅绿色龙湖"豫见"美好,智慧新区"郑式"漫跑的美好愿景(图1)。

三、规划方法

参与规划的各专业工作团队协同解决交通联系、生态环境、建筑设计、公共空间设计等问题。

图 1 规划理念

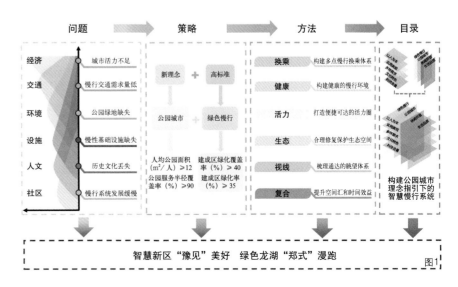

图1

图2 环线定位
图3 慢行环境提升
图4 口袋公园体系

提出了"完善环线区域网络、重塑城市区域空间、植入多元区域功能"的规划策略。从慢行交通系统出发，缝合社区、城市、自然。

（一）明确功能、精准定位

规划提出四条环线的总体空间布局，并明确各自的功能定位（图2），其中：

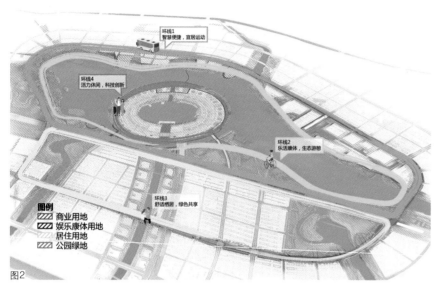

图2

图3

图4

环线一为龙湖内环路—北三环路，临近居住区、商业区和大型集散广场，适宜建设街道类绿道，定位智慧便捷、宜居运动。环线二为环龙湖环线区域，公园绿地占比较大，自然环境优渥，宜结合现状建设公园类绿道，定位乐活康体、生态游憩。环线三为"龙湖内环路—朝阳路环线"，临近高密度居住区，适宜建设社区类绿道，定位舒适栖居、绿色共享。环线四为"金融中心岛外环线"，临近商业、商务区，适宜建设广场类绿道，定位活力休闲、科技创新。

（二）提升慢行环境

项目组出于对慢行路权的考量，提高行人与非机动车的优先度；在慢行交通连续性上，构建"轨道+公交+自行车+步行+码头"的多点换乘体系；通过交通稳静化与过街友好等手法，改善区域交通微循环，降低混行带来的危险与不安定感。

项目组在分析各年龄段慢行需求后，设置文化、社交与智慧互融的健身驿站系统；打造纵向绿道，将社区和商业办公人群吸引到慢行系统中；注重慢行环境的多元与舒适，营造整体衔接、局部微循环的高效智慧慢行系统（图3）。

（三）构建口袋公园体系

规划关注社区与慢行的关系，布置多功能、多层次的街区口袋公园，精细化打造社区与慢行道路的连接，创建5~15分钟便捷可达的健康共享生活圈，提升社区生活质量，增加经济活力（图4）。

（四）建立眺望体系

项目组结合市民的感知以及各分区的功能特点，对街区、滨湖公园、慢行步道等区域采取不同的视线设计策略。首先是远景的呈现，突出地标性景观的经典造景功能，发挥地标景观的导向作用，提供极目远眺的聚焦点；其次是中景的展现，周边自然环境给人以足够的亲切、放松、怡人感，对自然景观全区段的视线渗透是提高整个慢行系统品质至关重要的环节；再次是近景的浮现，考虑观赏、互动等需要，对周边景观元素进行合理的、适当的框定；最后考虑到隐私、安全等需要，维持周边片区与慢行系统的和谐共生，对不良景观做视线遮蔽处理。上述策略使项目形成一个整体上提升视线品质，局部突出"遥""揽""狭""望"等感受的完备眺望体系。

（五）核算承载力

项目组依据《城市道路工程设计规范》CJJ 37—2012和《公园设计规范》GB 51192—2016测算出四条环线的非机动车承载能力，全面满足周边社区现在以及社区建设成熟后的居民出行使用需求，重构多层次、立体化、多功能的慢行系统（表1）。

（六）建设遮荫系统

规划区域的遮荫等级依照活动属性和场地特质进行遮荫要求划定。生态湿地区、滨水休闲区是以保留的自然林地遮荫为主，后期增加的辅助遮荫设施较少，定位为一般遮荫；慢行、骑行健身区多以植物、小品组景的形式体现，主要考虑游人步行、非机动车出行、游览、观赏等活动，以次级遮荫为主；广场集散区是人流聚集处，铺装面积大，同时不定期有主题活动展演，多数游人会选择在此停留、活动、观演，需要重点考虑遮荫空间的设置。

（七）塑造色彩特色

规划在城市基础色调上，突出慢行系统现代共享、动静相宜、科技创新的特点，着重强调生态文明建设，保护生态本地色，塑造整体协调、特点鲜明的色彩，形成适应现代城市发展的色彩体系。分区色彩规划如下：

（1）打造与自然元素相互映衬的生态特色：虽由人作、宛自天开，在土地中生长，在自然中生成，与绿色交织，与蓝色汇融。

（2）营造清新明快、现代雅致的活力特色：清亮透彻的色彩，将慢行道开放、积极、共享的精神融入城市色彩。

（3）塑造和周边社区、业态、风貌和谐共存的友好特色：不同的功能区在统一的基调中求同存异，色彩上的差异做到准确的设计。

四、四大环线规划设计

环线一全长12.3km，由4m宽自行车道+3m宽跑步道+自由漫步道组合而成，连通现有节点，通勤、通学、休闲、健身、购物、娱乐功能高度复合。沿线规划三级驿站服务设施，结合用地性质布置不同特性的口袋公园。构建完整连续慢行系统，实现公交、轨道交通、慢行交通便捷高效一体化换乘（图5）。

环线二全长11.9km，通过串联现状滨湖公园路段而成，将生态系统、休闲观演、人文展示、健身场地统筹利用。规划根据环线景观特质和使用场景的不同，重点打造出4个节点（图6）。

生态观赏节点：自行车、跑步道通达至此，与内环路慢行系统衔接，形成多个微循环。自由的慢步道穿行其间，大大丰富了健身步行体验，移步换景。规划结合地形、植被，设置视线开阔的眺望平

图5　环线一模式图
图6　环线二模式图

环线承载力测算　　　　　　　　　　　　　　　　　　表1

名称	类别	承载能力	通行能力
环线1	骑行道	26220~27600（veh、人）	4000~4800（veh/h、人/h·m）（单向）
	跑步道	49163~51570（veh、人）	7800~10200（veh/h、人/h·m）（单向）
	漫步道	129105~135900（veh、人）	5400~6300（veh/h、人/h·m）（单向）
环线2	骑行道	15074~15867（veh、人）	6400~7200（veh/h、人/h·m）
	跑步道	28263~29750（veh、人）	7800~10200（veh/h、人/h·m）
环线3	骑行道	17972~18918（veh、人）	4000~4800（veh/h、人/h·m）（单向）
	跑步道	29340~30884（veh、人）	6500~8500（veh/h、人/h·m）（单向）
	漫步道	78090~82200（veh、人）	5400~6300（veh/h、人/h·m）（单向）
环线4	骑行道	7600~8000（veh、人）	8000~9000（veh/h、人/h·m）
	跑步道	13300~14000（veh、人）	9100~11900（veh/h、人/h·m）
	漫步道	18240~19200（veh、人）	3600~4200（veh/h、人/h·m）

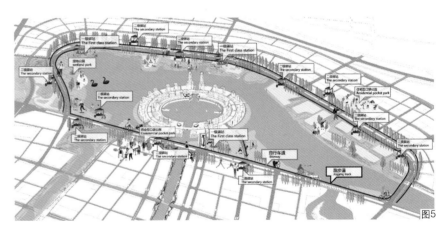

图5

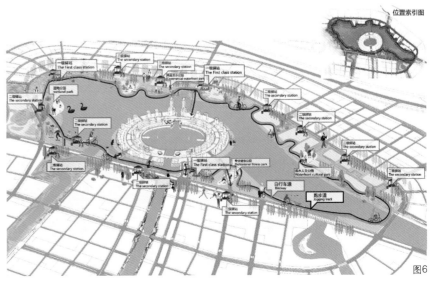

图6

台，能够饱览龙湖美景；儿童科普、儿童活动体验基地将释放生态涵养区的科普价值（图 7）。

闲观演节点：形成社区到龙湖的有机联系廊道，丰富植物群落，增加场地遮蔽度；设置水上广场，供集会、庆典等大型活动使用；设置露天水幕剧场，丰富休闲体验；增加多处亲水空间，成为慢行体验的一部分；三级驿站体系科学合理布局，紧邻地铁站，方便换乘。

人文展示节点：古河道魏河曾流经于此，结合河道遗存设计特殊铺装给予景观上的展示；增加人行桥保证连通性，在线性空间中开展丰富的游赏活

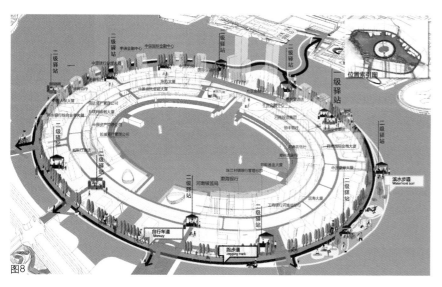

图 7

动；游船码头的设置有利于水上活动的推进，与周边商业地块形成有机联系。

综合健身节点：形成集中的运动氛围，贴合周边社区使用情景。设置滑板公园、小轮车场等专业健身公园，利用场地高差构建立体慢行空间。

环线三长度 4.9km，连通现有的节点，形成连续的慢行空间。机动车道两侧布置 4m 宽自行车+3m 宽跑步道 + 自由漫步道；结合两侧用地性质，布置便利邻里活动、邻里购物、亲子体验的服务设施。微循环跑步道提供最便捷的社区健身场地；区域交叉口采用稳静化设计，通过铺装设计形成不同功能警示；结合公共交通布置服务驿站，路段、街角口袋公园被充分利用。

环线四全长 4.8km：通过构建完善的自行车道、跑步道、滨水休闲商务慢行系统，增加科技体验，吸引高端商务人士；雨水花园净化水质、观景平台引导休闲。全段覆盖 AI 智能识别的跑步道、多彩商业休闲设施、亲水悬挑栈道等，塑造出金融岛商业休闲氛围（图 8）。

五、专项支撑

（一）种植设计

规划明确种植规划的整体布局，采用针阔结合、异龄混交、异型搭配、乔灌草复层手法，建设近自然森林步道；选择特性植物，采用合理栽植的方式，提升遮荫、降尘、降噪、景观的综合效益。

（二）服务设施

规划关注全年龄段的使用诉求，遵循"系统布局、功能全面、主次分明、疏密合理"的原则，将服务建筑、游憩设施、交通设施、公共设施、休闲运动设施、管理设施六类服务设施布置在四大环线中。

（三）生态专项

规划打造系统化的城市绿网，通过多种控制要素为生态管控的着力点，以刚性和弹性管控手段综合保护与修复生态空间；适地适树，保留原有优势乡土物种，为鸟类、小型哺乳动物营造适宜的栖息地（图 9）。

（四）智慧管理

规划利用智能监测设备建立数据共享机制，合理运用信息分析，做出最智能、最快捷的反应，包括社会环保、急救医疗、社区出行、公共安全等方

图 8

面，形成全天候、多层次的智能多源感知体系；推进区域空气质量、水环境质量等信息公开，推动互联网与生态文明建设深度融合，促进再生资源交易利用便捷化、互动化、透明化，促进社区慢行生活低碳化、产业绿色化。

（五）声景营造

建立隔声体系和室外艺术声景。园区的隔声体系主要位于城市道路两侧，起到隔离噪声的作用。其中植物隔声体系主要分布在植被茂密和小型公园绿地区域；地形隔声体系主要分布在林地区域、大型公园绿地等有条件创造地形的区域。此外，塑造五类室外艺术声景。包括：

（1）小桥流水：可以听到流水声、鱼类游动、蛙鸣等声音。

（2）森林轻语：曲径通幽，适合听虫鸣、鸟鸣、风拍打树叶等自然的声音。

（3）风中铃：营造随风晃动、清淡清新的风铃声音。

（4）露天剧场：适合聆听声乐艺术、音乐作品。

（5）人文之声：适合展示音乐作品等与人文艺术相关声音。

（六）照明设计

本着"夜境龙湖，万物共生"的理念，使人、水、万物生灵三者之间在夜间相互联系。照明让人们在夜间可以感受自然的魅力，提高周边居民夜间活动品质，合理控制照明可让三者之间互不干扰。布局上实现"多心多片、多线成网"，照明以保障各种功能分区的安全需求为前提，营造不同的氛围，满足不同游客的活动需求和心理体验。

（七）活动策划

进行全季、全天活动策划，全面激活龙湖区域活力，重点打造以下活动。亲子休闲汇：对接家庭休闲需求，提供差异化复合型家庭度假体验以成为周边家庭休闲的重要场所。水上文艺节：水舞景观表演主要体现山水环境元素，与声、光、雾、影像等表演要素一起，随着音乐主题发展演绎。时尚运动营：借助专业赛事带动各类休闲运动的发展，形

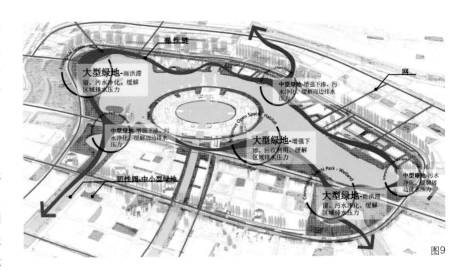

图9

成完整的体育运动体系。面向体育群体，提供散步、慢跑、健走等活动线路，形成可观、可赏、可游的高品质步行空间。科普研学苑：在湿地展示区生境科普体验的基础上，以湿地公园、水资源综合利用展馆、水文化博物馆为载体，引入"研学旅游"理念，开展研学活动。

（八）分期实施

以基础先行、先易后难、示范带动、全面实施为原则，提出四年目标。一年完成红线内慢行通道"全续""增荫"工程，包括红线内路段与交叉口的标线连续铺装，配套标志系统，按规划添绿增荫。两年完成慢行通道"全网连续"工程，包括实施14座慢行桥，红线内外非机动车停车布点，初步建成慢行智慧管理系统。三年完成"多交通模式换乘系统工程、典型子系统工程"，包括建设地铁、公交、非机动车停车、系泊点多换乘枢纽，初步落地典型子系统。四年完成"多子系统应用工程、管理办法出台工程"，包括景观、生态、声景各个系统的落地，定期/不定期举行大事件，出台慢行系统相关管理办法。

项目组成员名单

项目负责人：胡子威

项目参加人：陈倩　韩婷婷　张宇慧　邹欣瑶
　　　　　　刘辛　谭畅　刘望庭　金彤
　　　　　　钱源

图9　生态专项规划

城郊生态过渡带用地开发与生态营造
——以安徽淮北朔西湖片区及朔西湖郊野公园规划项目为例

上海复旦规划建筑设计研究院／陶机灵

提要： 依托城镇建设、生态环境和农业生产三类用地，规划环境塑造、功能植入和目标实现三大阶段，协调生产、生活与生态关系，提供租赁型、产权型和城镇型三种康养产品，实现区域由传统郊野公园到现代郊野公园的转变。

一、项目背景

朔西湖位于安徽省淮北市杜集区腹地，西邻高铁北站，总水域面积5.8km²，其中主湖域约3.5km²，水域范围较为稳定，水岸线长度约22km。淮北城市规划对朔西湖片区发展定位为集现代商贸、商务和高端居住为核心，以绿色生态健康产业为主导，以创新产业为引领的国家重点镇、快速交通枢纽特色小镇。

（一）规划范围

朔西湖片区概念规划范围24km²；朔西湖郊野公园详细规划范围9.4km²；近期一期实施范围1.12 km²（图1）。

（二）问题思考

（1）城郊生态过渡带用地情况复杂，包括城镇建设用地、生态保护绿地及农村农业用地，如何管控好城镇开发边界及生态保护红线，同时对于城郊生态过渡带做好保护与开发是项目的思考之一。

（2）城镇建设、生态绿地、乡村农业如何从空间形态、功能产业、交通组织等多元多方位进行融合，并探索各自板块的特色发展。

（3）朔西湖绿地及水域均被定义为城市生态安全一级区域，作为永久性城市绿带，保护利用、特色开发成为重要命题之一。

本文从三生空间的界定与融合，谋划城郊片区的空间发展布局；提出三者之间互相渗透、融合共兴的特色发展思路；生态保护是可持续发展的核心，坚守生态安全底线，打造特色郊野生态空间。

二、"三生"融合、空间特质

（一）开发边界

规划区以生态空间和农业空间为主，靠近高铁站及朔里镇有部分城镇空间。朔西湖土地用途以农林用地为主，靠近高铁站及现朔里镇区有部分城镇建设用地。

（二）生态红线

规划区域内绿地及水域均被定义为城市生态安全一级区域。朔西湖核心区域是城市生态核心保护区，湖面为生态保护红线控制范围。

（三）空间特质

区域空间形态差别明显，向北为乡村区域，两

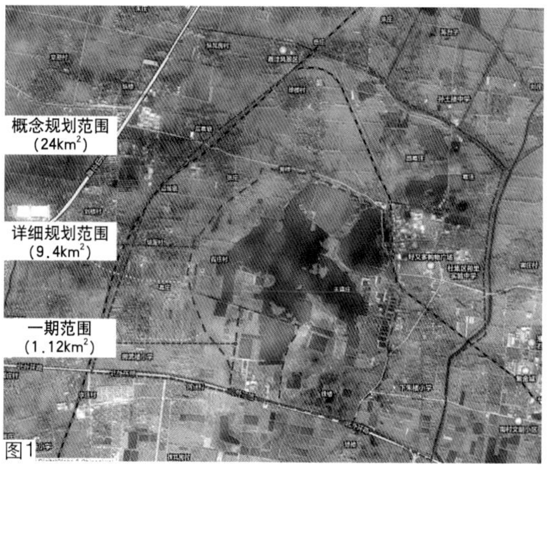

图1 规划范围

概念规划范围
（24km²）

详细规划范围
（9.4km²）

一期范围
（1.12km²）

图1

侧空间形态及发展阶段完全不同。淮北北部门户站点，高铁进入淮北的第一站；两线合轨的重要节点站。朔西湖地区是高铁时代的直接福利区、淮北市的北门户，需充分发挥基地的地理优势，联动生态、农田、城镇空间，互相融合促进，谋划生态特色发展路径。

三、城郊开发、产业培育

（一）四个培育、三大阶段

四个培育——培育产业、培育新城、培育景区、培育小镇。

三大阶段：①环境塑造阶段：以生态环境培育为基础；②功能植入阶段：田园康养产业培育是起点；③目标达成阶段：打造综合生态康养为终极目标。

最终形成生态是基本、康养是特色、旅游是主导的目标。围绕朔西湖的核心生态景观基础，发展以康养服务、研发培训为主的特色功能平台和以生态旅游、郊野休闲为主的主导功能平台，共同构成朔西湖片区慢生活功能服务框架。

规划五区协同，即城市康养社区、田园康养社区、城镇康养社区、现代农业区、朔西湖生态保育区。

（二）城郊生态过渡带用地开发模式

朔西湖开发用地区分为三种不同的康养产品（图2）。①租赁型田园康养社区：基于村庄建设用地及农田用地，通过"三权分离"政策实践，构建租赁型田园康养社区，推动乡村振兴发展。②产权型田园康养社区：构建产权型田园康养社区，打造新型康养模式，完善康养社区类型。③城镇型康养社区：构建城镇型康养社区，强调适合老龄化设施的建设及完善，打造全龄化、多元化的康养社区。

四、生态保护、郊野营造

（一）思路定位

水景观为特色，以民俗文化、汉唐文化及传统文化为内涵，集生态科普、游览观光、郊野运动、野趣休闲、田园观光、农耕体验、轻度假等综合功能于一体的皖北第一个湖泊型郊野公园，淮北首个轻度假型郊野公园，淮北市生态名片。

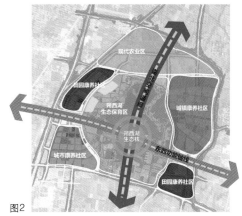

图2

图 2 规划布局结构
图 3 公园平面图

（二）塑造多元复合之"野"

实现以自然为基底的"野＋多样景观，野＋多元人文活力，野＋系统生境，野＋可持续发展"的复合功能发展链，包括6项内容：理水、筑丘、造景、汇绿、野趣、度假。

（三）环湖八景

打造环湖八景，分别为：湿地芦花、绿岸春堤、杉林秋堤、探影露亭、湖心绿舟、绿洲鹭岛、湖光影静、幽林信步（图3）。

五、总结

通过植入"生态轻度假"的概念，实现朔西湖由1.0传统郊野公园到2.0现代郊野公园的转变。

1.0 传统郊野公园：缺少郊野体验，以观赏郊野风光为主，缺少高品质深度体验及场景消费。

2.0 现代郊野公园：轻度假（养心养眼）郊野公园。养心：深度体验、参与性、消费体验（场景消费），养眼：观光游览。

规划将打造生态"轻度假"的新名片，激活城市活力，给淮北乃至皖北市民提供一个高品质的生态度假体验区。

该项目并非传统意义上的城市空间布局、功能用地规划，而是集合了规划、生态、景观、旅游、产业、交通等多个专业的深度融合协作。

项目组成员名单
项目负责人：陶机灵
项目参加人：杨舰舰　吴金晶　景亚威　吴玢玢

山东省聊城市韩集乡乡村振兴产业规划

北京中景园旅游规划设计研究院／季诚迁

提要： 乡村振兴的要点在产业，产业的要点在特色。用产业实现乡村振兴，是根本和可持续发展之路。

韩集乡隶属山东省聊城高新区，位于聊济枢纽、"聊茌东"都市区中心，面积 55km²，辖 37 个行政村，3 万人口。韩集资源丰富，集"田园、湿地、红色、民俗"于一体，是物产丰饶、生态宜居、文化悠久的鲁韵乡村。因境内古漯河湿地被誉为鲁西绿肺、"聊茌东"生态绿芯。韩集是鲁西平原上的典型农业乡，是聊城市重要的商品粮、蔬菜、林果、畜禽生产基地，有耕地 4.35 万亩，粮食种植 3.5 万亩，瓜果蔬菜 5000 亩，畜禽存栏量 60 万只，农业专业合作社 12 家，拥有"古漯河""惠所"等农产品商标 2 个。

韩集乡农业发展有一定基础，但整体产业发展落后，严重制约韩集经济。规划以问题为导向，紧跟乡村振兴战略，以思路决定出路，从产业根本出发，创新产业定位、统筹产业空间，以产业振兴为引擎带动韩集乡全面振兴。

一、把脉问题，对症下药

以问题为导向审视韩集现状，才能对症下药、突破瓶颈。虽然韩集农业基底雄厚、二三产发展有一定探索，但从长远发展来看仍然存在五个方面的问题。一是产业结构不合理。农业产业化程度低、农业生产结构单一，二三产延伸融合发展不足，旅游业仍处在萌芽阶段，资源特色与优势未能发挥出来。二是产业布局自由零散。企业与项目布局各自为营，缺少统筹与对接，未能形成鲜明的片区化或产业集群特点。三是产业城乡融合、周边联动不足。与"聊茌东"都市区发展对接、产品对接、要素联动明显不足，农业发展与周边东阿毛驴、许营西瓜等已有规模和影响力的农业乡镇缺乏联动。四是产业产品传统低效。农业停留在重量轻质的阶段，农产品绿色化、优质化、特色化、品牌化不足，缺乏核心竞争力；农产品加工业科技含量较低，以初加工为主，生产效能有待提升；当地对休闲农业重视不足，仅开展观光采摘活动，旅游产品单一。五是产业发展模式落后。农业以小农经营为主体，组织化程度低；传统农业与工业生产往往以牺牲环境为代价，导致生态资源贬值。

二、对接国家战略，驶入正确车道

把握国家战略方向，跟随国家发展步伐，助推韩集走上科学正确的发展道路。

党的十八大提出了科技创新、生态文明重要战略。科技创新是提高社会生产力和综合国力的战略支撑，是推进农业农村现代化的根本动力，"无创新就无出路"；生态文明是关乎国家永续发展的千年大计，成为我国经济、政治、文化、社会、生态"五位一体"重要内容。党的十九大作出了乡村振兴、城乡融合重要部署。乡村振兴战略是解决农业大国三农问题、促进中华民族复兴、跨越中等收入经济陷阱从而向世界强国进阶的百年大计；城乡融合是缩减我国快速城镇化带来的城乡二元化矛盾、重构新型城乡关系的重要战役，是我国新型工业化、信息化、城镇化、农业现代化同步发展的必然要求。科技创新、生态文明、乡村振兴、城乡融合四大战略为韩集传统农业乡转型发展指明了创新驱动、生态优先、乡村振兴、城乡融合的方向。

三、创新发展模式，确定前景目标

（一）"四个三"示范模式

结合韩集现状优势与市场趋势，借鉴国内外乡村振兴发展成功经验，以"有机、农机、机制"为产业发展引领，以"城乡统筹、科技统领、村镇统合"为产业布局关键，以"生态、生产、生活"三生平衡为原则，以"宜业、宜养、宜居"为蓝图，形成"三机引领、三统兼顾、三生平衡、三宜创新"的韩集乡村振兴"四个三"示范模式。

（二）三大国家级目标

以高目标谋远发展，从"聊荏东"生态绿芯诉求出发，发挥鲁韵田园、漯河湿地、生态宜居的核心优势，积极打造：中国乡村振兴发展示范区、国家级生态产业示范区、国家级乡村旅游度假区。

四、资源与市场齐抓确立产业定位，三生协同一体化统筹空间格局

以产业兴旺为目标，以产业创新为理念，从市场与资源两端统筹考虑，确立韩集产业定位主心骨，并以三生协同化统筹乡村空间可持续发展，点、线、面一体化科学推进产业布局。

（一）"三个契合"找准产业定位

在乡村振兴战略指引下，发挥区位、生态、资源优势，遵循"契合聊城、契合创新、契合提质"原则，迎合产业市场发展趋势，以高效种养产业为基础主导产业，以文化旅游产业为战略支柱产业，以乡土特色工业为重点延伸产业，以衍生服务产业为关联支撑产业，构建四类12大生态产业体系，实现"农业稳乡、旅游强乡、工业促乡"的产业振兴蓝图（图1）。

（二）统筹平衡三生空间

坚持"三生平衡"的发展理念，统筹利用粮食生产功能区、重要农产品生产保护区、特色农产品优势区、乡土特色工业区四类生产空间，严格保护水域和山林两大类生态空间，合理布局居民生活空间（图2）。

（三）科学划分产业布局

构建重点突出、同类集聚、各有特点的"两核两带八片"产业发展格局。"两核"：韩集高新农机小城镇核、后姜湿地温泉小镇核；"两带"：古漯

河文化旅游带、美丽田园农业带；"八片"：城东果林旅游片区、后姜立体农业示范片区、古漯河生态产业片区、荏新河花木产业片区、大杨康养度假片区、集镇特色生态工业片区、赵牛河高效粮油产业片区、白陶有机果蔬产业片区（图3）。

图 1　产业结构体系图
图 2　三生空间格局图
图 3　产业发展布局图

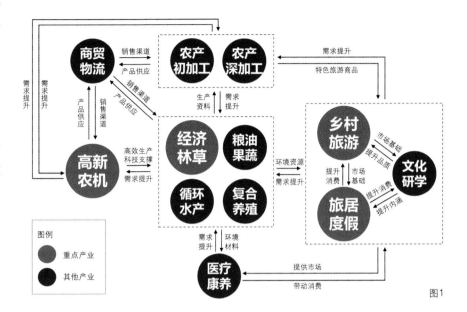

图1

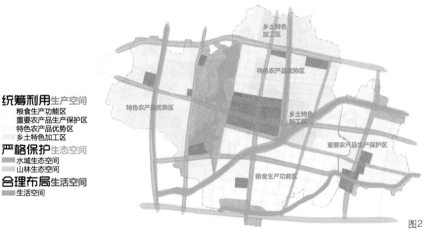

图2

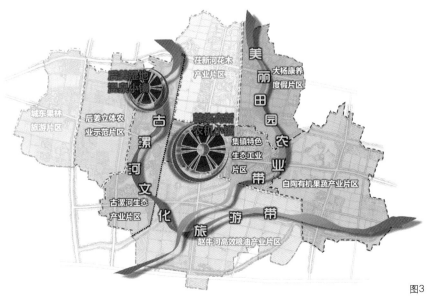

图3

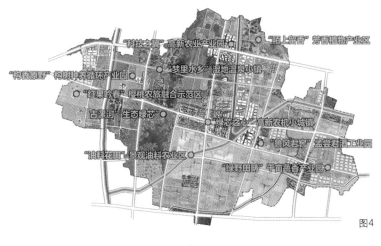

图 4　重点项目分布图
图 5　产业片区发展图

五、以点带面，重点突破

因势利导、因地制宜提出韩集产业振兴"工程型 + 小（城）镇型 + 产业园区型"三类十大重点项目，以点带面、重点突破推动韩集产业全面开花（图 4、表 1）。

六、产业集群化，片区差异化

依据自然地理与交通道路分割线，将韩集划分成八大片区，并附以差异化功能，促进韩集产业集群化、特色化发展（图 5、表 2）。

七、结语

乡村振兴战略已成为中国未来风向标，振兴关键在于产业振兴。韩集作为聊城高新区产业创新的新支撑，推进城乡融合发展的关键区域，迎来了产业转型突破的关键期。

广袤田园、生态绿芯、特色工业等奠定了韩集厚积薄发的产业基础优势。紧抓机遇，发挥优势，希望通过高位产业规划，创新发展模式，以产业振兴带动乡村全面振兴，找准产业定位、促进产业集群化特色化发展，并高标准严要求实施，脚踏实

十大重点项目　　　　　　　　　　　　　　　　　　　　　　　表 1

序号	项目名称	项目内容
1	古漯河"生态绿芯"打造工程	拓展古漯河"生态绿芯"内涵与功能，从单一的生态发展芯片向综合的"生态发展的绿色芯片 + 产业示范的中枢芯片 + 创新驱动的科技芯片"升级，以产业生态化、生态产业化为可持续发展道路，坚持科技创新运用，打造生态产业园区、生态环境保护区、科技创新发展区为一体的示范区
2	"绿芯之心"高新农机小城镇	特色小城镇是乡村振兴的最重要阵地。依托聊城市农机产业基础，结合韩集乡现代智慧科技农业发展需要，以集镇为核心载体，加强宜居社区、公服设施建设，以高新农机为特色，结合农产品加工和小镇文旅两大生态产业，创建国家级特色小城镇
3	"梦里水乡"湿地温泉小镇	古漯河温泉产业带是聊城中国温泉之城"一核五带"发展建设中不可或缺的一带。以后姜村为依托，结合古漯河湿地环境特色，以温泉养生为核心，融合文化体验、湿地度假、滨水休闲、文艺娱乐、运动健身及商务接待等功能，打造功能复合型湿地温泉小镇
4	"科技之翼"高新农业产业园	国家农业科技化智慧化发展之路、聊城市积极推进农业机械化发展为农机产业创造了空前的发展机遇。以大型农机企业为龙头引领，紧跟高新区产业发展定位，构建集前端研发与成果转化、后端新技术新产品应用产学研一体化的智慧农机生态圈，构建区域性引领的高新农业产业园
5	"鲁风君窖"孟尝君酒工业园	进一步转型升级孟尝君工业园，拓展观光、体验、研学等功能，促进工业与旅游融合发展，一方面夯实孟尝君酒业龙头地位，另一方面也保护孟尝君酒生产工艺市级非遗文化，促进韩集乡合理的乡村工业化发展
6	"油料花田"景观油料农业区	抓住国内油料供不应求、过于依赖进口的市场机遇，以改变韩集农业品种结构为目标，引入经济效益较高、景观价值较好、适宜当地种植的油料特色农业，积极发展景观农业旅游
7	"陌上留香"芳香植物产业区	迎合"健康中国"战略与大健康产业市场，对现有芳香文化博览园进行提升与延伸，以芳香植物种植为基础，以康养休闲为主打功能，打造集科研、科普、文化、景观、休憩、养生为一体的芳香产业区
8	"构香原野"构树种养循环产业园	对接国务院扶持构树产业扶贫的政策，整合区域构树种植产业与韩集乡内禽畜养殖产业，依托杂交构树品种发明人沈世华团队的技术支持，打造由杂交构树主导的集种、养、加工于一体的高效循坏产业园
9	"红果吟春"樱桃农旅融合示范区	发挥山东省雄厚的樱桃种植产业大环境优势，以樱桃果林经济为主导，延伸发展观光、采摘、户外运动等乡村休闲旅游业，打造农旅融合示范区
10	"绿野田畴"千亩蔬香产业园	依托片区蔬菜种植基地，积极推行"公司 + 合作社 + 农户 + 基地"的运营模式，通过跨村土地整合，蔬菜规模化、特色化、标准化、机械化种植生产，联通市场、带动农户，打造蔬菜现代农业示范园

片区名称	片区定位	功能区	面积（hm²）	面积占比
"百果争鲜"城东果林旅游片区	依托靠近城区的优势区位，以创建现代综合性城市安置区为目的	果香生态居住区、樱桃休闲运动园区、桃梨归园田居度假、枣恋核桃田园休闲体验、心愿果趣味娱乐休闲区、百果飘香生态休闲和现代农产品商贸	480	8.7%
"美丽田园"后姜立体农业示范片区	依托片区优势自然与农业资源，引导发展现代高效立体农业	漯河水岸生态居住区、后姜乡村振兴示范区、汇诚休闲农业园、构树现代农业产业园、林下绿色经济产业区、椿林绿色休闲牧场、韩集三黑禽畜生态养殖区和果树苗木生态休闲区	550	10.0%
"鲁西绿肺"古漯河生态产业片区	依托湿地、地热、集镇等资源，联通分散水域，修复湿地生态系统，以古漯河湿地生态为核心，打造集保护、旅游、度假、研学、农业于一体的湿地综合体	游客综合服务区、滨水观光区、湿地休闲娱乐区、湿地科普宣教区、湿地农业产业区和漯河温泉度假区	650	11.8%
"佳木繁荫"茬新河花木产业片区	鉴于片区是集镇北部重要环境营造区域，规划以花卉苗木为主导产业，成为乡北生态屏障	园林绿化苗木产业园区、韩集海棠苗木种植基地、韩集特色花木科普体验区、百花风情度假区、月夜花香休闲区和高新现代农机园	580	10.5%
"花药满畦"大杨康养度假片区	以田园康养度假为统领，以生态农业为基底，抓住茬新河生态修复契机，以发展高效景观农业、康养度假为主	百草芳华康养度假区、芳香植物产业区、石海子现代设施农业区	550	10.0%
"韩集之窗"集镇生态特色工业片区	以龙头产业孟尝君酒为核心，发挥集镇区位交通优势，打造为集生态生活、休闲观光、工业旅游、红色旅游为一体的生态示范引领区域	韩集农机主题生活区、韩集特色文化商业街区、孟尝君酒工业旅游区、红色文化旅游区、七彩葡萄休闲农业和特色农产品加工区	530	9.6%
"万亩粮田"赵牛河高效粮油产业片区	退出片区内零散工业，引入现代高效油料农业，整合民俗历史文化资源，打造为集精品高效农业、文化旅游、田园休闲为一体的综合区域	高垣墙民俗文化休闲区、油料作物种植示范区、精品粮食种植示范区	1200	21.8%
"四时蔬香"白陶有机果蔬产业片区	依托片区蔬菜农业基础，通过农田整合、农牧结合、农旅融合三大方式，打造为现代农业示范园区	绿色田园生活区、瓜趣休闲产业园、现代科技果蔬产业区、乐活旅游度假区、千亩蔬香产业园、菌菇绿色循环产业园	960	17.5%

地、分步推进，助力韩集从平凡的田园向希望的田野转变，致富百姓、造福区域，建成国家级乡村振兴示范区！

项目组成员名单

项目负责人：季诚迁

项目参加人：杨　婷　吕　婷　李宇飞　李　静

公园一词在唐代李延寿所撰《北史》中已有出现，花园一词是由"园"字引中出来，公园花园是城乡园林绿地系统中的骨干要素，其定位和用地相当稳定。当代的公园花园每个城市居民约 6~30m²/人。

山水寄诗情·园林传雅韵

——河北省第三届（邢台）园林博览会园博园项目规划设计

苏州园林设计院有限公司／沈贤成　潘亦佳　周思瑶　冯美玲　蒋　毅

提要： 将"城市中的公园"升级为"公园中的城市"；突出生态修复，将园博会建设与邢东矿采煤塌陷区综合治理同步规划、同步开发、同步建设，突出文化传承，彰显邢台的城市性格和气质。

"青山不墨千秋画，绿水无弦万古琴"。"山水"之于中国人，象征着对自然的最高精神追求和寄情山水的生活态度，也是本次规划设计的灵魂与空间核心组成。一年一度的河北省第三届（邢台）园林博览会旨在将项目建设成为"影响全国的新时代河北风景园林的经典传世之作"，担当着展示中国园林文化精髓和营造诗意园林生活的使命。

一、项目概况

邢台是一座历史厚重、人文荟萃的文明之城，拥有 3500 余年建城史及 600 余年建都史。殷周时期，中国古典园林雏形诞生在邢台的"沙丘苑台"——目前史料中记载较早的"皇家园林"，邢台是中国皇家园林的故乡，这也是目前园林学届的共识。

河北省第三届（邢台）园林博览会于 2019 年 8 月 28 日在国家园林城市邢台市举办。园博会将以"城市绿心·人文山水园"为定位，选址位于邢台市邢东新区中央生态公园东北部，规划设计面积 308hm²。园博园的建设成为邢台推动 16km² 中央公园建设的有力引擎，为推进邢东新区高质量发展，为邢台市践行习总书记公园城市理论迈出了有力一步（图 1、图 2）。

二、空间布置

园博会以"太行名郡·园林生活"为主题，以"城市绿心·人文山水园"为定位，规划建设园博园。规划设计传承东方哲学体系山水审美观和艺术观，充分利用植物造景设计理念，用近自然群落展现园林的科学性和艺术性，努力把其打造成新时代河北风景园林的经典，其将成为邢台的"山水门户"，集中展示中国优秀传统园林艺术的文化内涵和艺术魅力（图 3）。

"一核、两岸、五区、多园"高度概括了本届园博园的空间构架。山水核心区是江南园林的载体；两岸环抱，活力右岸将山水园林慷慨地渗透进

图1

图2

城市，形成多样的城市滨水景观；生态左岸则以纯粹的花海山林风貌，与中央生态公园完美融合，相得益彰。园博园园区共分为山水核心区、邢台怀古区、燕风赵韵区、城市花园区、创意生活区五大板块。五区定位明晰，立足区域未来发展；多园集中建设、融入城市惠及市民（图4）。

其中13个城市展园各有特色，尽显城市历史与燕赵风情，与各种雕塑、场馆、亭台楼榭等共同呈现出一首以"梦回太行，园来是江南"为主题的园博园交响曲。

三、园林之美

江南园林，是中国园林的最高艺术体现，它的回归即将反哺"园林之乡"邢台，更完整地展示中国园林历史之美，同时在河北地区形成"北有承德避暑山庄，南有邢台山水园"的园林文化格局。

江南园林片区以亘古沉雄的山为骨，碧波荡漾的水为脉，既有北方犹如太行山脉的厚重，又有江南小桥流水的婉约，南北文化交融，形成留香阁、竹里馆、山水居、知春台、水心榭五组园林。

留香阁矗立于西侧山顶，俯瞰全园，漫山的梅林、壮阔的湖水，尽收于眼底。它与园林艺术馆南北呼应，是串联南北轴线的中心节点及全园的景观交点（图5）。

阁高三层，三重翘角飞檐，轻巧秀丽，突出传统建筑之秀美。一层带四面抱厦，屋顶为十字脊，坐落于高台上，其形式与中国古典园林雏形——沙丘苑台有异曲同工之妙。二层凭栏而望，可观四周梅林环绕，暗香幽幽，是赏梅品茗、吟诗作对之所在。

竹里馆位于小岛竹林之中，四面环水。小岛地势南高北低，南侧小山林木葱郁，湖光山色跃然眼前；北侧竹里馆为一组江南传统宅园，庭院深深。

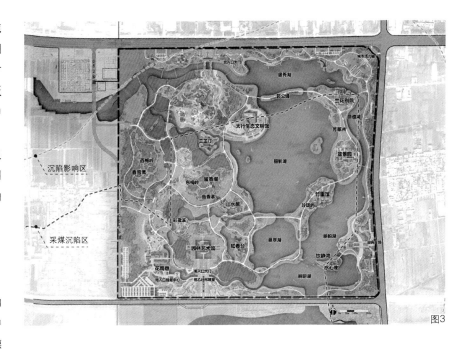

图3

"不出城廓而获山水之怡，身居闹市而得林泉之趣"，展现江南秀丽山水和传统理想居家园林的境界和情景。宅为三进院落，由门厅、轿厅、大厅、后厅组成，向游人展现中国传统起居生活的情景，享"居尘出尘"的隐逸静趣。

西园利用形式丰富的厅、水榭、廊、亭、船舫围绕水池布置，用连廊及园路串通，配以围墙、小桥、树木等，形成以幽篁馆、观鱼斋、听雨轩等为主景的不同空间层次，同时外借山水形成"一迳抱幽山，居然城市间"的意境。

山水居为山地园林形式，依山傍水，院落错落有致。远观留香阁于梅花林中矗立，近赏精品梅花雪中傲放。全园以两路院落的串联作为骨架，"院"与"园"的两种空间交错，营造"围合"与"开敞"的景观感受，形成抑与扬的对比。

水云居作为全园的主厅，面对大水面，视线开阔；叠浪轩与翠屏轩、风月亭形成空间上的围合，

图1　园区暮色
图2　园区全景
图3　总平面图
图4　北入口锦绣桥
图5　留香阁、梅溪叠瀑鸟瞰图

图4

图5

图 6 知春台夜景
图 7 园林艺术馆
图 8 烟雨桥

互为对景。水居中部建筑部分，结合陈俊愉院士生平及梅花研究成果作为展示空间，成为国内难得一见的梅花文化学术交流场所。

知春台沿涓涓溪流而设，园内围绕一泓清池，小桥流水，叠瀑飞流，尽显"山水台地林泉趣，俯水枕石梦邢襄"的林泉之致。外观叠水、重檐八角亭、烟雨长堤、知春堂，形成高低错落、景深丰富的一组园林长卷；内赏叠瀑层层跌落，听玉珠落盘，心旷神怡（图6）。

水心榭以水院的形式坐落于南侧中心岛之上，内外皆水，展现一幅"目对鱼鸟，芳草萋萋"的江南画卷。湖中芳洲，面水筑园，引水入园，园内园外水木明瑟。园外，一碧万顷，园内，芳草满庭。

通过连廊、景墙将园子划分为三个大小不一的空间，主次分明，开合有度。水香厅、沁芳斋、晓烟亭沿湖岸展开，视线开阔。

四、创新与特色

（一）新材料、新技术的运用

1. 海绵弹性系统

运用海绵城市理念，发挥绿地的蓄水、储水功能，同时增加一系列不同级别的滞留湿地，减轻径流末端流量，从而缓解洪水的压力，防止城市内涝。沿园路两侧设置有植草沟，局部设有下凹式绿地，并在径流末端进行雨水花园的设置，对雨水进行引流，让雨水最终流入中心湖区，实现主水面的储水能力，当暴雨出现时中心湖区又能进行调蓄。

2. 低投入、低维护的新材料运用

设计最大限度地保留乡土植被，充分结合场地良好的自然风貌将人工景观巧妙地融入自然当中。

3. 智慧景观设计

在公共空间内采用了多种智能化与景观相结合的创意设计，营造了一种新的景观形式，如戏水活力场中，自动喷灌技术和水景结合的跳泉、将动能转化为电能的动力之源脚踏车；花艺创意角中，自动感应互动装置与景观亭相结合的创意雨亭、将声光与喷泉相结合的彩虹隧道，以及覆盖全园的5G通讯网的运用和重要节点处的可视化触摸屏，都强调了人之于场所的参与感、设施与人之间的互动感。

（二）设计亮点"五大最"

最园林：北方最具江南园林精髓的山水园、江南园和盆景园；最文化：两大主展馆——太行生态文明馆、园林艺术馆；最国际：两大国际设施展——国际水景设施展、国际儿童游乐设备展；最炫酷：大型水秀演出；最专业：10个主题植物专类园（图7）。

以写意山水、集景式空间布局创中国园林溯源之作；以创意设计、多元活力空间营造诗意园林生活。最终实现"用园林提升生活，用风景改变城市"的设计愿景（图8）。

图6

图7

图8

项目组成员名单

项目负责人：贺风春　沈贤成

项目参加人：潘亦佳　杨家康　汪玥　刘仰峰

　　　　　　潘静　钱海峰　蒋毅　朱烈强

　　　　　　周思瑶　冯美玲

广西南宁园博园景观工程自然景观的系统塑造

中国建筑设计研究院有限公司／王洪涛　赵文斌　张景华　谭　喆　盛金龙

提要： 凭借山水林天湖草得天独厚的自然环境、丰富多彩的民族文化和面向东盟的区位优势，在充分尊重现状山形水系的基础上，着力在"生态、文化、共享"三个方面打造亮点特色。

一、项目背景

南宁园博园选址位于南宁市中心东南方向约12km的顶蛳山地块。园博园主园区用地面积约276hm²，规划范围内地块为典型的岭南丘陵地貌，现状由18处丘陵、8处梯田状农田、7处废弃采石场，北部那蕱河、中部清水泉、南部矿坑等多处水体以及小规模村落组成。整体地形地貌丰富多变，丘陵起伏，江水蜿蜒，植被良好，即具有山、水、林、泉、湖等优越的造园条件。

二、总体规划

总体规划秉承"创新、协调、绿色、开发、共享"的发展理念，凭借山水林天湖草得天独厚的自然环境、丰富多彩的民族文化和面向东盟的区位优势，以"生态宜居，园林圆梦"为主题，按照"特色南宁铸就不一样的园博园"的规划目标，在充分尊重现状地形地貌、山形水系的基础上，本着"不推山、不填湖、不砍树"的规划理念，着力在"生态、文化、共享"三个方面打造亮点特色，最终形成"三湖六桥十八岭、一阁四馆两中心、八十展园八大景"的规划格局（图1），与原有山形水势有机融为一体。

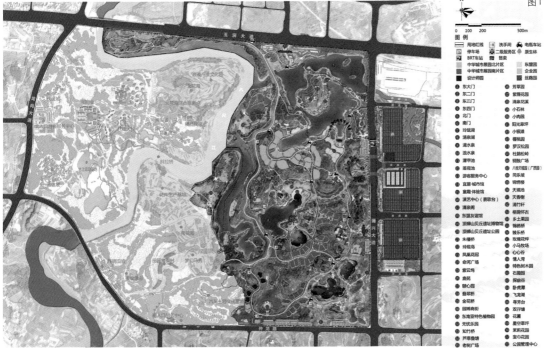

图1　规划总平面图

三、自然景观的系统营造

项目的初心是恢复原有荒废的山林、水体、采石场、养鱼塘的生态功能，引入展示园林园艺的功能，给区域发展注入活力，营造融于自然山水的景观效果。本着"巧于因借，精在体宜"的造园思想，顺应场地自然山形地势，构建园区景观整体系统。

设计师通过现场不断的梳理和优化，融入广西少数民族文化精神内涵，让景点与场地完美结合，使得嬉戏的孩童，游览的行人，飞翔的白鹭，随风舞动的竹林，倒影景色的湖面等诸多画面共同组成了生态自然、文化体验，景观与建筑完美交织的景象。方案系统性营造了芦草叠塘、玲珑揽翠、松鼓迎宾、花阁映日、清泉明月、潭池寄情、矿坑七彩、贝丘遗风八大园林景观风貌。每个景观体现着原有自然场地的惊喜和记忆。

图2

图3

图4

（一）芦草叠塘

芦草叠塘景点的设计改造利用了原有的19个鱼塘，将其连通形成整体、收集雨水、引入江水形成动力水源，结合乡土水生植物、引鸟植物种植，打造百草丰茂、水塘层叠的生态净化系统（图2）。设计保留了场地现状阡陌相间、野草丰茂、白鹭莺飞的特色，塑造了自然野趣、浑然天成的原生自然景象（图3）。

（二）玲珑揽翠

玲珑揽翠景区位于园博园北区，是以玲珑湖、玲珑岛为主景的湖岛景观的真实写照，意在营造清风徐来、玲珑揽翠的意境。玲珑湖是园博园水面最大的湖区，玲珑岛在玲珑湖中，四面环水，通过三座桥与周边连接（图4）。岛上保留了现状的诸多乔木，形成一片郁郁苍苍的自然景象。设计通过木栈道来解决通行问题，最大程度地避免对山体的干扰。景区主要包括凤凰花冠、命河广场、无忧乐园等景点。设计保留的大榕树以及精心营造的景致，与文化意境共同营造出人与天调、天人合一的景象，优越的自然环境为广西长寿文化的诠释提供了绝佳的场所。

（三）松鼓迎宾

松鼓迎宾位于园博园主入口区，场地前区两丘对峙，自然如门，结合依山而建的波浪式大门，大有伸出双臂、笑迎游客之意。场地后区四面环山、丘陵起伏、崖谷相间、草木茂盛，具有打造主题景点的独特背景环境，可以给游客营造入园后的视觉惊喜。

青松明月是位于入口处的罗汉松园，面积约1.6hm²，位于园博园主入口，取青松迎客之意，为入园第一景。原始现状场地为矿山开采所留下的一片断崖，土石混杂。内凹处自然存在一处高台（图5）。设计结合现状地形，通过栽植罗汉松进行场景营造，意在利用现状山崖作屏障画卷，实现了中国写意山水园林的结合实践。平缓的地面上适当堆砌地形，疏密有致地种植精品罗汉松，再结合大小不一的景观卧石，形成层次丰富、高低错落的罗汉松景观群落（图6）。在景观落脚点位置用细砂石模拟"溪流"景观，增添清泉石上流的意境。

铜鼓广场则是融入了广西地域性文化，以广西铜鼓形态为原型，中心是精美华丽的铜鼓纹石材地雕和同心圆铺装，边缘结合下沉台阶看台，

图2　芦草叠塘建成效果
图3　雨水花园展示
图4　玲珑拦翠景区鸟瞰

营造内聚性的场地空间，为日后的文化表演提供舞台场地。

（四）花阁映日

花阁映日景区位于园博园山水轴一端，由园博轴自东向西延伸。景区以清泉阁为核心，围绕着清泉湖清澈的水面依次展开。清泉广场上波浪形的台阶自然柔和地将园博园入口广场恢弘的门户礼序过渡到清泉湖舒缓平静的自然水面。台阶两侧柔软细腻的沙滩为游客提供了安全舒适的亲水嬉沙的活动空间（图7）。

清泉花溪位于两山夹持的谷地中，东依清泉阁，南临清泉湖，北接小石林。旱溪、三江石、主题雕塑、环形栈道点缀其间，绿树环合群芳荟萃，漫野鲜花环抱其中。

（五）清泉明月

清泉明月景区分布于园区最西侧，以原有的清水泉水厂为核心。清水泉与浊水泉合称鸳鸯泉，两泉相距约百米，一东一西相偎依，清浊分明。景区整体格调以生态、低干扰、静谧自然为主，打造榕荫怀古、情人湾等景点。

情人湾面积约 1.3hm²，东依清水泉，南邻遗址博物馆，西接贝丘花海，北望顶蛳山遗址，自然条件优越，地理位置绝佳。设计利用一条沿江蜿蜒的钢栈道，满足游人游憩观景的需求，同时也实现对植被影响的最小化。

（六）潭池寄情

景区处在区域低洼地，汇集周边场地雨水，自然形成了一处幽静的湖泊——潭甲池。湖内自然生长的鱼类和周边天然的树林成为白鹭和其他水鸟自然栖息的庇护场所。景观最大限度保护好这种生境的原生性。

（七）矿坑七彩

景区由一系列矿坑花园组成，在充分利用现状矿坑崖壁、峡谷、深潭、工业遗存等景观资源基础上，通过保护、保留、修整、修复等策略，使矿坑花园既留有采矿痕迹和沧桑感，又注入了新的功能与活力（该景区由北京多义景观规划设计事务所设计）。

图 5　罗汉松园现状场地情况
图 6　罗汉松园建成效果
图 7　沙滩、清泉湖和清泉阁画卷

（八）贝丘遗风

贝丘遗风所展现的是迄今广西及我国南方发现的面积最大、保存最为完好、文化内涵最为丰富的新石器时代内河流域淡水性贝丘遗址。在原有建筑基址上设置模拟展示区，展示古人的生活和建造场景，结合古环境研究和考古研究成果，以尊重遗址原真性为原则，在最小干预的原则下，以"做客顶蛳山"作为主题，设计一条沿岸游线，串联各个景点。

项目组成员名单

项目负责人：李存东　赵文斌

项目参加人：王洪涛　张景华　颜玉璞　巩　磊
　　　　　　谭　喆　王丹琪　杨宛迪　盛金龙
　　　　　　冯　然

海南三亚市海棠湾国家水稻公园景观设计

济南市园林规划设计研究院／赵兴龙　吕元廷　王彤彤　刁天鹏　周临轩

提要：尝试构建中国新型稻作文化，促进当地农业产业转型升级，探索农旅文化与生态景观结合。

一、项目背景

（一）国家层面

2016年中央一号文件中首次明确提出"大力发展休闲农业和乡村旅游"，从更高层面肯定发展乡村旅游对解决三农问题的重要作用，休闲农业与乡村旅游迎来了发展的春天。

（二）省域层面

中国共产党海南省第六次代表大会提出要"坚持科学发展，实现绿色崛起，为全面加快国际旅游岛建设而不懈奋斗"；省政府正在组织编制的《海南省总体规划（2015~2030）》，提出要"构建全域生态保育体系、总体形成生态绿心＋生态廊道＋生态岸线＋生态海域的生态空间结构"。

（三）市域层面

按照国家和省生态建设要求，三亚开展了以"双城""双修"的方式着手完善和修复之前因为片面追求发展速度而被忽略的城市功能。建设水稻公园即是"生态修复"的重要内容之一。

（四）规划区层面

规划区之内现状已有袁隆平超级杂交水稻试验田，具有建设水稻公园和南繁科研育种基地的独特资源优势。

二、项目概况

三亚的独特气候、地理资源使水稻公园拥有中国乃至世界水稻科学发展的优势及担当。项目位于三亚市东北部海棠湾国家海岸南部入口，一期占地

2700亩。场地外围三面环山，内部地形整体地势平坦，呈西高东低之势。现状场地外排洪、沟渠尚未完善，尚无灌溉系统，仅建有主排和支排沟渠，现状道路以水泥路和土路为主，没有形成统一、完整的路网系统，场地植被单一，种群之间关系薄弱，无法形成有效的生态系统（图1）。

三、设计思路

（一）设计定位

集农业生态、稻作文化、科学研究、科普教育、民俗风情、农业观光、休闲度假等为一体，演绎大地、田野、稻作在人类生存繁衍中的文明与精彩，诠释生态、生命、生活的文化主题，打造中国农旅融合示范区、国家形象田园综合体、水稻科学博览基地、稻作文化体验基地、种业交流展示基地的"大型国际化农旅观光体验休闲度假景区"（图2）。

（二）设计原则

1. 生态优先

加强水稻公园生态保护与建设，把环境保护和生态建设放在战略位置，促进人与自然的和谐发展。

2. 整体协调

项目规划整体协调与周边地区的产业发展、功能布局、交通联系、生态环境，坚持可持续发展，实现优势互补、共同发展。

3. 合理利用

合理利用稻田资源，为游客建立稻田体验的界面，包括休闲游览活动、科普教育活动等，充分发挥其游憩价值和经济价值，以达到积极保护的目

图1

图1　现状图

标，同时提高水稻公园的景观品质和整体品味。

4.文化引领

国家水稻公园开创了现代农业建设的新高度，是落实中央美丽中国和生态文明建设的重要举措。

5.农旅结合

稻田提供了自然资源的基底和空间，以"稻田+"为模式，融合生态、体验、休闲、娱乐、经济、科研为一体，实现一产和三产联动发展，打造国家级水稻公园。

四、设计要点

在园区规划过程中，本项目设计团队积极同南繁科学技术研究院交流，对水稻类型及特点、现状稻田及规划用地进行探讨，在减少对稻田破坏的基础上，设计功能分区、交通游线、水稻休闲参与项目等，使设计成果能够落到实处。

（一）功能分区（图3）

1.生态农业展示区

结合现状温泉，设置三个展区，分别是浮田莲塘、湿生生态农业展示、温泉水稻展示。

2.稻田展示区

由国际水稻展示区、稻作文化体验区、袁隆平杂交水稻繁育、优质稻展示组成。

3.热带高效农业展示区

由热带花卉、南药展示区、共享农庄、稻田盛宴、热带高效体验组成，热带高效体验区为瓜菜采摘等农业体验性活动。

4.南繁科技园展示区

由北区与南区组成，北部为南繁育种区，南部甜蜜世界种植特色水果。

（二）构景元素

1.田的设计

（1）研学基地：以袁隆平杂交水稻繁育、南繁科技园为科普核心和文化亮点，整体设计以田的肌理作为依托，选取特色水稻品种进行展示，设置解说平台，一方面游客可深入了解杂交水稻相关知识，另一方面保护水稻区域。

（2）稻作体验：设计稻作文化体验区，区域内所有活动设施以及景观构筑物和艺术品都是利用稻田生产的剩余材料制作而成，以农业耕作过程为主要设计游线，游客参与其中（图4），通过稻作体验满足家庭式游客"采菊东篱下，悠然见南山"的田园梦，体验"谁知盘中餐，粒粒皆辛

图2

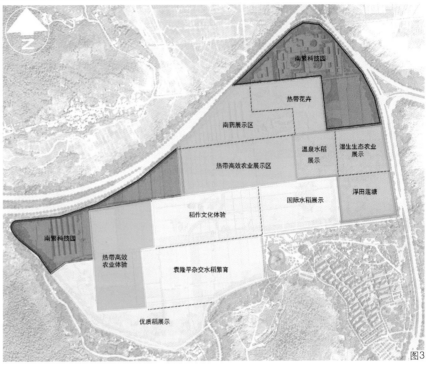

图3

苦"的真谛。

（3）共享农庄、村人易物：水稻公园共享农庄是海南省61家试点共享农庄之一，村人易物是共享农庄的线上平台。"村人易物禅意苑"以禅宗文化为园林景观设计理念，采用日式枯山水庭院风格（图5），让人置身于乡村，与自然水稻、花海景观融为一体，感受到禅、静、雅、逸的意境。

（4）稻田盛宴：作为水稻公园稻田边"长出来"原创开发的原生态餐饮品牌，将中国五千年的"稻文化""米文化"与当地黎家文化完美融合，打造富有特色田园风情的大型乡村主题餐厅。

（5）稻田建筑：架空建筑及新材料使用。在规划设计中，以服务建筑不占基本农田为原则。建筑为两层架空建筑，一层下侧可满足通行或种植绿化或稻田，二层设计观景平台，使游客更好地欣赏园内风景，建筑墙面用钛锌板，梁、柱子外侧仿木装饰，屋顶为茅草屋顶，建筑整体风格生态、自然、

图2　鸟瞰图
图3　功能分区图
图4　稻作文化体验实景图
图5　村人易物禅意苑实景图

图4

图5

图6

一级干渠蓄水系统
二级莲塘蓄水系统
三级稻田蓄水系统
截水坝
浇灌

图6 水系设计分析图
图7 生态稻田温泉实景图

与周围环境和谐统一。

（6）互联网＋智慧农业：应用现代信息技术成果，集成应用计算机与网络技术、物联网技术、音视频技术、3S技术、无线通信技术及专家智慧与知识，实现农业可视化远程诊断、远程控制、灾变预警等智能管理。

2. 水的设计

（1）水系设计。合理规划场地内的水利设施，做到灌、排、蓄结合。本项目的灌溉水源主要来自于场地北部的湾应水库、仲田水库以及文针水库，地势西南高东北低，"雨季易涝，旱季易旱""下游易涝，上游易旱"，旱涝并存。场地排水渠的"快排"模式加重了场地干旱问题；且排渠硬化，难以发挥生态示范效益。

水资源的储蓄利用尤为重要。蓄水方法主要有新增水系、新增或拓宽水渠、水闸蓄水及稻田蓄水。西一路部分主干渠进行改造拓宽，与建筑结合的水渠可适当拓宽。水闸蓄水是在园区主要水道处增设水闸，排蓄结合，增强场地内水源的蓄滞能力。园区调蓄系统分为三级（图6）：一级干渠蓄水系统、二级莲塘蓄水系统、三级稻田蓄水系统。

（2）稻田温泉。利用水稻公园区域内现状温泉资源，除稻田盛宴外，夜晚增加生态稻田温泉SPA(24小时开放)"禾泉仙梦"，丰富夜间生活，增加当地"夜游经济"（图7）。

3. 路的设计

机耕路是园区重要的农耕道路，沿现状稻田肌理呈纵横网格状分布，并与园区环路车行道形

成主体交通系统，是联系稻田游览区和外界的重要交通，同时保障园区内各个区域节点便捷可达，在修复局部现状破损机耕路面的基础上，局部增加建设具备透水能力的新园路，更有效地帮助雨水下渗回补。

步行路以架空木栈道为主，局部设过水吊桥，增加游园乐趣，木栈道设计宽2.0m，贴地栈道整体高于地面0.5m，整个步行系统多被蔬菜瓜果廊覆盖，廊内局部位置放宽，形成休憩空间，设置座椅。

现状田埂路在遵循稻田大肌理的前提下，完善整个园区的步行交通层级，宽度保持为2m，路面采用砾石，保证路面的透水性和纯朴自然的视觉感受。

4. 村的设计

传统村落的景观风貌是旅游景区开发的因素之一，它的自然景观和人文景观带有浓厚的历史文化气息，具有明显的地域可识别性。对于远期水稻公园周边传统村落建设，采用延续而非重构的方式，对乡村景观特质的增值与升级，遵循继承和发展的原则，体现地域特色和人文情怀。

五、设计特点总结

本项目设计中在农田种植基础上，叠加旅游功能；特色物种及种植形成富有热带风情的田园风光；提升改造现状机耕道路、水利沟渠形成兼具览功能的旅游设施；实现农业主导，自然生态优先，旅游业反哺农业，农业促进旅游业的融合发展示范模式。在新技术方面运用"互联网＋智慧农业""智慧旅游""海绵城市""喷雾系统"等；新工艺运用"稻田养鱼""架空建筑"等；新材料则在建筑方面与植物方面有所涉及。

建成后的水稻公园实现了一产和三产联动发展，成为具有可持续性发展的农旅高度融合新景区，辐射带动周边村庄的经济发展，成为农业旅游示范点，实现了水稻公园生态、生命、生活的文化轴线，以生态为本，书写大地、田野、稻作的绚丽画卷，翻开新资源、新理念、新产品、新体验的精神篇章。

项目组成员名单

项目负责人：赵兴龙

项目参加人：吕元廷　李晓佳　王彤彤　刁天鹏
　　　　　　周临轩　姬经辉　张鹏　李文斌
　　　　　　刘畅

图7

工业废弃地生态修复与景观再生
——湖北武汉戴家湖公园二期景观工程

武汉市园林建筑规划设计研究院有限公司／王双双

提要： 基于场地特有的水泥厂工业现状及工业记忆，对"水泥"这一元素进行深入发掘和再生创造。

工业废弃地是一个时代的产物，水泥曾经是推动我们城市不断发展的重要功臣。那么，随着后工业时代到来、城市的扩张以及经济结构的变化，一些工业生产用地逐渐退出了历史的舞台。"工业废弃地"也成为城市更新和改造过程中不可回避的问题。戴家湖公园基址正是这样一个时代的产物，本文希望基于戴家湖项目从规划设计至落地实施过程的思考，引发业界对城市工业废弃地改造方法进行探讨。

项目基址位于武汉市青山区三环线东北段，是联系长江生态走廊和东湖绿心的重要节点位置，北接戴家湖公园一期，南以五九铁路为界，东接三环线，西临京广客运走廊。规划面积 24.4hm²，已实施红线面积为 11.8hm²。

这片土地在过去 70 多年的沧桑轮回是城市发展的一个缩影。20 世纪 50 年代以前，戴家湖公园二期曾是一片浮光跃金的湖面，60 年代后，随着武汉工业化进程，青山热电厂、武汉市水泥厂等工业厂区的粉煤倾倒在湖里，自然湖泊随之消失，逐渐堆成粉煤灰山，后来因为粉煤灰可以利用制作成

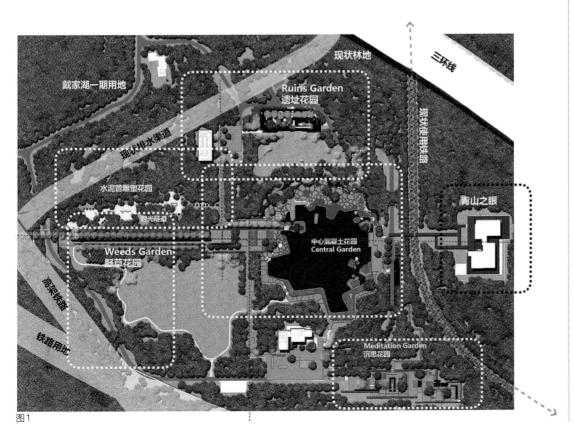

图1 设计总平面图

项目通过废工业建构筑物和工业设施的处理、废弃材料的再利用、植被的自然再生、后工业材料的运用四个方面最终让场地实现生态恢复和景观再生。

一、废工业建构筑物和工业设施的处理

通过系列工业废弃地改造项目案例研究发现，最触动人心和最具有视觉冲击力的往往是那些被遗留下来的工业遗迹，他们站在那诉说场地辉煌的工业历史，记载着一段灿烂的工业文明。也正是他们的存在才使场地文脉得以延续，也让场地具有唯一性。

在进场施工过程中逐步发掘出了一些保留比较完整的厂房基址，我们通过及时调整设计方案，把这些厂房基址保留下来，作为场地的记忆。同时点缀劳保手套和劳保鞋雕塑（图2），作为与厂房遗址的呼应，希望以这种方式致敬工业时代和工人的奋斗精神。

对场地中保留的一组相对完整的厂房建筑和烟囱（图3），设计将其改造利用为混凝土博物馆和儿童生态科普园，在烟囱上设置雾霾监测器，作为见证青山从工业文明到生态文明的精神堡垒。

二、废弃材料的再利用

用对场地最小干预的设计思路，最大程度地去挖掘场地中材料的潜能，废渣废料、残砖砾石、混凝土板、铁轨等等都能成为良好的景观建造材料。以废弃物材料作为设计元素，营造创意的景观空间。就地取材、就地消化的思路，也是资源节约型和环境友好型理念的实践。

戴家湖公园二期原址是原青山水泥厂，区域内90%以上的硬质混凝土给项目改造带来了极大的困难和挑战。项目进行过程中发现许多区域在不到10cm的表土层下是坚硬的混凝土基底，夯块破除量超出预期（图4）。通过以废旧混凝土在景观中的利用与创新，以及具有相似情感的工业材料在景观中的运用为研究出发点，为工业遗址改造及再利用及工业废弃地建成新型园林绿地提供更多的方向。

设计利用破除混凝土块经艺术化拼铺作为滨水广场，模拟出"干涸裂变"（图5）的大地景观，呼吁大家对生态的保护和重视。同时将混凝土块当作岩石材料来运用，形成滨水广场的边界，起到一定的挡土作用，同时成为混凝土岩石花园，在富有野趣的植物的加持下，混凝土块看起来更像是厂房建

图2

图3

粉煤灰砖，粉煤灰山再被挖成湖凼，而后湖凼又被逐步填成了垃圾山，直到2009年随着区域基础设施建设的带动，才逐步开始生态恢复建设，直至现在成为绿意盎然的公园。

通过对基址特质的深刻挖掘与解读，提出以混凝土的利用与重塑，打造具有场地记忆与生态觉醒的城市郊野公园；以"涅槃重生"——"青山之眼"见证蝶变作为设计理念；以"工业文明的回响"为主题，以工业时代为场地改造的灵魂，实现场地的生态恢复建设，以创意的手法激活场地生命力，最终呈现丰富的自然景观和多样化的混凝土景观，使这片土地涅槃重生。通过对"水泥"这一元素进行深入发掘和再生创造，通过工业遗迹的再生、铁路文化的重塑、生态湿地的置入，打造具有生命和记忆的生态廊道、绿色屏障，形成集生态防护、景观观赏、休闲健身、文化展示和公共服务等多功能于一体的生态型公园绿地，讲述了从看见历史——纠结与思考——展望与畅想——回归生态的故事（图1）。

图2　厂房基址和雕塑鸟瞰实景
图3　旧厂房改造效果图

图4

图5

图4　进场施工后场地中破除的大量夯块
图5　利用废弃的混凝土块演绎出"干涸裂变"的大地景观
图6　"有趣的"水泥管花园
图7　野草与耐候钢景墙相互映衬

筑自由坍塌留下的痕迹，生态且自然；夯块作为园路、挡墙的建造材料，"建筑垃圾"在场地中以合理的方式重新生长；将废弃的水泥管作为元素，组成一系列特色小花园（图6），营造出可供不同年龄层的人休憩、游玩、互动的独特场地，给冰冷的混凝土添加"温度"；将耐火砖和空心水泥砖作为铺装、景墙、构筑物等的建造材料，他们最终都在这个场地中找到了合适的位置和重新生长的空间，在这里继续焕发生机。

三、植被的自然再生

项目对场地现状全部的原生乔木和成片的野草给予保留，同时用粉黛乱子草、细叶芒、狼尾草等生命力顽强的观赏草与原生植被结合，形成一片"野有蔓草，随风轻扬"的灵动野趣空间。

四、后工业材料的运用

为解决因建筑地基梁形成的1.5~2m的场地高差，项目选用耐候钢材料铸造了一幅长达70多米的"青山绿水红钢城画卷"，它成为围合、限定滨水空间的设计元素，同时与青山红钢文化形成呼应（图7）。景墙上镂刻的戴家湖发展历程，成为了记录场地历史变迁、传承场地文化的载体。场地中清水混凝土、木纹混凝土、透光混凝土、水泥砖等等多样化混凝土材料的运用，也传达出混凝土这种材料不只是传统印象中的坚硬与冰冷，随着现代加工技术和材料表现方式的进步，混凝土在景观及建筑中有了更多的可能性。

本项目希望通过对场地的改造措施实现生态修复，为大工业时代浪潮退后所带来的环境问题与社会问题寻找出路，试图探寻城市工业废弃地合理的

修复手段与更新方法，这样不仅可以解决部分发展用地问题，提升土地利用效率，也能形成经济发展与环境改造的互动，从而达到双赢的结局。结束原有使命的工业废弃地，通过艺术化和生态化处理，产生的新的利用价值可以缝合城市"伤疤"，重新塑造新的城市形象，让那些曾经辉煌的历史工业地段再次展示自己的活力。

项目组成员名单
项目负责人：王双双　叶　婷
项目参加人：李天臻　熊　辉　李茗柯　杨　逸
　　　　　　徐欣钰　田　边　郑学军　蒋静雯

图6

图7

河南郑州苑陵故城遗址公园规划设计

深圳市北林苑景观及建筑规划设计院有限公司／叶 枫 赵 晗

提要：遗址公园集遗址保护展示、历史文化传播教育、休闲游憩等功能于一体，本文以河南省郑州市苑陵故城遗址公园规划设计为例，协调好遗址资源保护和利用的关系，在公园规划设计层面，以展示秦汉农耕文明为主线，创意打造"六圃九圃"景观，还原一城生机盎然的"苑陵群芳圃"。

一、项目背景

苑陵故城始建于西周，位于河南郑州航空港经济综合实验区龙王办事处古城寨村，苑陵路和滨河西路北、舜华路东，是中国秦汉时期首批实行县治的古城代表。苑陵故城遗址公园占地面积128hm²，设计概算11.9亿元。

据《元和姓纂》记述，商王武丁曾封其子"文"于苑（即苑陵）为侯爵，世称苑侯。秦始皇十七年（公元前230年）在今新郑市东北设苑陵县，治所苑陵城（今新郑市龙王乡古城师村）。贞观元年（627年）废，并入新郑县。2013年5月，苑陵故城被国务院核定为第七批全国重点文物保护单位（图1）。

在郑州航空港经济综合实验区建设中，专门制定了苑陵城保护规划，在最新公布的《郑州航空港经济综合实验区总体规划（2014—2040）》中可以看到，苑陵古城隔南水北调中线工程与郑州园博园相呼应，未来必将成为实验区重要的文化主题公园和城市特色文化旅游区。

二、现状条件

苑陵故城分为外城和内城，外城即制城，现外城东、南、北三墙无存，部分地段存有墙基，东西长约1700m，南北宽约2000m；内城即苑陵城。苑陵城平面呈长方形，城垣周长约2520m。初步调查发现有许多建筑基址、道路、水井和灰坑。内城东城墙和北城墙保存较为完整，有围合感，墙体有植被覆盖，但都存在风化严重、墙体表层土容易剥落的问题（图2）。

苑陵故城内城现状竖向整体呈西北高、东南低的地势。古城寨村是苑陵故城里唯一保留下来的历史村庄，有较为完整的民居院落，也有拆除后剩下的残垣断壁。古城寨有较多的乡土乔木，

图1 苑陵故城遗产本体构成图

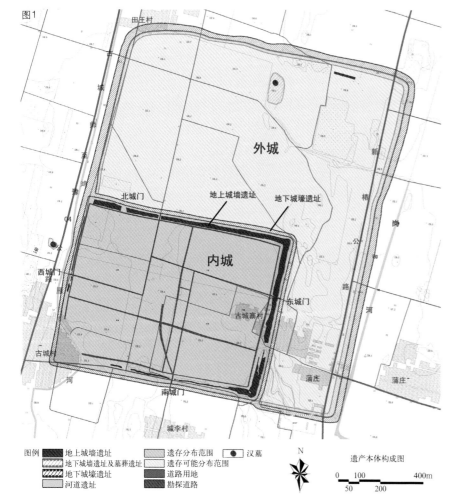

图例
地上城墙遗址
地下城墙遗址及墓葬遗址
地下城墙遗址
河道遗址
遗存分布范围
遗存可能分布范围
道路用地
勘探道路
汉墓
N
遗产本体构成图
0　100　　　400m
50　　200

保留价值大；内城其他位置多为农民规则式种植的果林、苗圃和沿路零星栽植的杨树；城外分布有大片杨树林。

苑陵故城为国家级文物保护单位，同时苑陵故城位于南水北调二级水源保护区内，应严格按照《南水北调中线一期工程总干渠（河南段）两侧水源保护区划定方案》有关规定执行。苑陵故城紧邻新郑国际机场，应按照机场净空相关要求控制建筑高度。现状西气东输干管从苑陵故城北侧穿过，设计应注意控制防护。

三、规划设计

苑陵故城与郑州园博园隔南水北调中线工程相望，在鸟瞰的角度下形成"如意"外形。由于苑陵故城与园博园独特的地缘格局以及同期开园迎客的建设要求，在规划之初提出"山水形胜，统领景观格局；绿色如意，对话古苑新园"的总体思路。积极实现园博园与苑陵故城的"古今对话"，加强两区连接，实现园区空间的有效拓展。公园以古遗址保护为前提，在遗址公园内以植物造景为主，合理配置植物，形成大规模、大场景的植物景观。以展示秦汉农耕文明为主线，打造"六圃九畦"景观，还原一城生机盎然的"苑陵群芳圃"（图3）。

（一）遗址——保护展示

苑陵故城地上遗存分布有内城城墙、田王汉墓墓冢、古城师汉墓墓冢等；地下遗存分布有内外城城壕、内城道路、建筑基址、窖穴、古井、灰坑等。

苑陵故城作为秦统一六国后实行郡县制的县治所在，反映了中国中原城市发展的重要阶段，其选址、规模、格局等具有重要的文物价值。本项目通过遗址发掘、遗址博物馆展示、遗址现场原状展

图2

示、遗址模拟复原展示等方式，对苑陵故城文物遗址进行保护与展示。

1. 地下文物遗迹

根据苑陵故城内城文物勘探报告，地下文物在内城中部较为集中。规划把该区域划定为文物密集区，由专业考古队对文物密集区进行文物发掘，保留地下建筑基址等遗迹，并由专业公司进行文物密集区展示的设计工作。同时，在内城东侧的服务区"老家小镇"内规划建设一座博物馆，对发掘的文物进行集中展示。

遗址公园的建设由于时间、人力、资金等条件的限制，势必不能对散布内城的地下文物进行逐一发掘。规划团队以遗址保护为前提，外运土方内填，覆土塑造内城山水地形，以保证地下文物不受工程建设的影响。覆土范围覆盖内城约90万 m^2，覆土距离现状城墙10m以上，平均覆土1.1m，公园内部局部堆高7m。

根据考古勘探结果梳理出地下存在规则式的路网结构，为尊重历史遗迹，同时展示内城格局，在内城园路的规划上保留并重现故城规则式的路网，形成6条5m宽的考古遗迹路。

2. 城墙、城门

规划将内城城墙本体边界向两侧各外扩15m的范围界定为城墙保护范围，在此范围内不得进行与文物保护无关的工程建设。为保障现状遗留的城墙遗迹不被积水侵蚀，在城墙内外两侧均设置了排水草沟，对雨水进行有组织排水。城墙本体的修复和保护工程由专业公司进行设计与施工（图4）。值得一提的是，除了城墙本体的修复展示外，在北侧城墙的自然豁口处，规划设置了一个城墙断面展示区，用于展示古代城墙的结构、材料与建造技术。

现状土城墙存在多个豁口，根据考古研究，东南西北4个方向上各有一个城墙豁口，为城门遗迹，规划设置了东西南北4个城门作为内城的主

图3

图2 上城墙遗迹
图3 设计鸟瞰效果图

图 4

图 5

图6

图 7

图8

图9

要出入口，先行建设南城门（图 5）。由专业公司根据秦汉时期的城门形制进行设计与施工。

（二）公园——合理利用

遗址保护"不只是为了过去而过去，而是为了现在而尊重过去"，在遗址保护展示的基础上，结合公园设计，形成遗址公园这一特殊的公园类型。

1."丘回路转、曲径通水"的空间形态

设计通过梳理考古及现状路网，以传统的古城格局切分地块形成主要路网；以古遗址保护为前提，外运土方内填，覆土塑造山水地形，形成以"丘"为形体的地形以及贯穿全园的水系；尊重历史遗迹，保留并重现古城规则式的考古遗迹路径，同时从人性化的角度出发，加强园区景观体验的丰富性和变化性，构建曲折有致的自然游憩路径。

苑陵故城遗址公园的空间形态由"路、丘、水、径"围合而成，形成"丘回路转、曲径通水"的中国传统园林的意境（图 6、图 7）。

2."苑、圃、圉"空间层级

苑陵故城遗址公园的空间结构为"苑——圃——圉"三个层级，均为中国传统园林的起源。"苑"即为苑陵故城，遗址公园通过设计形成"六圃九圉"的骨架肌理。

以考古路网切分的地块，结合遗址分布、城墙村落、现状植被等形成六大分区，各自具有不同的种植风格，也即"六圃"，分别为芳菲月季圃、花晨月夕圃、十步芳草圃、织田耕耘圃、盈枝甘果圃和嘉木染秋圃（图 8）。

从经典古籍《群芳谱》和《广群芳谱》获得启发，古籍内分谷、蔬、果、茶竹、桑麻、葛棉、药、木、花、卉等多个篇章，反映了当时与百姓生活、人文风俗息息相关的多彩植物品种。据此，设计设置了 9 个特色节点，反映古时候百姓的生产生活文化，也即"九圉"，分别为药圉、谷圉、蔬圉、果圉、木圉、花圉、卉圉、葛棉圉和桑麻圉（图 9）。

3. 功能分区

苑陵故城遗址公园在功能上分为遗址游览区、环境游览区和功能服务区三类。遗址游览区即前文提到的文物密集区、博物馆、城墙、城门、城墙断面展示等区域；环境游览区即前文提到的"六圃九圉"区域；功能服务区包含外城的南入口广场服务区（含游客服务中心）、西入口广场服务区以及内城东侧的"老家小镇"服务区（图 10）。

4. 生机盎然的"苑陵群芳圃"

遗址公园内合理配置植物，形成大规模、大场景的植物景观。设计意在收集质朴自然的中原乡土

花卉，营自然风貌、农耕种植、人文雅栽于一城，礼赞春花、弥香秋果、苍劲冬青，还原故时生机盎然的"苑陵群芳圃"。

植物设计以冬青背景林为底色，各区特色鲜明，选用观赏期长的多彩品种，重点渲染春花、秋香植物，同时满足开园期的景观效果。

（三）历史文化的传播与教育

规划通过营造历史氛围，结合科普教育手段，以更有感染力的方式促进历史文化传播，强化文化主题，让游人有所体验、重温历史、增长知识、涤荡心灵。

苑陵故城遗址本体价值通过遗址博物馆展示、遗址现场原状展示、遗址模拟复原展示等方式进行传播，而其衍生的历史文化价值传播就是本次设计要考虑的重点内容。

设计提出"一条主线五项工作"的方案，提升苑陵故城文化内涵，强化遗址公园的文化传播教育功能。

"一条主线"即为：展示古人的衣、食、行、产、文、娱、药、用、赏 9 个方面的生活文化；"五项工作"分别为：石刻小品、石雕展示、农耕文化展示、九圃文化提升、活动场景展示。

设计设置仿古石雕雕塑、刻诗经景石、刻汉画景石等营造历史氛围的文化元素（图 11）。建议由郑州市文物局调集部分政府保管的石雕，或者由业主收购民间收藏的石雕，外加保护措施在公园内进行展示，增加公园的文化底蕴。

在"九圃"节点区域着重展示"衣、食、药、用、赏"5 个方面的文化内容。

在桑麻圃和葛棉圃节点着重展示"衣"，选取秦朝和汉代的典型服装及葛衣、葛巾进行展示。在谷圃、蔬圃和果圃节点着重展示"食"，选取五谷种子、粮食画、蔬菜引种历史墙等进行展示。在药圃节点着重展示"药"，选取古人炮制中药材的常用器具进行展示。如：戥子、铁药碾、铜杵臼、药罐、博山炉、铜獬豸熏等。在卉圃、木圃节点着重展示"用"，选取典型的草编生产生活用品以及"木"和人类文明的物品（如简牍、活字印刷板、算盘等）进行展示。在花圃节点着重展示"赏"，选取红梅、蜡梅、紫藤、紫薇、月季等观花为主的盆景在花圃里面展示。

四、结语

苑陵故城遗址公园规划设计以古遗址保护为

图10

图11

前提，以展示秦汉农耕文明为主线，在城内进行全面覆土之后，打造"六圃九圃"景观，营造花林草地、花卉长廊、花耕农田，为市民、游客提供休闲游憩、感受历史文化的绿色空间。2017 年 9 月苑陵故城遗址公园正式开园纳客，取得了良好的景观效果和社会反响。2018 年 12 月本项目获得深圳市勘察设计行业协会颁发的"第十八届深圳市优秀工程勘察设计奖（园林景观类）一等奖"，2019 年 7 月获得广东省勘察设计行业协会颁发的"2019 年度广东省优秀工程勘察设计奖（园林与景观工程类）二等奖"。

项目组成员名单
合作单位：北京清华同衡规划设计研究院有限公司
项目负责人：蔡锦淮
项目主要参加人：叶枫　赵晗　李勇
　　　　　　　　黄明庆　董心莹　孟建华
　　　　　　　　金长欣　梅杨　周亿勋

图 10　南入口如意广场
图 11　刻字刻画景石

"三山五园—园外园"

——北京茶棚公园景观设计方案

北京山水心源景观设计院有限公司／徐南松

提要： 作为在历史风景文化区特殊背景下的园林景观设计项目，要注重与整体环境风貌的协调，借助场地特有的自然文化资源创建景观特色，进一步提升历史文化景区的风景价值，塑造历史文脉与生态景观的和谐统一。

一、项目背景

"三山五园"是对位于北京西北郊、以清代皇家园林为代表的各历史时期文化遗产的统称。根据新版北京城市总体规划，"三山五园"地区是传统历史文化与新兴文化交融的复合型地区，应建设成为国家历史文化传承的典范地区，并使其成为国际交往活动的重要载体。"园外园"地处颐和园和玉泉山西南部区域，是"三山五园"历史文化景区的重要组成部分，是皇家园林与京西历史文化延展的重要区域，是市委市政府提出的环境治理、构建生态的重点区域。

茶棚公园位于"三山五园—园外园"范围内，原为村落拆迁腾退后的空地，面积21hm²。场地呈"L"形，北侧紧邻拆迁安置小区北坞嘉园，南

图1 区位图

侧为"三山五园"绿道（图1）。明清时期这里是妙峰山进香古道上的重要节点，节庆时人们在此搭棚、停留、饮茶，在众多史料上都有所记载，是京城西北郊历史风景中的亮点之一，是"三山五园"民俗文化的重要载体。

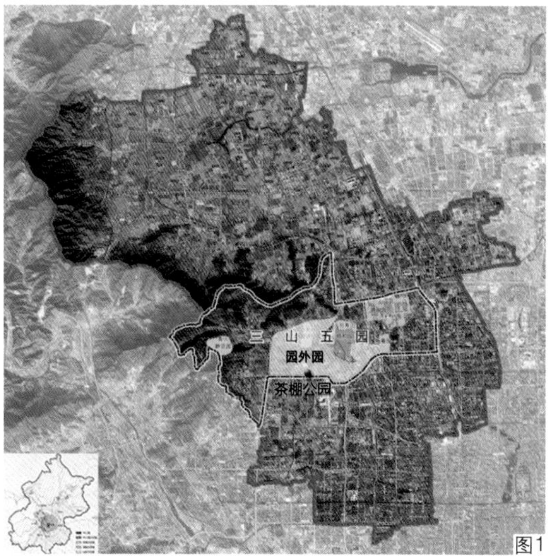

茶棚公园于2017年落成，公园的建成为游人提供了游憩娱乐的户外空间，满足了休闲生活多样化的需求，提升了周边居民的生活品质。

二、项目定位

以"整体协调、生态基底、经济适用、乡土特色"为原则，打造具有独特魅力的生态乡村型社区绿地，为周边居民提供休闲健身绿地，为绿道游人提供休息观赏场所，满足历史风貌区的整体景观系统。

通过对上位规划、历史文脉、场地条件的分析和思考，我们认识到"清静幽雅、自然朴素"是园外园的整体空间氛围，园外园内的各个片区不是传统意义上各自独立的公园，更不是这片区域景观的主角，绿地营建应以重现自然历史风貌，恢复生态景观格局为目标，通过适度合理的建设成为三山五园的绿色衬托。

三、"近开远围，一溪四区"的空间布局结构

公园采用自然式的布局形式，营造休闲放松的环境氛围。面向居住区的空间界面采用开放式

设计，结合大门和底商设置多个出入口，提升可达性；结合出入口就近安排活动场地，便于居民使用，使生活空间与生态空间形成高效连通，此为"近开"。远离居住区的外围边界不设围栏，通过大尺度景观林带与局部微地形相结合，形成"林木翠围"的空间背景，此为"远围"。

从公园出入口到外围边界，场地和园路布置由密至疏，形成近处活跃丰富、远处宁谧幽静的自然空间过渡，符合园外园清静优雅的氛围需求，确保区域整体风貌的协调统一（图2）。公园内布局"休闲漫步、运动健身、园艺体验、花园草坪"四个功能区域，满足居民日常文化活动、健身锻炼、邻里聚会、亲子活动、园艺交流、耕作体验等多种需求，兼顾静态和动态活动的不同特点，形成具有吸引力和活力的公共绿色空间，提升区域环境品质和周边居民生活质量（图3）。

原有场地较为平坦，但存在局部地势低洼、雨季排水不畅、积水严重的问题。从改善植物生长条件的角度出发，竖向设计充分结合现状，设计集水旱溪及下凹绿地，在遵循海绵城市理念的同时形成优美园林景观。景观旱溪参考自然溪流形态，蜿蜒起伏穿行于林间，结合场地空间布局形成开合有致的效果。多余土方就近堆叠地形，实现场地挖填平衡（图4）。

四、茶棚记忆融入园林景观

公园周边居民多来自茶棚村、北坞村等历史悠久的古村落，他们祖祖辈辈守望两山，街坊邻里共饮玉泉，几百年来久居于此、知天乐命，尤以明清时期妙峰山香会最能体现纯朴民风。妙峰山进香祈福曾是京城以至华北地区最大的民间盛会，通往妙峰山的香道上接递式地安置了许多茶棚，最多达到300余座，茶棚既是歇息之所，又是交流、娱乐、歌舞的场地。时过境迁，当年茶棚大都湮没无痕，茶棚地区因有万缘茶棚而得名，是三百多年香会所剩无几的文化遗产与记忆。

景观设计方案深入挖掘历史文脉，将旧时文化记忆融于现代园林景观，借鉴清代《妙峰山进香图》中茶棚原型，衍生设计8组遮荫廊架，以钢、木、砖、瓦为材料，将"棚"与"架"相结合，加以调整变构，形成简洁质朴的整体造型，强化了公园的景观形象，成为特色鲜明的休憩设施（图5）。

结合不同场地，将茶棚单体排列组合，形成丰富空间效果，满足多种使用需求。在中心广场内将茶棚一字排开成为主景，形成大气开阔、游人聚集

图2

的活力核心；在林间场地因高就低错落排布，形成丰富空间体验；还有的单体矗立，成为园路旁的休息港湾。多种形态变化，叠加多种景观要素，形成丰富的游憩体验（图6）。

茶棚廊架结合局部景墙构成了具有北方民居特征的院落式空间，其中最具文化特色的是位于休闲漫步区入口的"祈福影壁"。影壁中心装饰古画《妙峰山进香图》，展现旧时香会盛况，影壁两侧布置翻板互动小品和福字石刻，游人可以通过摸福、踏福体会进香祈福的传统习俗，成为周边居民喜闻乐见的文化形式（图7）。除此之外，公园内还点缀

图3

图4

图2　总平面图
图3　实景照片——亲子活动区
图4　实景照片——景观旱溪

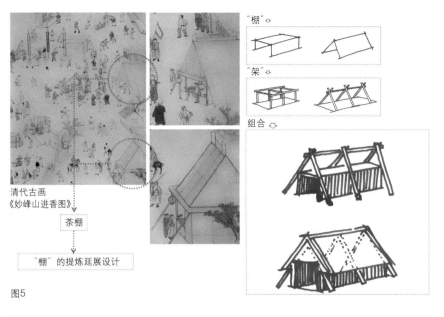

清代古画
《妙峰山进香图》

茶棚

"棚"的提炼延展设计

图5

"棚"
"架"
组合

图6

图7

图5 茶棚造型来源
图6 实景照片——茶棚廊架
图7 实景照片——祈福影壁

了西山名胜图卧碑、香道体系图刻石、香会诗文景墙等小品，让游人在漫步健身的同时，了解场地文化，追忆旧时风景。

五、植物景观塑造

种植规划延续"三山五园"的生态景观风貌，以营林的方式打造清新质朴、连绵不断的整体景观，以油松、千头椿、元宝枫、白蜡、新疆杨等乡土树种为基调，新植乔木8000余株，灌木10000余株，植物品种100余种。

（1）植物景观突出郊野田园风格。呼应整体"三山五园"的自然植物景观特征，以"西山晴雪""杏花如雪"为特色，选用桃、柳、山杏等植物构成春景观赏区；选择秋季挂果的田园乡土植物，如枣、梨、柿子、山楂等，点缀在活动场地周边，以植物体现风格主题；结合茶棚廊架，栽植葫芦、丝瓜、扁豆、月季等藤蔓植物，将茶棚引申为"瓜棚、花棚"，柔化硬质景观，营造温馨亲切的家园氛围，形成与城市公园的差异化感受。

（2）芳香植物景观带。历史记载，香会活动多在每年4月，正是桃花、杏花盛开的光景，香客们乘着花香进香求福。公园结合园路及集水旱溪，栽植刺槐、丁香、香荚蒾、糯米条、金银花、玉簪、紫茉莉、夜来香等芳香类植物，形成贯穿全园的"花香之路"，芳香类植物的使用既丰富了游赏体验，又呼应了茶棚香会的文化内涵。

（3）现状树保留利用。现状树木是场地的宝贵财富，也是场地记忆的见证者。保留利用现状树木，剔除缺乏生长空间、长势不良的树木，结合林缘营造适生群落，增加植物层次。选择姿态良好的大树为景观核心，结合茶棚廊架、铺地、小品形成景观节点，重现"瓜棚老树下围坐，听爷爷讲故事"的场地记忆。

项目组成员名单
项目负责人：夏成钢　徐南松
项目参加人：张彦来　张坚坚　刑　杰　李修军
　　　　　　杨晓娜　靳大伟　于凯辉　蒋国强
　　　　　　赵站国　梁燕萍

古韵名景、百汇群芳

——北京通州西海子公园（一期）改造提升

北京创新景观园林设计有限责任公司／马　超　苑朋淼

提要： 改造提升的西海子公园通过融入运河文化、通州文化，对现有文化遗存充分展现，形成了具有通州地域特色的综合性城市文化公园。

一、历史背景与现状调查分析

西海子公园原是通州城区内唯一的综合性城市公园，在通州百姓的心中有着重要的历史地位。延续运河文化、通州文化及公园原有的自然风貌是形成具有通州地域园林风格的主要因素，也是周边规划与园林设计的重要依据和形式来源。

（一）通州历史及规划

通州古称"潞县"，是北京的东大门，位于京杭大运河的北起点，素有"一京、二卫、三通州"的美誉。2016 年 5 月，中央政治局会议决定在通州规划建设北京城市副中心，并将其上升为国家战略。

西海子公园改扩建区域北起通惠河，南至贡院小学，西起新华北路，东至大运河，东西长度1.2km，南北长度 1km，整体围绕西海湖与葫芦湖，总占地面积约 24.72hm²，其中本次实施范围8.4hm²。公园地处副中心运河商务中心区的核心位置，也是通州古城的中心区域，更是大运河文化带上重要的生态景观节点。因此，改造和提升

西海子公园原有老旧基础设施及园林环境显得尤为必要。

（二）西海子公园历史情况

历史上，西海子公园占地面积约 14hm²，其中水面约 5.3hm²，分南、北两湖和葫芦湖，百姓俗称"西海子"。公园及周边有着丰富的历史文化遗存，依据最新规划，涉及公园范围的文物遗址包括大运河、通惠河、通州古城、李卓吾墓、燃灯塔、紫清宫及石像生群、葫芦湖（金代闸河遗址）、程家大院、石坝码头、土坝码头等。

原西海子公园主要是周边居民进行休闲、娱乐、健身的场所，园内基础设施较为陈旧且布局不合理，亟待改善。原有植被主要集中在西海子公园和通惠河沿岸绿化带内，现存乔木类 51 种共2488 株，灌木 28 种共 1522 株，还包括绿篱及各色花卉 13 种，均长势良好。改造提升过程中应当对现状大树充分保留，适当增加"北京古树名木"树种的比例，构成西海子百年名园骨架。

原公园内有葫芦湖（1.4hm²）及西海湖（3.5hm²）两湖，两湖现状并未连通，且存在 1.5

图 1　西海湖

图1

图2　平面图
图3　风雅荷香
图4　古韵名景

m 的高差。水源采用公园内自备水井，湖底有渗漏，常水位不稳定。湖岸均为钢筋混凝土的垂直护岸，生硬不自然。两湖改造后应建设自然生态的驳岸，并进行有效的水系连通。

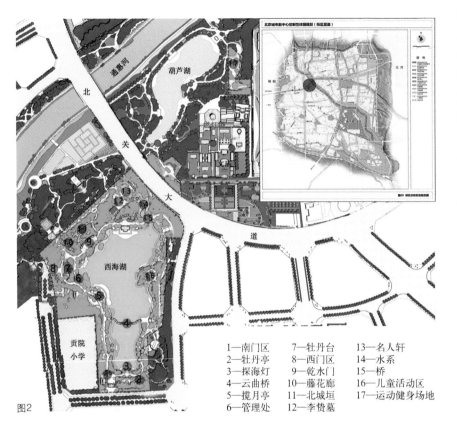

图2

1—南门区　　7—牡丹台　　13—名人轩
2—牡丹亭　　8—西门区　　14—水系
3—探海灯　　9—乾水门　　15—桥
4—云曲桥　　10—藤花廊　　16—儿童活动区
5—揽月亭　　11—北城垣　　17—运动健身场地
6—管理处　　12—李贽墓

图3

图4

二、设计目标、原则及手法

公园改造提升过程中通过发散型渗透设计手法将大运河、通惠河及城市道路等生态廊道连通，构建运河商务中心区全空间生态网络体系。以燃灯塔为全园乃至整体规划区的视觉焦点，成为城市道路视线对景。利用沿河景观带将通惠河与大运河景观视线引入园中，并在公园内创造出宜人的中小尺度空间，形成各景点间连续不断的视觉走廊，达到步移景异的效果。逐步把西海子公园建设成为代表副中心园林建设最高水平，具有丰富文化底蕴的综合性城市公园（图1、图2）。

公园设计坚持古为今用、传承创新的指导思想。在多个位置将视线引向燃灯佛舍利塔（借景），并注重园林建筑与塔景的协调关系（框景、隔景）；园内园林建筑之间，相互因借、相辅相成，在各中小尺度空间中能独自成景（隔景、引景）。

燃灯佛舍利塔作为重要的视觉焦点，塔高50m，与公园的视距在200~600m之间，在局部开阔湖面的映衬下，能够成为公园的主要景观。云曲桥和西海阁作为与燃灯塔组景的关键园林建筑，在设计时刻意拉长其面宽，突出"横向"线条，烘托塔身的"竖向"线条（图3、图4）。

站在云曲桥正轩北看，栏杆、轩柱、雀替、花板共同组成"镜框"，燃灯塔、西海阁框在"画心"之中，达到预想效果。西海阁北部布假山一组，以疏密相间的檐柱为框，颇具多联画风韵。南门入园后，置景石数块，山石师傅匠心独运，利用景石自然形成的孔洞，恰好将塔景框入其中，浑然天成。

云曲桥作为分隔西海湖水面的廊桥，增加了湖南岸观赏点的景深，避免一览无余，是园中最重要的隔景之物。站在名人园水榭之中看向燃灯塔，水池对岸的廊也起到增加景深的作用。

在西海湖西北岸，西海阁与西门之间有一处弧形的藤花廊。由西向东，自西海阁走向西门的路线，弧廊引导游人两个方向：或与城垣顶的歇山敞轩共同吸引游人登山眺望；或通向西门，随游人自行选择出园或继续南行。由东向西，自西门走向西海阁的路线，弧廊将视线引向燃灯塔，吸引游人继续前行。

项目组成员名单
项目负责人：马超
项目参与人员：檀馨　苑朋淼　罗威　刘植梅
　　　　　　　臧肖恒　张博　史小叶　鹿小燕
　　　　　　　邓金凯

生态、共享、美无边界

——广东广州天河公园打造无界公园初尝试

广州园林建筑规划设计研究总院／林兆涛　李晓雪　谢丽仪　刘　威　何江丽

提要： 消隐公园边界，打造亚洲最大"上盖公园"，与地铁枢纽无缝连接。打造公园八大艺术片区，传承岭南文化。

一、项目背景

　　广州市在城市绿地改革方面一直走在全国前列。从 1990 年代的公园免费、2000 年拆围透绿、2016 年还绿于民到 2019 年推进公园城市建设工作，始终坚持贯彻生态文明建设、城市共享发展理念和公园城市核心理念，这些工作既是推动广州实现老城市新活力的重点工程，也是造福市民群众的民心工程。天河公园作为广州十大老公园之一，在广州公园变革的过程中起到了积极示范作用。

二、项目概况

　　天河公园位于黄埔大道以北，中山大道以南，天府路以东，总面积约 84hm²。近年来天河公园及周边地区面临着公园与城市发展割裂，公园周边整体空间环境品质不高，与中心城区定位不匹配等问题。随着天河公园地铁站的开通，地铁人流疏散、慢行交通换乘以及以站点为核心的枢纽门户形象缺乏等问题也亟待解决。

　　天河公园总体设计确定了以融合枢纽集散、健康休闲、城市门户、文化展示四大功能为一体的天河绿心为建设目标（图 1）。

三、打造无边界的公园

　　作为广州首个实施拆围透绿工程试点的综合公园，天河公园建设内容涉及拆围透绿、生态共享、设施共享三大块，主要完成了拆除围墙 1680m（图 2），生态共享面积约 20 万 m²，新建缓跑径 1430m（图 3、图 4），配套驿站、照明、监控等设施。

图1　图 1　鸟瞰图

图2

图3

（一）公园无边界

公园无边界，真正还绿于民，使公园景观与城市街景连成一片，融为一体。为了城园融合最大化，设计上对公园周边160hm²的城市空间进行设计研究拓展。优化天河公园周边步行15min范围的慢行系统；打造8条便捷品质的入园活力街道；

图2 拆围建绿
图3 城园融合
图4 缓跑径

挖掘现状低效的闲置绿地，对街头绿地、街道景观、产业小镇、社区绿地等做出微改造，打造15个口袋公园。本设计旨将零碎的绿地以慢行系统为脉络串点成线，与天河公园无缝连接，让天河公园的开放，不简单地只是公园内部的开放，而是涉及品质化街区、口袋公园、过街空间等，是一个真正实践公园城市的范例。

（二）生态绿地共享

公园开放后，加强优化绿地功能，逐步使公园绿地功能多元化（图5），使绿地成为市民的共享空间和生态休闲空间。活化消极空间，如与天桥接壤的公园绿地空间，缺乏满足市民短时需求的入口服务，将增设坐凳等休憩设施，并优化桥下灯光，兼顾重要城市界面形象展示的需求。将闲置空间改造为宜人的绿地空间，消除安全隐患，如对废弃已久的卡丁车场进行艺术化改造，给市民提供了更多弹性的活动展示空间，公园在此举办过每年一度的草地音乐节、大型的婚庆盛事、艺术灯光节等。

（三）设施共享

城市慢行系统衔接，保障畅行舒适。增强天河公园可达性和连通性，增设公园出入通道，满足市民进入公园的需求。

"三道贯通"。天河公园外环为市政绿道，此次提升增加了缓跑径及环湖碧道，真正实现"三道贯通"的慢行系统理念。其中，最大亮点是精心打造的全长1430m的"公园里的花园缓跑径"，穿行在花园绿地之间，采用透水环保且回弹性能好的跑道面层，舒适耐用。

响应24小时夜间经济需求，公园进行了整体光亮工程及监控工程，满足夜间活动的舒适光照环境，同时模仿月光的泛光，在树梢之间安装精心设计的月光灯，创造更加自然舒适的光照效果。增设互动的灯光照明，增添趣味性和体现感。

四、打造亚洲最大"上盖公园"，成为天河公园新门户景观

随着城市的发展，在天河公园有新建的三条城市地铁线通过，并且交汇成广州最大的地铁转换站场，对于公园来说，是一个新挑战、新考验。通过景观设计，构建无缝衔接换乘枢纽，创造亚洲最大的地铁"上盖公园"（图6），给予市民美好的过站体验。

地铁施工退地后，本项目实现修复原有的山水骨架，创建大型的开放广场空间，打造花园式车站。在天府路界面的地铁出站口，结合城市广场、休息空间设置艺术装置与精致的城市家具，打造宜人的通行、休憩空间。地铁站台与公交站台通过风雨连廊的连接实现舒适出行的无缝通行体验。通过花园式的绿化设计及艺术地形设计，将地铁的配套设施（如通风口、安全疏散口）进行最大限度的景观消隐。

五、植入文化艺术体验，坚定文化自信

天河公园作为老旧综合性公园，存留着一些经营性、闲置类场所。为实现共享理念，繁荣文化事业，设计与艺术界进行跨界合作，公园将引入知名的岭南艺术大师、雕塑大师等工作室，活化现有闲置场所，打造集科教、展览、文创于一体的文化艺术体验场所。公园将不定时策划校园科教等活动，让学生走出校园，走入公园，融入艺术之地。

公园一些老旧的经营游乐设施存在经营能力差、体验单一、设施老旧等问题，设计提出打造全年龄段的儿童体验活动场所。巧妙利用丰富的山地地形创建集趣味、智能、环保、安全于一体的游乐场所。

六、保留公园山水林田湖的生态核心价值

公园开放不是一味地完全改造，在开放的同时，也需要保留公园自身特色，保留岭南历史文化底蕴。设计对 15hm² 的湖岸进行修复，打造一条杉林碧道，实现城中园、山环水抱的良好格局；实

现雨水花园、浅滩湿地，营造水下森林，招鸟引蝶，创建良好的生态链；保留两大园中园——粤秀园和粤晖园，传承岭南园林精髓。

七、项目的延伸与思考

天河公园项目是对公园城市的思考，回归初心，将公园融入城市开放空间与外部系统形成有效的衔接；为市民和游客提供高品质、便捷、人性化的公园环境；尊重广州城市公园的历史和地域性，合理地拆围复绿，是还绿于民、享乐于民的最好实践。天河公园历经郊野公园—综合公园—城园融合的天河绿心，为了实现共享化，践行公园城市理念，天河区成为无边界公园建设的先行者，最大化实现绿地资源共享、城市功能互补，引领文化艺术绿地新风潮。天河公园的开放对于充满时尚、现代、艺术气息的天河区绿地的发展具有重要实践意义。

项目组成员名单

项目负责人：林兆涛　谢丽仪
主要设计者：李晓雪　范丽琼　莫　韵　何江丽
　　　　　　刘彦威　翟紫呈　陈汝博　刘　威
　　　　　　曾荟馨　刘若慈

图 5　功能多元化
图 6　上盖公园

图5

图6

传统公园在城市更新中的规划探索

——以云南昆明大观公园概念性规划为例

昆明市园林规划设计院／盛澍培　何　嫣　朱　誉　黄佳妮　陆开林

图1　区位
图2　规划范围

提要： 挖掘历史文化内涵，整合土地资源，完善配套服务设施，提升景观品质，再现"九夏芙蓉，三春杨柳，萍天苇地，蟹屿螺洲"的长联胜景。

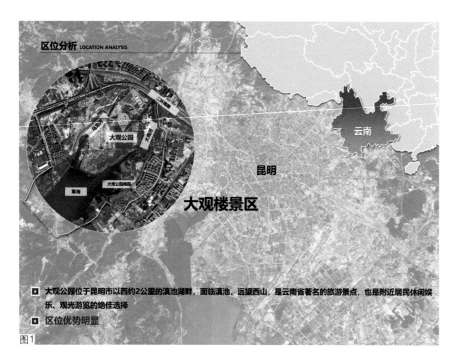

区位分析 LOCATION ANALYSIS

- 大观公园位于昆明市以西约2公里的滇池湖畔，面临滇池，远望西山，是云南省著名的旅游景点，也是附近居民休闲娱乐、观光游览的绝佳选择
- 区位优势明显

图1

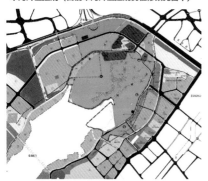

草海片区控规（目前草海片区控规仍在修改完善中）

规划范围(87hm²)
规划研究范围(257hm²)
滇池一级保护线

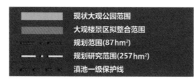

现状大观公园范围
大观楼景区拟整合范围
规划范围(87hm²)
规划研究范围(257hm²)
滇池一级保护线

图2

一、概况

大观公园，位于昆明主城西南，临滇池北滨，与滇池西岸太华山隔水相望，古称"近华浦"（图1）。目前公园总面积47.8hm²，其中，陆地面积约23.1hm²，水面占比一半有余，是以赏"三春杨柳，九夏芙蓉"为主的历史文化名园（图2）。大观公园作为昆明重要的市级综合公园，服务全市不同年龄段市民群体。同时，因大观楼及其长联闻名天下，这里也是云南省著名的4A级旅游景区，每年接待大批海内外游客。

公园内大观楼是全国重点文物保护单位，为木结构三重檐四攒尖顶式楼阁，高18m，造型古朴典雅，濒临滇池，可揽湖光山色之胜。楼前悬挂清代文人孙髯翁180字长联，上联写滇池风物，下联写云南历史，情景交融、文采飞扬，被誉为"天下第一长联"，名楼名联相得益彰。大观楼位于大观河、乌龙河进草海（滇池的内湖）的入湖口，历史上"四围香稻，万顷晴沙"，占尽湖光山色之美。1980年代初，周边还是鱼塘、荷花塘及稻田，可远眺西山，所谓"五百里滇池奔来眼底"。

大观公园，包含庾园、鲁园范围，是昆明市国家级历史文化名城的历史核心保护地段，是昆明传统园林文化的代表，城市发展的文脉延续，也是老昆明的精神家园。

二、规划目标及定位

滇池是昆明的母亲湖，草海靠近昆明主城核心区，是滇池最美的港湾，是昆明城市的"会客厅"，

大觀公園規劃總圖

图 3 规划总图
图 4 规划结构

图3

大观公园处于草海核心，沉淀了昆明深厚的历史文化。沿草海片区的保护和开发定位很高，采用以生态保护和历史文化传承为主的低环境影响开发模式，大观公园在昆明城市更新发展中连接过去与未来，是城市的乡愁和记忆所在，历史文化地位极高。

本次规划通过整合优化大观楼周边的土地资源、历史文化资源，让传统园林焕发生机；规划充分挖掘长联文化，突出历史名楼文化价值，留住"老昆明记忆"，让城市更新传承历史、有根可寻；进而复兴城市公共活动空间，辐射带动草海片区的全面可持续发展，有效改善城市人居环境（图3、图4）。

三、重点问题及规划对策

（一）整合周边土地资源，扩大规划研究范围解决矛盾和冲突

昆明大多数传统公园前身为山林寺观或者私家花园，早期一般远离市区，拥有自然野趣的山水田园环境。随着城市的不断扩张，公园周边土地不断开发利用，大量传统园林被高楼大厦包围。已经划定的以大观楼为主的历史文化核心保护地段外围缺乏风貌协调的区域，原本可以登高远眺的古典楼阁不再巍峨，其赖以生存的自然风光更无处寻觅。即使沿大观河已建成的一些滨河绿地，因分属不同部

门，无法统一管理，至今也未对公众开放。许多问题相互牵制，恶性循环，诸多矛盾已无法在有限的公园管控空间范围内得到解决（图5）。

本次规划将大观公园放在草海片区的发展平台之上，扩大规划研究范围，在充分衔接昆明城市总体规划、草海片区控规、昆明市历史文化名城保护规划等上位规划的基础上，将大观公园周边土地资源有效整合利用。将大观公园西北扩至乌龙河控制绿线外侧，东边沿大观河自北向南纳入小岛村、五

图4

图 5　现状分析

大观楼景区

服务设施老旧

交通拥堵 停车困难

出入口少

道路狭窄

规划范围（大观楼景区）在草海周边的发展空间充足，但明显滞后于周边发展

大观公园

第三污水厂

绿地·海珀澜庭

融创文旅城

图5

家堆湿地、军区鱼塘等用地，统一规划，分步实施。将原来 47.8hm^2（陆地仅 23.1hm^2）的"老园子"规划面积扩大至 87hm^2。一方面公园有效游赏面积加大，同时，乌龙河、大观河两岸滨水绿地也发挥了更大的社会效益。

（二）合理规划功能分区，明确发展方向

大观楼作为昆明传统城市公园，承担市民日常健身休闲、儿童游乐等功能；随着昆明城市旅游的发展，又成为外地游客赏长联、戏海鸥的重要景区。然而，公园配套基础设施薄弱，游客又主要集中在以大观楼为核心的北园区域活动，赏荷戏鸥、老人棋牌、儿童游乐相互干扰。公园长期超负荷运转，已严重影响了草海的水环境质量，令人再无法体会长联所述"萍天苇地、翠羽丹霞、蟹屿螺洲"的自然之美。

本次规划在扩大公园面积的基础上，将公园划分为三大功能区："古典园林游赏区""昆明记忆配套区"和"荷莲湿地体验区"。通过优化功能分区布局，着力改善公园环境质量，自然资源、人文资源充分整合发挥优势，重塑昆明城市"会客厅"的美好形象。

现状的大观北园、庾园、鲁园以保护提升古典园林景观为主，围绕近华浦景区，以大观楼长联景观意向进行拓展和丰富，规划"三春杨柳""九夏芙蓉""蟹屿螺洲""萍天苇地"等特色植物景观，打造独具昆明地域特色的"古典园林游赏区"。

将城市公园综合配套服务功能从历史地段核心保护区移出，给不堪重负的"老园子"松绑，减轻"古典园林游赏区"环境压力。规划的"昆明记忆配套区"位于大观楼历史地段建设控制区，也在滇池一级保护线范围以外，该区以传承老昆明历史文脉，协调"古大观"景观风貌，完善旅游配套服务功能为主。根据《昆明历史文化名城保护规划》对建控区的要求，从建筑面积、建筑高度、建筑风格以及功能业态等方面进行规划控制。

以百花地、五家堆湿地为核心规划"荷莲湿地体验区"，依托现状湿地水系，收集展示全国荷花、睡莲品种，形成世界品种最多、最全的荷花睡莲种质资源库，打造荷莲花卉主题园区。

（三）协调动态交通和静态交通，理顺外部交通和内部交通

现状大观公园北园唯一的出入口位于大观路尽头，大观路是唯一由城市进入公园的尽端式道路，道路一侧临大观河。由于公园外部城市道路不连通，公园与城市界面交接处呈口袋状，每年节庆及花事活动期间，进出大观公园的车辆将大观路堵成了停车场，严重降低了游客的游园体验，同时也造成了一系列城市交通安全隐患。

城市更新为公园发展带来机遇，随着环草海滨湖路的贯通，大观路不再是以大观公园为终点的尽端式道路。沿乌龙河、大观河新增公园绿地连接了城市道路界面，大观北园有条件改变单一出入口模式。同时，通过在大观河上架桥进行连通，解决了一个公园南北两区几十年隔河相望，公园内部无

图 6　交通问题及解决策略

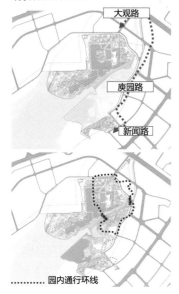

现状|南北不连通

策略|通过架桥实现南北连通，同时可以形成院内通行环线，缓解交通压力

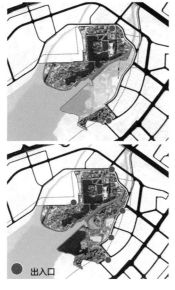

现状|出入口不足，交通压力大

策略|多出入口缓解大观公园内部及周边交通压力

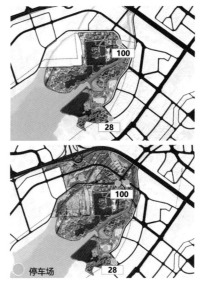

现状|停车困难

策略|通过周边地块增设停车场

图6

法正常交通的困扰。规划后大观公园形成"三主两次"出入口，有效缓解城市交通压力。

在5个出入口处结合规划的社会公共停车空间，分散设置停车位，疏散节日高峰"停车难"问题；另外，结合城市大交通规划和航运规划，梳理了水上游览线路，开通从海埂大坝至大观公园西苑码头的滇池水上游线。一些游客可以从水路游船进入大观公园，通过水路分流客人，在激活草海水上观光游览线路的同时，进一步破解公园外部道路交通拥堵困局。

现状大观公园用地范围被大观河分为南北两园。北园以大观楼为核心，隔大观河相望是庚园、鲁园。这是近代昆明私家园林的代表，虽然已划归大观公园统一管理，但与大观楼缺乏必要的陆路交通连接，加之园林景观缺乏资金管养维护，导致南园片区（庚园、鲁园等）长期衰败破落。

南园和北园的连通问题成为公园内部游路系统的矛盾焦点，在大观河上架桥是唯一现实可行的方案。经过征询意见、专家咨询，对桥位选址、桥体方案反复比较和斟酌，确定在大观楼历史地段核心保护区建桥的三大原则：一是满足文物保护的相关要求，大观楼是国家级文保单位，该桥

位于大观楼景观视廊上，桥的体量、风格应与其统一协调。同时，该桥背倚西山，建成后必将形成大观河入湖口重要景观。二是该桥是大观南园和北园的重要连接通道，桥体坡度应保证人行、无障碍通行和电瓶车通行。三是保障桥下大观河通行小型游船的净空高度，满足大观河行洪及通航要求。综合以上原则，最终方案确定选用中式传统风格三孔石桥，桥面平缓呈玉带形，三拱半圆倒影水面如满月，临浩渺滇池，眺巍峨西山，为滨湖平添一景（图6）。

四、结语

我们希望借鉴大观公园规划案例，在城市更新中寻求保护和发展共赢之路。在保护好传统园林，让历史瑰宝熠熠生辉的同时，有机融入现代城市生活需求，在城市更新中传承历史，展望未来（感谢徐锋先生的指导）。

项目组成员名单
项目负责人：盛澍培　何嫣
项目参加人：于　慧　朱　誉　黄佳妮　陆开林

节气、本草、人，自然与文化的融合
——浙江台州椒江绿色药都小镇中药谷设计

浙江省城乡规划设计研究院／郭弘智　陈漫华　陈佩青

提要： 创造性地将中国传统中草药的种植与医药产业、市民生活、城市绿色空间、工业遗址改造等要素有机结合，探索了一个园林设计的新路径。

台州实施"中国绿色药都"战略建设，促进台州传统医药产业转型为绿色医药智能制造产业，促进工业由粗放型向高端智造型转型，改善现有旅游模式，围绕医药主题，打造融医药智造、主题旅游、历史文化于一体的旅游形式，着力改善人居环境，提升城市品质。

一、项目概况

中药谷位于椒江区椒江沿岸椒南部分，北至外沙路，东、南至太和一路，西临热电厂。处于椒江绿色药都小镇的核心位置。设计总面积约 47hm²。西北侧及东北侧均为智药湾，发展定位为公园式医化产业基地；南部为创智馆，发展定位为游客接待、游客服务中心、城郊休闲娱乐中心、商业游憩区；北部为江南岸，发展定位为台州时尚城市休闲岸线（图1）。

二、目标与原则

由于项目的较大规模与核心区位，作为一处开放空间对城市人居环境的贡献巨大，需要突出其生态核心的聚核作用，衔接周边地块功能，强调绿色开放共享。同时需助力实现从"化"向"医"、从"医"向"养"的体验式产业转型升级，突出中医药文化主题。由此，坚持生态优先与文化引领成为设计需要遵循的首要原则。

三、项目设计

（一）重难点分析

（1）反差巨大。基地内有一座小山、四条河流，S75 省道的高架桥斜跨东西，水泥路从桥下通过，零星的作物、村庄废墟、工业废弃地、堆场、远处热电厂的烟囱、闸口携带着泥沙的江水、热力管道、厂房密集的区域共同形成了初始印象（图2）。

（2）盘活资源。场地的温度在填埋中流逝，空间的记忆在拆毁中破碎。河流、水塘与湿地，烟囱、厂房与田地，太过鲜明的特征，让资源的识别变得容易。但如何让摇摇欲坠的砖窑厂重新活起来，如何重组破碎的空间，让四块相对独立的区域彼此更容易被抵达，让散布其中的资源相互映衬成

图 1　区位图
图 2　烟囱与堆场

图1

图2

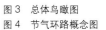

图3

为设计面临的挑战。

（3）中药文化切入

台州的医药制造以西医为主，基地在整个药都小镇形成中西合璧的格局中担当着重要的使命。没有文化遗迹，没有名人典故，这里本如同一块废地，中医药的主题就此植入。在4个自信的时代背景下，把握文化自信核心，把祖先留给我们的中医药宝贵财富继承好、发展好、利用好，担当起景观设计在民族文化复兴中的责任。

（二）设计构思

印象的改变起于生态的恢复、植被的恢复；资源的盘活基于人的游赏体验，人的需求响应；文化传达依托可以感知的创意呈现。

设计特别以传统节气为线索，串联本草种植与康养活动的内在联系，将自然要素与文化要素相融合，建立自然生态和康体养生的中央生态园和文化体验园（图3）。

（三）总体节气环路设计

节气环有效组织了场地的交通流线、功能布置以及文化线索，成为设计思想延伸的总纲（图4）。

节气是中华民族劳动人民长期经验的积累成果和智慧的结晶，是传统时期农业生产活动的基本时间指针，也是民众日常社会生活的重要时间节点。

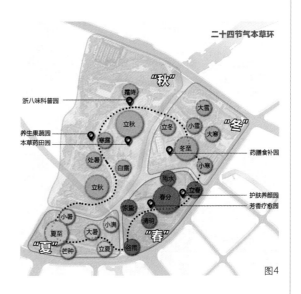

图4

设计通过主环路打造二十四节气环，在满足河道通航的前提下架桥，串联起4个功能区。根据基地的现状特征，巧妙安排四季节气的方位，医药科创区对应春，康乐体验区对应夏，药田休闲区对应秋，康养文化区对应冬。节气环以地刻、科普标识等形式，制作以"二十四节气食谱"（表1）为主题的图案序列，传达中国传统养生文化。

设计将沿节气环布置该时节的具有一定代表性的植物，例如：惊蛰有桃花、棠棣、蔷薇；夏至有半夏、荷花、景天、萱草、绣球；秋分有向日葵、杭白菊、硫华菊；小寒有梅花、山茶、风信

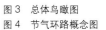

风景园林师 | 097
Landscape Architects

择食表											表1
立春	雨水	惊蛰	春分	清明	谷雨	立夏	小满	芒种	夏至	小暑	大暑
韭菜	茼蒿	梨	香椿	青蒿	茶	莲子	桑叶	金银花	绿豆	萝卜	藿香
立秋	处暑	白露	秋分	寒露	霜降	立冬	小雪	大雪	冬至	小寒	大寒
黄精	百合	银杏	茱萸	芝麻	高育姜	肉苁蓉	杜仲	雪莲	当归	肉桂	芡实

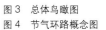
图3　总体鸟瞰图
图4　节气环路概念图

图 5　砖窑厂效果图
图 6　主题廊架效果图

图5

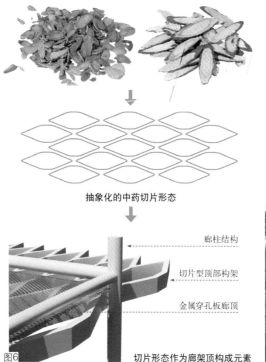

抽象化的中药切片形态

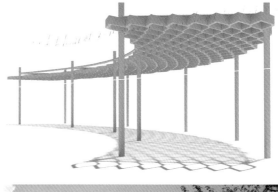

廊柱结构

切片型顶部构架

金属穿孔板廊顶

图6　　切片形态作为廊架顶构成元素

子等。区别于一般性的公园，在植物种植方面形成了特色。

（四）游赏体验设计

1. 医药科创区

该区以花海为主题特色，并对砖窑厂的厂房和烟囱进行改造，形成医药科创空间。景观与商业业态相融合，在花海布置护肤养颜园和芳香疗愈园两处特色主题园。护肤本草园种有洋甘菊、迷迭香、矢车菊、沙地芦荟、绿茶、薄荷、天竺葵、金盏花；芳香疗愈园则以薰衣草、番红花、常夏石竹、含笑花、百里香、香根鸢尾、铃兰、九里香、晚香

玉等植物种类为主。这些植物均具有一定的养生效果，例如：铃兰浸膏是一种高级香料，可调制多种花香型香精，用于化妆品、香水、香皂等。全草和根可入药，含铃兰苦甙，有强心、利尿和治疗心脏病引起的浮肿等功效（图5）。

2. 康乐体验区

该区以湿地优越的生态环境为基，营造沼地生态区，种植水生药用植物，养育药用观赏性鸟类、鱼类。运用水体净化措施，营造沙滩区与戏水区，特别关注儿童科普教育与嬉戏游玩的体验。结合中药制作的切片形态，形成药材主题廊架，为沙滩边的人们提供遮荫休憩的场所（图6）。

3. 药田休闲区

药田休闲区是强调中药谷中药主题特色最主要的地标性景观区域，成片的药田一望无垠，本草药田采用药用与农田轮作形式，保证药田一年四季的景观效果，并在药田中布置养生水果园、浙八味科普园以及种植体验园三个特色主题园。本草药田以成片的金光菊、向日葵、松果菊、宿根鼠尾草、杨柳叶马鞭草、桔梗等植物为主。满足观赏性及视觉冲击感，又方便市民参与农事体验，为儿童乐耕和中药文化普及提供了亲子场所。设置养生广场和地经广场，为各项活动和体验提供了场所。一条科普栈道作为中医药发展历史轴，提供了多维的观赏视角（图7）。

4. 康养文化区

通过利用和改造原有厂房建筑，打造商业街、休闲水街以及中药文化中心建筑群落，改造利用厂房建筑，立面风格融入特色，植入文化艺术小品，优化功能及业态。为市民及游客提供一处集中展示和体验医药文化的场所。

（五）"本草"的种植

区别于一般性公园，中药谷对种植设计提出了两大要求——药用植物的景观化处理、景观植物的药用性梳理。

药用植物往往不具观赏性，将本草植物列植或片植，营造大地图案或药田景观。并通过种植多样、适地的药用植物以呼应公园主题，并结合中医文化打造各类养生主题花园。例如：浙八味科普园种植浙八味中药材，有浙白术、杭白芍、浙贝母、杭白菊、延胡索、玄参、温郁金、杭麦冬；养生果蔬园栽种乌梅、枇杷、柑橘、芦笋、桑葚、杨梅、石榴等果蔬类植物，并结合节气环梳理景观植物的药用价值，进行科普。

医药科创区：盎然春景、养颜花海，主要植物有吉野樱、菊花桃、美人梅、榉树、苦楝、波斯菊、柳叶马鞭草、黑心金光菊、常夏石竹、紫娇花、翠卢莉、月季、野蔷薇等。

康乐体验区：浓荫盛夏、药藏湿地，主要植物有合欢、七叶树、枫杨、水杉、池杉、垂柳、榔榆、油桐、紫薇、绣球花、重瓣木槿、金银花、石蒜等。

药田休闲区：山谷秋林、美丽药田，主要植物有黄连木、无患子、枫香、乌桕、银杏、沙朴、杂交鹅掌楸等。

康养文化区：康养冬藏，梅竹映街，主要植物有梅花、腊梅、结香、美人茶、紫竹、孝顺竹、苦槠、胡柚、香泡、红果冬青、乳源木莲、广玉兰等。

通过"本草"的种植，利用植物的制氧、遮荫、防风、吸声、滞尘、杀菌、香薰、集雨、蓄水作用为动物、微生物提供各种生境；基于植物的多样性和其自身之间的互生共生原理，营造自然植物群落，创造"绿色高度""绿色厚度"和"绿色深度"，让植物在这特定环境中与人、动物、微生物和谐共生，从而创造出最大的绿色生命能量。

四、结语

节气将本草的生长和人的康养活动有机融合，并作为文化传承的代表赋予了椒江绿色药都小镇中药谷独特的内涵与魅力，设计在思考场地现状的利用、主题的凸显、响应人的需求等方面寻求出一个形成节气、本草、人彼此耦合的方案。

项目组成员名单

项目负责人：刘　艳　陈漫华

项目参加人：郭弘智　陈佩青　黄行舟　叶麟珀
　　　　　　冯惠芳　梁兴乐　王林峰　齐　杰
　　　　　　许国祥　钟建海

图7　本草药田效果图

山水林田城的和谐交织

——湖北省宜昌市远安县桃花岛生态公园景观设计

重庆市风景园林规划研究院／苏　醒　樊崇玲　华佳桔

提要： 构建山水林田城和谐交织的生态绿廊系统以及亲水开放公共空间，凸显城市特色风貌。

一、新时代下城市的绿色发展

远安县位于湖北省中部偏西、鄂西山地向江汉平原过渡地带，毗邻三峡库区，素有"西蜀门户、荆襄要冲"之称，隶属宜昌市。"群山绕廓远，一径小烟霞。翠交千岁柏，红缀四时花。"明代诗人顾禄的《远安旧城》，勾勒出宜昌市远安县世外桃源般的美景。远安全境，河流纵横交错，湖泊星罗棋布，尤其是沮河，从南到北贯穿全县，沿线水域空间不仅是远安最重要的生态资源，也是城市形象对外展示的窗口，构建"生长在山水林田之中的城市"，彰显远安特色魅力，是远安城市发展的新方向。

二、山、水、林、城现状特征

（一）基本概况

远安沮河国家湿地公园位于远安县中南部沮河中游，总面积487.06hm²，其中湿地面积180.19hm²。桃花岛生态公园是沮河国家湿地公园东侧的起点段落，占地面积约为39.3hm²，涉及水岸线全长约1.5km，承担着湿地公园的宣教展示和管理服务等功能，与县城老城核心区隔河相望，是远安最重要的城市景观界面之一，也是目前远安城区范围内面积最大的绿地空间。项目投资9700万元，于2019年6月25日竣工开放。

（二）山——山体轮廓层次丰富，天际线呼应不够

远安县城城市内部与山体的关系沿桃花岛向外展开，近、中、远多层次山体轮廓线丰富清晰，形成了优美的城市背景。但现状滨水区域建筑物密集、遮山挡水、通向山水空间的视线和景观廊道不

通畅，严重影响了居民与山水之间的交流体验，作为链接山 - 水 - 城的绿岛核心，桃花岛与山体景观缺乏顺畅的过渡和衔接。

（三）水——自然汇水通道阻断，城市与水系联系较弱

远安县城及周边主要有两条汇水通道通过桃花岛绿地与沮河相连，但因岛内汇水系统被不同程度阻断，原有自然汇水通道被割裂，水循环路径不畅。

沿河驳岸以硬质矮堤为主，滨水沿线的可达性、开放性、亲水性不足，城市滨水空间的感知度严重缺失，临水不亲水，拥水不见水，严重影响了居民与山水之间的交流体验。

（四）城——大型绿地斑块缺失，脉络连接不畅

远安县城内以小型绿地为主，大型绿色斑块缺失，城市绿色开放空间严重不足，游憩、休闲系统不完善。现状河道水面、河岸与人行道疏离，缺乏参与性空间和视线观赏节点，水城互动关系不明显，体验感较差，城市形象不突出。

（五）林——群落丰富度低，植物特色不明显

桃花岛原址以林地为主，绿地较为破碎，存在大面积的裸露土壤。缺乏林冠线、林缘线的控制。从城市界面远眺桃花岛，整体绿化与远山近水未能形成良好的呼应关系。

三、山水林田城共生空间营建目标

桃花岛生态公园是沮河城市发展轴上的重要节

点，与隔河相望的远安四馆一中心共同构成远安城市的公共活动核心空间，是沮河生态修复、景观建设的先行区。

设计以塑造"生长在山水林田中"的城市特色为目标，立足桃花岛生态基底，做足沮河文章，守护滨水岸线，挖掘地域特质，重塑远安滨水新形象，将自然水系网络、生态骨架网络、园林景观网络、公共开放空间网络有机融合，实现场地生态、景观、文化和旅游功能协调发展，构建远安城市生态建设样板，优化城市形象、提升人民生活的品质，引领生活新方式，充分展示远安的城市特质与活力，打造集湿地宣教展示、科普体验、市民休闲游览、城市形象展示于一体的生态涵养湿地，融入远安全域旅游新进程。

四、山水林田城共生空间营建策略

（一）山——城周山体的重要视线通廊

为打开远安县城观山通水的视线通廊，结合周边规划，在桃花岛生态公园范围内打通三条视线通廊，确保城区视线直达山体。在视线通廊与公园用地交接处控制为开敞界面及开放性公共空间节点，整体把控"两边高、中间低"的空间形态，确保形成视线通透的廊道，强化两岸的山水对视效果。

充分考虑公园景观与山体背景的关系，斑块状的梯田景观与远处山体的农田景观相呼应，高低错落的景观树群、疏林草地形成空间肌理丰富、节奏起伏有致的近自然植被群落风貌，实现了山体植物景观与桃花岛的有效过渡和衔接（图1）。

（二）水——沮河河道生态系统的重要段落

原沮河沿岸为硬质河堤，为保证沮河作为主河道的泄洪功能不受影响，设计在全线保留原河堤的基础上将堤岸变硬为软。整合原址内的塘、溪流、沟渠等内部水系构建链珠性水道，从桃花岛东南侧的堤岸引沮河水进入内部形成溪塘湿地，顺应自然行洪的水流动线，结合地形塑造形成多个叶状浅丘（图2），在有效导洪的同时，创造富有特色的景观空间格局。

桃花岛用地范围内除入口区外均位于20年一遇洪水位以下，占地比例94.5%，岛上地下水位距离地表高度不足1m。设计基于河漫滩的理念，营建弹性景观。当水量小的时候，宽阔的开敞空间形成供人休闲娱乐的亲水场所；当因暴雨水量上涨至10年一遇洪水位时，内河可以成为泄洪通道，分担洪水；当水量上涨至20年一遇洪水位时，

亲水的广场、湿地成为加宽的河道，保证洪水迅速过境。

（三）林——桃花岛特色风貌的重要支撑

设计以"保护、统一、分层、多元"四大策略构建植物景观。对原址胸径20cm以上、长势良好、树形优美的现状乔木进行保留或移栽。沿滨河岸线、园内主路、边界红线成片成线规模化种植特色植物，形成三条特色植物链，加强各分区之间的联系，保证对岸远眺的整体景观效果。结合公园活动空间组织，大规模运用桃花、樱花等春花类植物，打造花量集中、多彩缤纷的花样岛屿（图3）。

图1 公园景观与自然山体有机融合
图2 叶状浅丘实施实景
图3 多元化的植物景观空间

图4

图4 梯田区实施实景
图5 步行桥实施实景

图5

（四）田——远安人民的乡愁记忆

古朴纯粹、村村诗画的田园风光遍布远安，深入人心，是远安发展全域旅游的重要特色支撑。设计将远安人民的原乡记忆融入现代生活，提炼农田肌理，结合西入口广场营建了高低错落、层层叠叠的梯田景观，选用远安特色的油菜花、水稻轮种。农田的打造、与之相匹配的节事活动也极大提升了游人的参与度和公园的影响力（图4）。

（五）城——城市绿地网络的重要节点

规划充分结合城市交通总体规划及现状交通状况，以安全、便捷为原则，跨沮河设置曲线形景观人行桥（图5），链接桃花岛生态公园和居住人群最为密集的老城组团，打破城市与沮河拥水不见水的局面，在形成特色视线通廊的同时增强了场地空间性、体验性及景观性。

内部交通以三级路网系统贯通，穿越林地、湿地和水域等多个空间，满足不同人群的游览需求。

场地布置充分利用水岛优势，针对市民日常游憩、健身活动的需要，创造丰富多样开放空间，形成舒适、联系、多样的滨水空间。充分利用公园优越的区位和景观优势，提出公园与文创策划结合的思路，在交通系统、空间格局、游人容量方面，为未来不确定的节庆活动预留接口，创立地方旅游新名片。

五、结语

"仁者乐山，智者乐水。"桃花岛公园作为极具代表意义的荆山沮水过渡地带，是城市景观的重要凝聚点和传承体。项目从空间、功能、文化、生态等多方面对设计范围内外的山、水、林、田、城空间进行多层次、多维度提升，塑造了远安重要的生态景观廊道，展现了远安的山水人文城市特质，为人民提供了优质的休闲游憩场所，赋予了城市新的活力，极大程度地带动了周边土地价值的提升。

项目组成员名单
项目负责人：苏 醒
项目参加人：华佳桔 秦 江 赵先芳 樊崇玲
刘译然 张智勇 张立琼 张 崴
杨佳文 李 萌

从棚户区到公园城区

——新疆阿克苏市迎宾公园设计

中国城市建设研究院有限公司 / 李金路　王玉洁　吴美霞　李　凡　张　潮　贾智博

景观环境是近年众说纷纭的时尚课题，一说源自19世纪的欧美，一说则追记到古代的中国，当前的景观环境，属多学科竞技并正在演绎的事务。

提要： 把棚户区改造成为公园城区，将农灌渠梳理成一条穿城景观水系，起到"雁过留声，水过留情"的增值效益，为阿克苏公园城市建设起到了探索作用，用园林景观传达中华文化，推动"文化润疆"。

一、项目概况

（一）城市概况

阿克苏是南疆地理和交通区位上的中心城市，是古丝绸之路上的重要驿站，是自古以来的交通枢纽和多民族融合聚集地带。据2018年统计，阿克苏全市有39个民族，经济欠发达，城镇化率处于全国较低水平。

阿克苏属戈壁绿洲城市，因水得名，维语含义为"白水城"。天山冰雪融水汇聚成阿克苏河，阿克苏先民在河畔繁衍生息数千年，创造了灿烂的文化，发展成今日的阿克苏城区。水是这座城市的灵魂和生命，阿克苏百姓喜水爱水亲水。因此，《阿克苏市城市总体规划（2011—2030）》将城市定性为"水韵森林宜居城市"，《新疆阿克苏市水系空间规划（2017~2030）》在城区规划了"中"字形水系。

（二）东部新城概况

东部新城位于城市的东北部，占地981hm²，是阿克苏机场、北疆高速公路来客入城的第一站，是阿克苏建设南疆中心城市的重要居住和商业功能拓展区，也是城市人居环境综合整治提升的重点实施区域。至2018年，东部新城仍以棚户和果林为主，另有多条纵横交织的灌渠和废弃坑塘。

（三）场地概况

迎宾公园是阿克苏城区"中"字形水系的重要组成部分，位于东部新城中心地带，是东西向贯穿新城的、规模最大的带状开放式公园绿地（图1），占地135.7hm²。

（四）项目要求

迎宾公园作为东部新城建设的引擎项目，地方政府希望起到4个作用：①落实中央巩固民族团结、促进民族地区发展的相关决策，传达党中央对民族区域人居环境建设的关怀；②构筑东部城区的蓝绿空间结构，推动阿克苏城市发展；③提高阿克苏市的人居环境建设品质，实现留住当地人、吸引外地人的目的；④增加百姓的获得感和幸福感，让各民族百姓切实感受到城市人居环境综合整治和棚改带来的实惠，并起到样板示范作用。

图1　迎宾公园区位图

东部新城

中心城区

多浪河（渠）

图 例

- - -　迎宾公园
- - -　东部新城
~~~　水系
　　　"中"字形水系骨架
→　水流方向

图1

图 2　国泰榴芳尊
图 3　水系改造前后对比图

图2

二、设计理念与亮点

（一）中华主流文化与区域民族文化融为一体

习总书记指出："加强中华民族大团结，长远和根本的是增强文化认同，建设各民族共有精神家园，积极培养中华民族共同体意识。"我们梳理出"安定团结""一带一路""人民为先""中国梦"这4个与阿克苏城市发展息息相关的国家政策，以讲故事的形式，规划"安定团结谋发展、一带一路展风情、美好生活为人民、山水情系中国梦"4个带有极强幸福生活画面感的板块。

围绕4个主题板块，分别设计中华榴芳尊（图2）、承平盛世、望月楼等主体文化景观与设施，将中华各民族团结统一的思想和中华优秀传统文化融入公园建筑、绿地、水系等功能要素之中，形成水、绿、城、文、人之间的和谐统一，强调中华传统园林元素的应用，在民族地区突出中华传统文化的主体作用。

（二）灌溉系统改造为城市水景系统

设计团队抓住水对于阿克苏市的重要性以及河道过境阿克苏城区这两个特点，在上位规划的水系骨架基础上，对现状农灌渠进行整合改造利用。将天山雪水从主干渠引入公园，形成一条形态优美的带状水系和4个相对宽阔的湖体（图3）。水系全长7.6km，总面积334930m^2，全程依靠自然落差流动。较原来直线形的农业灌渠，不仅保留灌渠的输水功能，还增加了公园水系的景观游憩功能，同时在城市人居环境空间起到"雁过留声，水过流情"的增值效益。

（三）水工构筑变成水景

由于原有的水系不能同时满足灌渠输水和景观水面的双重需求，所以对水系进行了二次设计。二次设计过程中一改全段均衡落差的常规做法，而是以若干高低不等的跌水打造富有变化的水面景观效果，形成4个比较大的水面落差，分别设计形成"莲花堰""鱼鳞堰""钢琴堰"和"月亮堰"。

"莲花堰"附近有"玄奘西行"的典故，而古代阿克苏也是佛教东渐的传输通道之一；因此，设计师将莲花运用到"堰"的形态设计之中，将"堰顶"设计成莲花瓣形，远望如同一朵盛开在湖中的大型莲花（图4）。

"鱼鳞堰"取意"鱼翔浅底"的绿水青山理念和"鲤鱼跃龙门"的美好生活向往，堰体设计成鱼鳞状阶梯缓坡，多条鲤鱼雕塑跳跃在堰体流水中，"堰顶"结合"九龙吐水"概念进行设计（图5）。该堰还是一处戏水乐园，设计师利用阶梯状缓坡增大戏水面积，减少游客滑倒的概率，增大游客戏水的安全系数。建成以后，此处成为炎热夏季里整个公园最受欢迎的互动游乐场地，游客欢乐地在水中感受雪水的凉爽（图6）。

"钢琴堰"（图7）也是一处互动游乐堰，模拟

图3　　（a）水系改造前——农业灌溉水系统　　　　　　　　　　　（b）水系改造后——城市景观水系统

钢琴键设计，在过河踏步——"琴键"下植入发声装置，游客踏上琴键即可发出相应的键音，多人配合则可演奏不同乐曲。该堰为公园增加了音乐和舞蹈的欢乐文化氛围，契合"美好生活为人民"的板块主题，呼应"钢琴堰"紧邻学校的客群需求。

"月亮堰"（图8）将桥和堰结合为一体，整条堰设计成弯月形，呼应"山水情系中国梦"的主题，形成浪漫梦幻的公园景观，展现绿洲百姓梦中的江南意境和对美好生活的梦想。

三、效益总结

公园试开园期间即迅速升级为阿克苏市"网红打卡地"，被游客推送到"抖音、微信"等时下热门社交网络平台上，吸引了全城百姓来公园休闲游憩，吸引商贩自发到公园摆摊售卖，为周边居住和商业用地的开发奠定了良好的环境和客源基础，以135.7hm² 的公园建设带动981hm² 的东部新城整体建设，起到了"1带7"的作用，为阿克苏建设公园城区起到了先期示范作用，彰显阿克苏市以人民安居乐业为中心的城市发展态度和开放包容的文化态度，升级为阿克苏市的城市名片。

项目组成员名单

项目负责人：李金路　王玉洁

项目参加人：裴文洋　郑爽　张潮　张昕
　　　　　　陈锦程　伍开封　徐文杰　徐芳芳
　　　　　　邹昭鹏

图 4　莲花堰
图 5　鱼鳞堰
图 6　鱼鳞堰
图 7　钢琴堰
图 8　月亮堰

高原城市滨水景观带设计初探

——以青海西宁北川河滨水景观项目为例

杭州园林设计院股份有限公司／段俊原　李　勇　寿晓鸣

提要： 公园城市理念的实践，青藏高原地区城市河道滨水景观的典范，西宁市生态优先、绿色发展之路的探索。

一、公园城市理念的探索和实践

现阶段，我国城市规划建设多基于城市经营理念，将公园建设视作城市基础设施建设的一项内容。公园绿地建设由于可以有效带动周边土地升值，而成为驱动城市新区发展的重要手段。北川河在 2013 年建设之初就提出了"高原水城、夏都花园、文化走廊"的总体定位，定位中提到的"水、

花、文化"三要素无不体现着公园城市的理念，可以说是公园城市的 1.0 版本。随着北川河景观带的建成，北川新区从默默无闻走向家喻户晓，已成为西宁炙手可热的黄金地段。

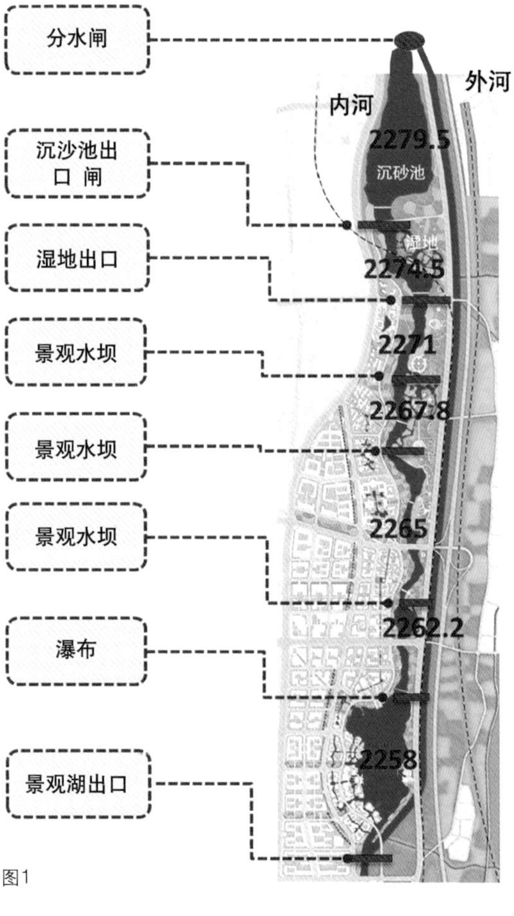

公园即城市，公园系统是北川新区非常重要的子系统。在业主的主导下，形成由规划专业牵头，园林、水利等专业共同参与的合作模式，使得公园系统能够在规划前期积极介入，并引导整个地块的规划方向。首先重点打造北川河滨水景观带，研究其水面大小、绿带宽度、活动空间及与新城的关系，形成整个北川景观的基底。第二，利用场地高差优势及中水，在新区内部形成丰富的景观水体，与北川河相呼应。第三，利用冲沟和道路形成若干条生态廊道。第四，建设街头绿地和口袋公园，丰富公园体系。

二、实现"清水入城"战略的技术措施

要实现"清水入城"的战略构想，打造核心就是处理好水的问题。面临的问题很多，北川河是湟水河的一级支流、黄河的二级支流，季节性洪水流量大，防洪要求等级高。再者由于河水含有泥沙，呈黄浊色，观感较差。

要实现清水入城，首先就要解决防洪问题和沉砂问题。经过与水利单位的多次论证，创造性地采用了"双河道"（图1）的方式来解决这些问题。即将河道分成内河与外河，外河负责泄洪与排涝，内河负责生态景观。内外河之间由分水闸控制，在分水闸下游设置约 20 万 m^3 的沉砂池，静置后将水流入 15 万 m^3 的自然生态湿地进一步净化，再通过景

图 1　双河道设计示意图

观水坝将 5km 的河道分成 6 个景观湖面再次净化，分步处理后北川河的水明显变清了，湖底清晰可见。

三、实现"亲水入城"的技术措施

湟水河是西宁的母亲河，湟水河两岸筑起了高高的挡墙，将人和水完全隔绝，人们只能在大堤之上活动休闲，河流则完全被禁锢在钢筋混凝土的躯壳里。北川河的打造是一个新的契机，需要摒弃先前湟水河的设计思想，还西宁市民一个看的见水、摸得见水、临水而居的高原水城。

双河道的设计完美解决了防洪和清水的问题，内河只承担景观效果，泄洪的功能由外河来完成。由于北川河地处高原，河道纵坡达到 5‰，5km 长的河道，上下游落差达 25m。为了解决亲水的问题，需要在河道上建设滚水坝，形成稳定的水面，从现状地形的高差关系、土方造价和美学三方面进行研究，和水利设计院共同确定了滚水坝的位置、跌水关系及外形设计。

水坝设计摒弃了古板单一的传统形式，以景观的手法进行打造，融入文化内涵的同时注重参与性，由于其特殊的位置和体量，使其成为北川河上的景观亮点。孤旅涉水（图 2）以商贸驼队雕塑为主景，展现丝绸之路的历史背景。水绕旧城（图 3）以城墙造型为主，以"九水归一"为理念，给水坝增添了浓浓的历史厚重感。天落银河利用 6m 的跌落高差，形成下穿式隧道，给游人不同的赏水视角。

考虑到市民对亲水的需求，尽可能拓展两岸滨水空间，设置多样且连贯的滨水步道系统，包括入水栈道、亲水步道、广场、入水大台阶、码头等，尽可能设置安全水域，减少栏杆，打开视野。结合桥、亭廊、雕塑、植物等小景，丰富滨水景观的层次。

四、实现"文化走廊"的景观表达

西宁历史悠久，由于其特殊的地理位置，形成了独特的多元文化格局。在梳理文化体系，尤其是在西宁发展史上有重要性和独特性的文化之后，选择昆仑文化、历史文化、宗教文化、民族文化和现代文化，并分成 5 个大片区进行展示（图 4）。

依据北川新城城市发展方向，文化定位沿河道南北向展开，形成由北到南"从远古走向现代"的时空线索。景观的展现方式也从质朴的自然生态景观向精致大气的现代景观转变，植物种植、铺装材质、构筑物风格、雕塑样式等方面都给游人带来直观的氛围感受。

在 5 个分区中，神话园主要展现昆仑神话的传说故事；养生园展现佛教、道教、藏传佛教的养生文化；怀古园是整个园区的重点，用 2km 的

图2

图3

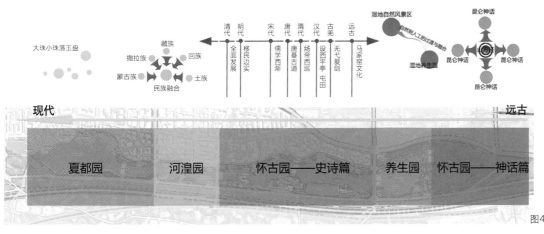

图4

图 2　"孤独涉旅"水坝建成照片
图 3　"水绕旧城"水坝建成照片
图 4　文化体系示意图

绿带讲述了西宁从人类繁衍到封建王朝灭亡将近5000年的历史；河湟园展现的是西宁5个主要少数民族，回族、藏族、土族、撒拉族、蒙古族及民族大团结的文化特色；夏都园以"昆仑玉"为构思，展现新时代的西宁魅力。

在文化表达手法上，主要通过雕塑、建筑、构筑物、景墙小品、植物烘托等方式来体现。如道法会元以《易传》中所描述的八卦为基础，形成该区域的中心景观，以道、两极、四象、八卦依次外扩，以广场的形式感悟宇宙之元。大禹治水（图5）以景墙的形式，展示这一著名的昆仑神话。西平初现（图6）场地意在为"汉军西进湟水，修建西平亭"的历史事件建立回忆，以累叠的门楼、汉军雕塑、石滩、残墙等进行景观叙事。墙影昔现以仿古城门为设计中心结合雕塑，展示清代繁华的西宁商业以及马市、茶市等场景。

五、思考

（一）具有大规划、大格局的视角

北川河滨水景观带的设计及建设过程，对景观

图5

图6

图7

设计师提出了很高的要求，也带来了很大的挑战。以政府为主导的城市大型公共开放空间，对周边片区，甚至对整个城市的发展都有举足轻重的意义。景观设计师往往注重对细节的把握，却极有可能忽视了上层规划研究的重要性，导致方案反复修改，却总感觉力不从心。这就需要景观设计师有更高的视角、更大的格局，用规划的角度去看待问题、解决问题。

（二）跨专业协作的必要性

北川河滨水景观带是城市规划、水利、园林、雕塑等各设计专业高度协作完成的作品，缺一不可。未来项目的发展趋势，对设计师的综合素质要求越来越高，不仅要熟悉本专业知识，还要具备了解其他涉及专业的基本常识，并具有开放精神和合作意识。

（三）生态设计的重要性

在园林设计中，设计师经常讲的生态，反而最容易被忽视。我们花了很多的精力去研究构图美学、空间关系、建筑形态，却把生态简单当成了植物种植。这就需要我们从思想深处重新认识生态，认识自然，设计过程中尊重自然，模仿自然（图7）。北川河景观带建成之后，良好的水域生态环境，丰富的绿色生态空间，充沛的鱼虾昆虫为水鸟栖息提供了极佳的条件，园内驻足的水鸟数量和种类年年都在增加，已经成为西宁生物栖息的重要廊道。

六、结语

北川滨水景观带的建设，既是整个北川新城建设的起点，也是新城能否成功的关键所在。北川河已于2018年10月1日正式开放，在国庆长假期间游览人数超过20万。2018年10月4号早间，中央电视台《朝闻天下》栏目以"畅游北川河湿地、感受生态景观"为题，更将北川河湿地公园的美景带给了全国观众。

项目组成员名单
项目负责人：李　勇
项目参加人：段俊原　寿晓鸣　蒋俊敏　石志斌
　　　　　　周江澍　周　峰　张自强　铁志收
　　　　　　毛国范　郑　文

图5 "大禹治水"节点建成照片
图6 "西平初现"节点建成照片
图7 沉砂池和泄洪通道建成照片

挖掘在地文化打造城市滨水特色公共空间

——以新疆乌鲁木齐市水磨河景观改造工程为例

乌鲁木齐市园林设计研究院有限责任公司 ／ 陈梦莹

提要： 水磨沟景观改造工程实现了生态安全、水城融合、活力多姿、亲民便民、交通可达、文化传承的有机结合，充分体现传统在地文化与现代景观设计的转译。精致且耐人寻味的场地记忆与文化场景搭载着丰富的滨河活动体验已经逐渐浸润这座城市，最大程度地满足了本地市民对滨水公共空间的期待，也打开了外地游客对水磨河、乌鲁木齐乃至新疆的认知窗口。

泉涌裂隙，清波百转；涓涓不息，润泽两岸；
碧水青山，鱼跃鸟鸣；大河兴新，万物向融。

一、项目背景

乌鲁木齐市水磨河景观改造工程位于乌鲁木齐市水磨沟区，是建立在对水磨河主河道全线综合治理基础上，以滨河带状公园、片状绿地、街头小游园为主串联而成的绿色滨河景观带和绿色生态屏障。设计范围总占地面积约77.9hm²，长约9.6km，现状河道地势低洼，多隐藏在居住区、废旧工厂内部，空间界面差，缺乏与城市的衔接面，且承担了区域内的防洪功能。

二、水磨河在地文化探索

对在地文化的探讨，包含了一方历史的起因与文化溯源，自然、人文的历史变迁，也包含了人们生活背后的故事。将当地的自然、人文、艺术、生活方式与本土植物等有机融合，继承曾经的历史，形成新的文化记忆点，让活化的在地文化成为自己的身份符号，是水磨河景观设计中的工作重点之一。

乌鲁木齐地处中国西北地区、新疆中部、亚欧大陆中心，是新疆的政治、经济、文化、科教和交通中心，有"亚心之都"的称号，是第二座亚欧大陆桥中国西部桥头堡和中国向西开放的重要门户。

水磨河位于乌鲁木齐市东北部，自南向北贯穿整个水磨沟区，是一条岩石裂隙涌泉河，且多温泉汇集，也是乌鲁木齐唯一的四季常流水河。二百多年前，人们利用沟中水流开设水磨、逐水而居，因而得名水磨沟。泉溅河溪的水形、水态是水磨河蜿蜒20余里的自然动力；树木花草是水磨河百年流转的生命见证；流水与生境的对话形成了四季的花鸟鱼跃、古木林荫、斑斓秋色与雾凇垂挂的特有自然现象。历史文化的孕育让水磨河成为乌鲁木齐城市最重要的母亲之河，沿河拥有新疆最大的佛教圣地——清泉寺；自古以来，沿河风光吸引了诸多文人墨客为之赋诗颂词，体现了"磨、史、泉、寺"的自然与人文积淀；也保留了体现近代城市工业兴衰的厂区遗址，新疆第一个棉纺织——七一棉纺织厂、新疆第一座发电厂——苇湖梁发电厂、新疆第一座煤矿——六道湾煤矿均在河道两岸分布。

如今乌鲁木齐市委市政府、奥体中心、文化中心、会展中心、南湖市民广场及城市地标红山等均坐落在水磨沟区境内，使得她已然成为一座自然风光与人文景观有机结合、传统文化与现代文明相映生辉的城区，是乌鲁木齐市的政治、文化、信息中心。

从古至今水磨河见证了人们逐水而居的生活印迹，两岸居民自发地在水岸边利用水磨生产加工、沿河种菜养花，形成了一派城市中的田园风光。上

| 振安花谷 | 富力商街 | 苇湖印迹 | 水磨印象 |

图1

游的水磨沟公园以及千米景观河道已成为居民体验水绿、度假休闲的旅游胜地。四季活渠、生活百态、古诗韵文、工业记忆等方面构成了水磨河丰富的在地文化资源。

三、设计定位与目标

水磨河两岸将以山水田林为生态基底，依托优越的自然人文底蕴和城市更新契机，通过自然资源整合、人文历史资源挖掘、城市功能融入、多元业态引导、基础设施完善等方式，营造一条自然与城市共生、历史与文化交融、绿色与健康引领的城市滨水公共绿色空间和生态廊道，实现生态安全保障、功能服务协调、景观有序合理、人文历史情怀并重的城市滨水休闲风光带和城市文化地标，成为城市生态文明建设和宜居生活的重要载体。

四、总体设计构架

由南向北形成了"一河、四段、二十四景"的总体布局（图1），在满足过洪安全的水利工程基础上，通过恢复河流自然化的空间形态，丰富场地生态多样性，创造动植物栖息地；以从水到陆的多

层次植物群落、景观节点的文化艺术塑造，打造水磨河畔休闲景观风貌，凸显水磨河、水磨沟区以及乌鲁木齐的在地文化特质，激发场地活力，让河道景观重新回归生活，实现生活方式的在地共鸣。

五、在地文化挖掘与应用

通过4个景段中的多处景观节点串联起了一条自然山水→历史人文→沿河乐居→生境永续的文化线索，实现了从自然人文到生活方式与精神诉求的在地文化回归与共鸣。

（一）景段一：水磨印象——山水文史的传承与印迹

以游憩赏景为主要功能，进行自然山水和文化的表达与重塑，通过精致的城市滨水自然游赏空间、蜿蜒起伏的漫步道及特色林下活动空间，打通山水城景视线廊道、挖掘流域历史文化特色、塑造动静结合的观览游赏模式。包含水磨诗林、磨河回归、花溪品石、守拙归田等节点（图2、图3）。

水磨诗林：初始段起于北山大桥下，古木婆娑，泉流喷涌，桥似长虹，远山为秀；景观小品中赋予清代史善长名句"塞上山多却少水，听说水字

图 1 总体布局图
图 2 景段一建设前
图 3 景段一建设后

图2

图3

图4 图5 图6

心先喜。车马联翩五六人，路径逶迤三十里。青山露面远相迎，不曾见水已闻声。寻源乃出山之罅，银蟒千条自空下"。

磨河回归：利用河畔场地与城市道路的自然落差，在台地休闲走廊设置一道自然流畅的弧形景墙，串联起水磨沟区历史名人、工业起源、时光变迁、自然风光以及生活记忆的老照片、老场景。置身其间，在记忆的点滴间体会到这方水土下的时光变迁与人地和谐（图4、图5）。

花溪品石：挖掘区域内古树在冬季能够形成雾凇景观的特有现象资源，岸边树下设置景石，题刻诗句"岂是梅花开满树，居然柳絮欲漫天。多情惯解迎人去，不在衣边在帽边"（图6）。

守拙归田：水磨河两岸，水土丰沃，居民历来有沿河种菜的习惯，自发形成的田园菜地也见证了两岸的生活气息，为了守护这份独特的场所记忆，设计保留田园肌理、种植各类观赏花卉，设置趣味互动的取水装置取代常规健身器械，田园生活方式转译为一种景观形态的记忆，满足附近居民休闲游憩、健身活动的需求。

（二）景段二：苇湖印迹——工业历史的转译与复兴

苇湖梁是乌鲁木齐最早的工矿区，因河岸芦苇繁茂得名，现状为电厂和煤矿厂，未来规划为城市绿楔。设计借助水磨河道带动工业棕地的生态修复和工业遗址的公共化、景观化的改造，打造带状工业遗址公园，组织一系列水区乃至新疆的工业文化记忆、展馆、画外陈列空间、亲水广场、大水面等功能空间，结合两岸芦苇等水生植物实现场景记忆再现。

（三）景段三：富力商街——现代宜居的塑造与回响

结合会展片区的发展，延伸其中轴线，沿河设置节庆广场，以城市化的空间和富有节奏韵律的曲线打造现代宜居的绿色景观，与会展片区的文化生活氛围错位互补，实现对会展片区的水绿渗透。

1. 曲水花廊

运用线性的曲弧之态并选用本土植物中与丝路中西交流互通文化有关的植物品种，如玫瑰、海棠、石榴等，展现丝路文化的古今变迁。

2. 富力泉

在丰富错落的滨水岸线空间中串联起自然水系、景观跌水、喷泉等多种水形态。开放的滨水广场汇聚了旺盛的商业及生活气息，与周边环境融合，形成功能复合、具有标识性、参与性的滨水商业街区。

（四）景段四：振安花谷——人居生境的永续与互惠

结合奥体中心、养老社区等周边发展用地，降低人为干扰，恢复生境，通过生态绿岛、湿地、跌水形成趣味空间网络，实现寓教于游、康体健身的生态氧吧。包含花谷覆芳、金秋向暖等景观节点。

1. 花谷覆芳

利用自然地形落差形成的凹谷之地，配置一道如水般蜿蜒流淌的步石花境，光影明灭，石桥偶现，呈现出一副"喧鸟覆春洲，杂英满芳甸"的自然诗画意境。

2. 金秋向暖

临湖而栖，向暖而生，游走在"年轮镂空文化景墙"的斑驳光影中，感受岁月流金，时光荏苒。隔湖而望，对岸金秋湾养老社区的温暖柔和、层次分明，与奥体中心的现代活力形成鲜明对比，也展现了刚柔并济的力与美。

项目组成员名单

项目负责人：张　谦

项目参加人：卫　平　付传静　傅璐琳　陈梦莹
　　　　　　高琳钦　杨成刚　雒　蓓　董金花
　　　　　　许　兵　王兴磊

图4 "磨河回归"建设前
图5 "磨河回归"建设后
图6 "花溪品石"实景

践行生态文明，建设东湖绿道

——湖北武汉东湖绿道设计

武汉市园林建筑规划设计研究院有限公司／吴兆宇　胡亚端

提要： 将城市最大滨水公共空间还之于市民，激活了东湖区域活力，城市管理更新及绿道建设理念形成了中国绿道建设的新模式。

东湖是武汉一张靓丽的名片，在绿道建设以前，主要游玩景点在听涛景区和磨山景区，而落雁景区和马鞍山景区交通不便，游人很少，游玩方式单一。由于历史遗留问题以及周边区域建设周期较长，部分市政设施建设速度跟不上发展的需求。

2017年武汉市第十三次党代会提出："规划建设东湖城市生态绿心，传承楚风汉韵，打造世界级城中湖典范。"东湖绿道是东湖城市生态绿心的重要组成部分，也是落实建设现代化、国际化、生态化"三化"大武汉建设的重要行动。绿道秉承"让城市安静下来"的城建理念，进一步串联东湖丰富的人文和自然资源，扩充市民游憩、休闲等城市共享生活空间，促进缓解城市发展与自然保护的冲突，完善绿色、生态、环保、智能的绿道网络体系，推进东湖城市生态绿心建设，提高武汉城市品位，提升市民生活品质。

东湖绿道位于武汉市中心城区东湖畔，长度约101km，途经东湖风景区听涛、渔光、白马、后湖、落雁、磨山、喻家山、吹笛八大景区。

一、生态优先，保护优先

设计之初通过大量的现场踏勘，归纳和展现出东湖山、林、泽、园、岛、堤、田、湾8种自然风貌。设计上保留了原始风貌，通过适度建设，用绿道去串联各种自然资源及适度新建景观点，展示东湖区域的优美风光。

以"怡然东湖畔、行吟山水间"为设计目标，创造怡人的步行和骑行空间。设计湖中道（图1）、听涛道、白马道、郊野道（图2）、森林道、湖山道（图3）和磨山道（图4）7段主题绿道。

用脚步来确定每一个线型和场地：设计从道路选线、景点确定到最终的图纸落地。每次看现场就近找场地商讨绿道线形，最大限度地保护自然。

秉承"尊重自然，以最少干预的理念，将绿道轻轻地放到东湖风景区中"的理念，用绿道去串联各种自然资源及适度新建景观点，展示东湖区域的优美风光。

以湖滨湿地为例，其建设前是万国公园遗留场所，结合现有土路，完善绿道交通系统，充分保留原有地形、地貌和植被特色。对于场地肌理进行认真研究和比对，进行轻微改造。对于现有植被进行调研分析，结合现状进行特色化设计。利用原有梯田种植的油菜花与万国公园遗留的建筑相互映衬，和谐共生。

二、生态修复、水环境治理得到提升

（一）串联湖泊，水质治理

对东湖的水资源环境进行治理，并将子湖与大湖形成联通，改善水质。

绿道沿线增加了14座桥和多处涵管，串联水系，并改善交通动线。仅仅在桃花岛区域就新建了4座桥，联通了汤菱湖和小潭湖以及湖边塘。

图1　湖中道及湖心岛建成照片

图2

图3

图4

图 2　郊野道航拍图
图 3　湖山道建成照片
图 4　磨山道建成照片

对绿道沿线 25 处湖边塘进行了治理和景观提升。新建排污管道，通过雨污分流并移除养殖场，保证湖面不受污染。提升后的湖边塘与大湖面一起形成绿道沿线靓丽的风景。

（二）优化驳岸，提升生态

改变部分垂直驳岸，形成缓坡入水驳岸，湖边漫步可听到蛙鸣，野花草在石缝中生长，促进了水和陆地的生态多样性。

优化后的驳岸增加了游人的活动空间，也增加了生物的交互场所。结合水体治理，水鸟水中游戏的场景随处可见。

（三）预留生物通道，便于小动物穿行

三、空间共享，还绿于民

（一）拆违建 21 万 m³，还绿于民

东湖区域内有村湾、临时建材堆场、违法搭建等，部分区域环境恶劣。项目梳理了东湖风景区内土地，房屋拆迁约 21 万 m³，作为公共空间重新激活了区域的发展。

白马岛原被违法建设所占据，现设计形成东湖国际公共艺术园，植物景观凸显桃花。建成后的白马岛，绿树成荫，国际公共艺术装置散布其间。夕阳下的鸟儿和游人共享这片绿色。

（二）打开景区，共享绿色

部分收费景点设置围墙，占用了大量公共资源，项目将封闭的收费景区改变为全程可以进入的共享绿地。

湖光序曲从封闭的收费景点变为驿站，湖光阁由一个封闭闲置的景点，成为湖中道最靓丽的文化景点。

磨山景区在 2016 年底前为一个封闭的收费景区，通过绿道的建设带动，开放给市民免费游赏。

（三）还路于民

绿道建设是城市交通的一部分，区域内景区原相互独立，人行空间割裂，缺少游览的安全性，项目将原有 12km 的机动车道纳入绿道建设体系，使原道路建设成为绿道的有机组成，解决城市道路交通问题的同时，可达性和安全性得到了极大的增强。

如今东湖绿道已经成为骑行爱好者的聚集地。

四、设施完善，人文关怀

分析客流的主要来源方向并以方便游客游览的原则，结合周边情况，共设置 18 处停车场，合计 12150 个停车位。

设计了 10 处一级驿站，作为绿道管理和服务中心，对接城市主要入口，提供门户形象、交通集散、驿站服务等功能；14 处二级驿站，作为绿道服务次中心，形成对一级驿站的补充，以驿站服务为主，承担部分交通集散功能。

在这些驿站里，设置高标准的公共服务设施，洗手间参照五星级酒店的标准来设计和建造。森林公园西门驿站内引入时见鹿书店，成为放松的好去处。

东湖国际公共艺术园以"超越·返璞"为主题，占地面积约 7 万 m²，将展出由国内外 17 位艺术家设计的 18 组艺术品。其中荷兰当代艺术家亨克·霍夫斯特拉的作品——Kissing Eggs（《生命之源》）最受欢迎，这 10 个有趣的"荷包蛋"将永久"打"在东湖绿道上。

选诗词 41 首由知名书法家书写的东湖石刻，通过诗句和石刻丰富文化积淀。绿道沿线形成若干节点，供游人停留和休憩。

项目组成员名单
项目负责人：吴兆宇
项目参加人：让余敏　季冬兰　余谨涵　唐强军
　　　　　　刘　超　李宗泽　骆　佳　周全双
　　　　　　冯　雯

江苏南京玄武湖公园环境综合整治工程

南京市园林规划设计院有限责任公司／李浩年　李　平　王　甜　姜丛梅　朱　巧

提要： 从生态、文化、景观、工程等多方面入手，营造多元共享共生的城市新空间，在发挥城市大型公共绿地复合功能方面起到示范性作用。

　　孙中山先生曾经这样评价一座城市，他说："此地有高山，有深水，有平原。此三种天工，钟毓一处，在世界中之大都市诚难觅此佳境也。"这里就是南京。中国最大的皇家园林湖泊——玄武湖，就在这钟灵毓秀之地，其东枕紫金山，西靠明城墙，周长约 9.5km，占地面积 502hm²，水面约 378hm²。

　　2007 年初，玄武湖环境综合整治工程环湖路部分试验段的设计工作开启，在接下来的 7 年时间里，陆续完成了包括环湖、五洲、东岸三大板块的设计，项目于 2014 年 8 月全面建设完成（图 1）。

一、项目设计

（一）环湖部分

　　以明城墙世界文化遗产本体的展示为核心，加强保护及修复设计，将历史时间轴上的文化景点与

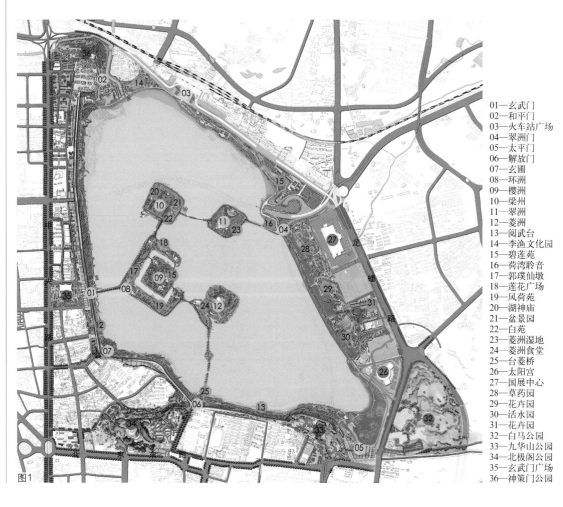

01—玄武门
02—和平门
03—火车站广场
04—翠洲门
05—太平门
06—解放门
07—玄圃
08—环洲
09—樱洲
10—梁州
11—翠洲
12—菱洲
13—阅武台
14—李渔文化园
15—碧莲苑
16—荷湾聆音
17—郭璞仙墩
18—莲花广场
19—风荷苑
20—湖神庙
21—盆景园
22—白苑
23—菱洲湿地
24—菱洲食堂
25—台菱桥
26—太阳宫
27—国展中心
28—草药园
29—花卉园
30—活水园
31—花卉园
32—白马公园
33—九华山公园
34—北极阁公园
35—玄武门广场
36—神策门公园

图 1　玄武湖总平面图

建筑设施相结合,通过文化挖掘和景观营建,确立环湖"九园十八景"的基本格局。重点梳理环湖步行交通体系,形成连续贯穿的滨水游览系统,解决公园与城市的交通联系。梳理水上交通组织,规划水上巴士线路和水上游客服务中心。

(二)五洲部分

结合环湖工程对玄武湖景观空间的认知和启示,设计从"人文资源与休闲活动结合,景观建筑设施出新与置换,水上交通组织与桥梁出新"几大方面解决了玄武湖五洲作为公园主体部分所承担的文化、休闲、生态等功能。

(三)东部片区

是衔接古城、玄武湖、紫金山区域的重要枢纽。设计策略:在空间上梳理山水关系;在交通上加强游憩沟通,形成完善便捷的交通系统,承担钟山玄武湖旅游系统的总枢纽;在生态上优化山体排洪沟的排水设计,采用管道截留、增加拦污设施、增设岛屿、恢复生态驳岸等方式满足生态景观的需求,并利用玄武湖内外湖的高差,将玄武湖冲洗水作为景观叠水水源,构建水上花园;植物空间上,保留优势植物群落营造山水之间的大空间景观格局(图2)。

二、项目思考

玄武湖环境综合整治工程从环湖到东岸,自始至终围绕"人文、亲水、休闲、生态"的原则。在项目不断推进的过程中,文化由历史传统至现代生态,空间由离水至近水亲水,景观设施从无至有、从传统至现代,植物群落从自然生境过渡至舒朗开敞,建筑材料从厚重凝练到朴实生态,设计都在适应空间时间的变化,做到与时俱进。

(一)文化内容

(1)环湖路以明城墙风貌的展示为核心内容,通过景观建筑、植物、雕塑、小品等元素进行空间构建,形成多样的文化节点,展现巍巍古城下空间的宏大与壮阔(图3)。

(2)历史人文荟萃的五洲部分,将不同时间类型的文化在空间内进行混搭,将室内外文化展示与休闲活动相结合,增加景观建筑与文化和人的互动,是展现南京六朝古都的文化窗口。

(3)以现代时尚的文化元素打造自然、生活、文化、艺术相融合的东岸部分,通过开合有致的大空间形态尽情展现山水城林的南京城市空间特征,是玄武湖最具开放和活力的部分。

(二)景观空间

(1)滨水开敞空间的设置为亲水休闲、展示山水城林的城市特色提供场所。

(2)通过确立视线通廊,保留大乔群落,梳理中层植物群落,形成开敞的空间界面,将城市与湖、人与城市、人与湖进行有效的视线贯通。

(3)园内将六朝、明清、新中式、现代等不同风貌的建筑,结合不同历史时期的文化通过植物景观空间进行分隔融合,形成多元有趣的休闲建筑群落。

(三)亲水休闲

(1)滨水步行:玄武湖环境整治工程始终以满足人群"亲水"的心理需求为主要目标,在保证湖岸安全的前提下,进行景观桥梁、滨水游步道、滨水栈道、水上栈道、水上平台的设置。

(2)岸线梳理:针对性地对沿湖岸线进行调整,引水入园,形成浅水湿地景观区域,对其他部分进行岸线改造,形成滨水自然空间;利用现有洼

图2 玄武湖东岸建成景观
图3 玄武湖内文化雕塑

图2

图3

图 4 玄圃

图4

地进行浅滩湿地的建设。

（3）山体雨洪沟与水景观的结合：东岸部分对唐家山沟、紫金山沟进行改造，在满足雨洪排放的前提下，利用堤岛减缓水土流失，种植水生植物进行水体净化，设置滨水休闲设施形成雨水花园观赏空间。

（4）利用生态补水构建亲水空间：生态补水通过5个入口管道进入玄武湖；充分利用生态补水形成生态浅滩湿地空间，营建景观跌水，增加水体的生态性、流动性和景观观赏性。

（四）生态环境

（1）水生态治理。控制玄武湖的点源污染，进行污水截留等综合管网的铺设；对玄武湖进行清淤，消除湖泊内源性污染，增加库容，一部分底泥移出湖外，一部分底泥堆滩建湿地；利用水生植物群落进行污染物降解与生态修复，解决水质问题；针对重点入湖河沟，构建湿地阻滞与沉降污染物，净化入湖水质。

对原有硬质岸线进行生态改造，建成和平门、菱洲、唐家山沟、玄圃等生态湿地共约2万 m²，为鸟类和两栖动物提供了栖息地，增加了生物多样性与系统稳定性。

（2）生态节约策略。利用疏浚底泥营造适生性基底，减少底泥外运，降低生态修复成本；以自然无需修剪的植物组合搭配种植，降低管养成本；采用再生竹材等新建筑材料，增加亲和力，降低维护。

（3）海绵城市理念的运用。沿水岸线、浅滩湿地种植适生且净化能力较强的水生植物，过滤初期雨水；铺设透水砖等材料，降低地表径流；利用湖水作为绿化浇灌用水。

（五）建筑结构

在建筑风格上，包括纯木构汉式建筑"郭璞纪念馆"、传统汉式混凝土外包木结构"莲湖水苑"、尽显六朝遗韵的"玄圃"（图4）、廊榭曲折的明清建筑"金陵街"，以及线条简洁硬朗的新中式建筑"碧莲苑"和造型轻盈、体现山水清新怡人之风的东岸现代建筑。

针对仿古建筑屋面形式多样的特点，用现代钢筋混凝土结构来处理古建筑屋面的折梁、模角梁、老戗等节点。因仿古建筑的结构柱多为圆形柱，且直径较小，这样梁强柱弱结构体系经常不能满足结构位移比的要求，为此，把建筑外围的廊柱等设计为圆形柱，内部结构的柱子按照要求设计成方形柱或者外圆内方形，并采用较小直径的钢筋满足锚固长度的需要。檐椽、飞椽、挂落、云头等非结构构件多采用木作，使用反钉或膨胀螺丝固定；外廊木柱采用预埋铁板，焊接钢管穿进木柱的固定方法等等。这些措施的实施让建筑景观营建更精致，更好地表达空间意境。

项目组成员名单
项目负责人：李浩年 李 平
项目参加人：姜丛梅 陈 伟 郑 辛 陈啊雄
　　　　　　王 甜 崔恩斌 肖洵彦 王 琳
　　　　　　陈 革 殷 韵

红色景点保护与传统街巷的复兴

——以江西遂川县工农兵政府旧址片区更新设计为例

江西省城乡规划设计研究总院／李　智　易桂秀　徐　微　周　琦　梁晓明

提要： 弘扬红色文化、激活历史遗产、保护古镇形态、促进城市更新。

江西省遂川县是井冈山革命根据地的重要组成部分。遂川县工农兵政府旧址片区位于遂川县城中心，遂川江北岸。该片区 2017 年 9 月纳入全国红色旅游经典景区。本次片区更新改造范围为 70021.6m²。

一、旧址片区概况

改造范围内有国家级文物保护单位 1 处，即遂川工农兵政府旧址；省级文物保护单位 2 处，分别为遂川毛泽东旧居、遂万联席会议旧址；此外还有遂万联席会议旧址以及数条保存较为完整的明清街巷。文保单位主要分布在木匠街、西路街、罗汉寺街等街巷中（图 1）。

二、旧址片区历史文化资源简介

（一）遂川县工农兵政府

旧址位于名邦街 8 号，原名万寿宫，始建于清嘉庆丙寅年（1806 年）。1928 年 1 月毛泽东率领工农革命军向遂川进军，1 月 24 日，遂川县工农兵政府成立，办公地设在万寿宫，并颁布了《遂川工农县政府临时政纲》。1928 年 2 月底被反动势力焚毁，1968 年重建，至今保存完好，现辟为"遂川县红色政权建设史陈列"，被办公地列为井冈山干部学院现场教学点。

（二）遂川毛泽东旧居

旧居位于罗汉寺街中段，原名邱家厦所，由两位留法邱氏人始建于 1926 年，法式教堂建筑风格。1928 年 1 月 5 日，毛泽东率领工农革命军攻

克遂川县城后，与前委机关工作人员在邱家厦所一楼住宿办公。1928 年 2 月底被反动势力焚毁，1968 年按原貌重建，保存完好，现辟为遂川县博物馆。

（三）遂万联席会议旧址

旧址位于东路大道 19 号，原为遂川五华书院的教室，书院始建于清光绪二年（1876 年）。

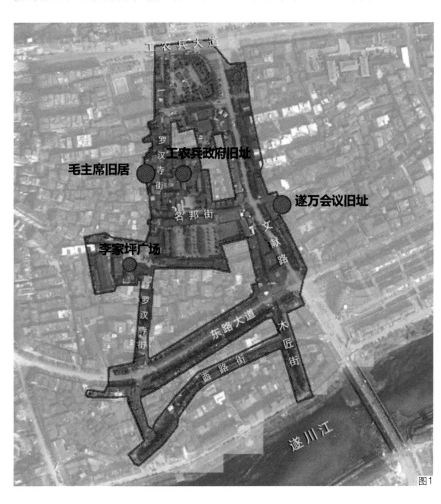

图 1　片区现状图

图1

1928年1月8日中共遂川县委设于五华书院，1月20日毛泽东同志在该院主持召开了工农革命军前委和中共遂川、万安县委联席会议。现存旧址是五华书院遗存的两个教室，为砖木两层结构。旧址建筑有140多年历史，保护一般。

（四）李家坪广场旧址

旧址为清朝及民国时期遂川县城中心露天戏场，原有戏台等。1928年1月"红军六项注意"的宣布大会及遂川工农县政府成立大会均在该广场举行。旧址现建有县泉江小学，原广场无遗存建筑。

这些文物古迹蕴含了重要的历史意义，其一反映了革命的初心——《遂川工农县政府临时政纲》，其二反映了红军军事策略——毛泽东在遂、万联席会议上提出的游击战术"十二字诀"，其三反映了人民军队——红军的自律建设，即"三条纪律，六

项注意"。其历史影响，不只在井冈山革命斗争时期，而是贯穿着中国革命的全过程，且至今仍然影响着党、军队及国家的建设。可以说，遂川红色革命史不仅是井冈山革命史的重要组成部分，也是中国革命史不可或缺的一章。

目前，更新范围内各文物单元散落分布在古街民巷中，部分新建筑与旧址景点风貌不协调，尤其是工农兵政府旧址周边有诸多1980年后建设的民居，风格杂乱，有碍旧址观瞻视觉。部分旧址建筑不全。木匠街、西路街、罗汉寺街、名邦街，建筑年代大多在明清及民国，街巷宽4~6m；其中有传统民居34栋，多为砖木结构，因年久失修，质量一般，但风貌较好；有少量中华人民共和国成立后所建的砖混结构民居，质量尚好，但风貌一般。街巷基础设施陈旧不全，宜居性差，商业气息衰微。

三、设计思路及内容

（一）设计思路

1. 系统改造

将片区内部各单一红色的"点"串联成方便观瞻的"线"，同时对井冈山红色文化给予了不可或缺的补充，完善了区域红色文化体系，使遂川红色历史遗迹及古街巷融入井冈山红色文化旅游之中，从而使片区红色遗迹保护及古街巷的真正活化及其可持续复兴有了坚实的基础。

2. 街区活化

强调在恢复历史风貌的理念中，探索对传统商业街区古风古貌的保护修缮及重建的思路，对古街巷的保护，除修缮性保护及立面改造外，核心是完善宜居宜商的基础环境。以期促进红色景点的保护并达到古街巷的真正活化及可持续发展目标。

（二）主要内容

本规划布局分两大区块：红色文化教育区与老街坊民俗区。

红色文化教育区通过对遂川红色文化及传统文化的剖析及休闲文化的引入，以"红色文化"作为引入点，以工农兵政府旧址为红色文化教育核心，各点以叙事的形式展示遂川红色历史事件，并将其与井冈山红色历史及中国革命史相联系。老街坊民俗区以老街肌理为纽带，串联形成有特色的古街游览环（图2）。

1. 初心广场主题文化区

初心广场主题为不忘初心。以"初心园"牌

图2 片区各主题区设计单元分布图

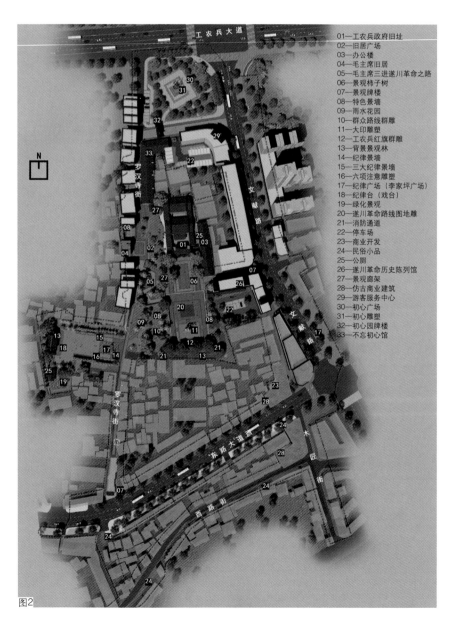

01—工农兵政府旧址
02—旧居广场
03—办公楼
04—毛主席旧居
05—毛主席三进遂川革命之路
06—景观柿子树
07—景观牌楼
08—特色景墙
09—雨水花园
10—群众路线群雕
11—大印雕塑
12—工农兵红旗群雕
13—背景景观林
14—纪律景墙
15—三大纪律景墙
16—六项注意雕塑
17—纪律广场（李家坪广场）
18—纪律台（戏台）
19—绿化景观
20—遂川革命路线图地雕
21—消防通道
22—停车场
23—商业开发
24—民俗小品
25—公园
26—遂川革命历史陈列馆
27—景观廊架
28—仿古商业建筑
29—游客服务中心
30—初心广场
31—初心雕塑
32—初心园牌楼
33—不忘初心馆

图2

坊作为该区主入口，设文化游园"星火源"雕塑景观，并在该区域设置停车场及游客服务中心。

2. 毛主席旧居主题文化区

主席旧居内以主席三进遂川城为该区主题内容，还原主席工作生活场景；修缮旧居及街区外立面，旧居所在罗汉街改造更名为红军街；罗汉街口至政纲广场的道路两旁设计宣传元素，使其成为反映主席三进遂川的"革命之路"。

3. 李家坪纪律广场文化主题区

李家坪广场是遂川工农兵政府成立大会及"六项注意"军规发布会址。规划拆迁泉江小学，复原重建广场戏台，将广场设计为纪律广场。主要设计元素有"纪律文化"景墙、"雷打石"雕塑、"六项注意"雕塑群、"三大纪律、六项注意"文化廊等。

4. 工农兵政府旧址文化主题区

设计中拆除工农兵政府旧址周边有碍观瞻的民居；在旧址广场左侧，规划建设一幢用来展示历史和民俗文物的大型综合"遂川革命历史陈列馆"；在旧址内进行历史场景复原；保留旧址旁的泉江小学教学楼，将其改造为"不忘初心展示馆"。

旧址前部设计成一个具有集散功能的政纲景观广场。主要设计元素有"施政大纲"景墙、"工农兵政府建政历程"景墙、"遂川革命斗争路线图"地雕以及"大印主题"雕塑。广场两侧进行建筑改造并设置景观廊用作为游客休憩场所。

5. 老街坊民俗文化区

设计中对传统民居街巷以复原修缮为主；按"一街一特色"重新规划各街巷主营业态。将文物遗址所在的古街巷设计成一古色主题街网；同时着力对居民生活所必须的水、电、燃气、IT网络等基础设施及周边的绿化环境进行提升，对传统建筑内的厨卫设施进行改造完善，以打造宜居、宜商、宜游的环境。

图3

图5

图4

图6

图7

图8

图9

四、实施效果

该项目2018年6月动工，于2019年6月竣工。从竣工至2020年12月底，项目启用已一年半的时间。从启用后的效果看，不只是表象上提升了遂川县的城市容貌，红色板块改造提升的社会效果已明显显现。现除本县及附近县区的游客到该板块参观游览外，已有大量的井冈山游客将遂川工农兵政府旧址作为其井冈山红色旅游外环游览点；该片区的几条商业街也一改往日衰微景象，成为商贾云集、宜商宜居、古风突出的商住区（图3~图9）。

项目组成员名单

项目负责人：李智　徐微

项目参加人：易桂秀　梁晓明　周琦　肖池明
　　　　　　曾明亮　郑美艳　熊模辉　赵芬

图3　工农兵政府旧址广场改造前
图4　工农兵政府旧址左侧改造后
图5　李家坪广场改造后
图6　罗汉寺街改造前
图7　罗汉寺街改造后
图8　西路街改造前
图9　西路街改造后

礼境知意·见微知形

——北京 APEC 雁栖湖国际会都门户景观营建

中国建筑设计研究院有限公司景观生态环境建设研究院／赵文斌　史丽秀　刘　环

提要：在"中国"门户景观的营建中，凭借传统文化元素，控制礼仪空间节奏，运用现代景观设计手法成就了中国在APEC会议中的精彩亮相，让全世界的目光都聚焦雁栖湖。

一、项目背景

本项目是国家大事件背景下的景观项目，为第 22 届亚太经济合作组织（APEC）会议领导人非正式会议的主会场，位于北京怀柔区雁栖湖核心岛（图 1），与奥运会和世博会一样，APEC 是增进各国人民友谊、推动国家关系发展的重要事件，是中国向全世界展示文化形象的重要窗口。APEC 雁栖湖国际会都作为国家大事件背景下的世界级会场，其南广场、核心岛入口广场和示范区入口三个重要门户景观改造在国家礼仪的呈现、文化的展示、细节的传达上远高于景观形象本身。

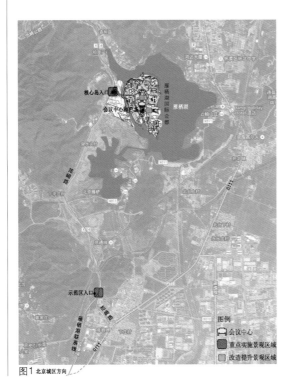

图 1 北京城区方向

二、项目特点

（一）礼境知意，提升场地的礼仪品级

作为素有"礼仪之邦"之称的中国，礼仪文明是中国传统文化的一个重要组成部分，根植于中国的个人、社会、国家各个层面，具有广泛深远的影响，并不断向各领域发展和延伸。其在空间营造上的特质响应主要表现在空间格局、空间体验和文化元素上，通过空间开合、轴线营造、借景障景等方式将山水与场地关系、场地与建筑关系、空间与尺度关系等表达出礼仪的序列、轴线的仪式、空间的交叠等不同的体验方式。根据礼仪层次要求不同，景观的空间序列也有不同的表达形式。

前述的三个门户的景观设计都是在被建筑、管网、树木、地形、高差等限定的狭窄空间上进行，如何巧妙地借景布局成为景观设计的关键。设计方案在平面布局上追求庄重大气、中正方整，在造型设计上追求"神"和"形"统一，在文化符号上实现艺术化传承与创新，在材料色泽上体现雍容华贵、开放亲和的气质。此外，方案在空间塑造上承袭了汉阙和紫禁城入口礼仪空间序列的气势，进行符合场地特征的短轴礼仪空间布局，实现了设计效果和场地肌理的完美融合。同时巧借周边环境视线、色调、材质、交通等景观优势，通过顺延边坡、调整竖向、重塑地形、避让管线、移栽树木等边界处理手法，向世界展现了文化大国、开放大国、创新大国、发展大国的中国新时代形象（图 2）。

（二）景面文心，提升场地的文化标识性

文化是不同国家和民族沟通心灵和情感的桥

图 1　项目区位图

图2

图4

梁纽带，文化交流是增进各国人民友谊、推动国家关系发展的重要途径。APEC 作为世界级大会，门户景观应该承载中国文化的礼制精神并展现中国文化的艺术魅力，让所有到访者可以轻松触摸到中国五千年传统文化的博大精深。门户景观的文化立意，一方面来源于与汉唐建筑风格一体化的设计需求，另一方面，汉唐为中国古典社会的繁荣期，是当时世界经济与文化中心。表达汉唐盛世文治武功、国威远播与当下中国蓬勃发展、万国来贺的情景相呼应，有助于展现中国美丽包容与开放自信的新时代国格。

　　方案的设计立意均以中国汉唐文化为设计依

托，借汉阙、御冕、花格的形态为形象载体，通过抽象、提炼、借喻、解构、重组等设计手法，凝练出植根于中国传统文化内在结构的景观语言，传承与延续中国传统文化的精髓（图 3）。汉阙作为本项目的重要景观设计元素，源于汉代一种纪念性建筑，有石质"汉书"之称，是中国古代建筑的"活化石"。阙又属"宫门"形制，"阙"与"缺"相通，"阙然为道"。"汉阙"的外在表象是景观，而内在意境是文化，具有"景面文心"的独特气质，是实现文化与人情感交流、心灵沟通的有效载体（图 4）。广场南北两侧以 5 座楔入绿坡的灯饰景墙对称布置，营造入口广场的礼仪序列，并最大

图3

图 5　核心岛入口广场夜景
图 6　示范区入口

图5

图6

限度地与场地周边融合。入口广场的主景是特色大门，其设计风格和设计元素与南广场呼应，形成核心岛统一的景观形象。特色大门以"御冕"为主题，顶部提炼"御冕"形态为形象符号，用紫铜材料来表达质感，而墙体则采用中式"万字纹"花格，以深灰色环保利用的再生石材来表达牢固的基座和生态环保理念（图5）。

（三）见微知形，提升场地的景观品质

设计师在巧妙平衡场地周边复杂矛盾后，通过创新设计使方案回归到文化、艺术和生态的本质，设计重点是用细节诠释自然生态与文化艺术的有机融合，彰显文化自信。两个门户景观在整体自然生态环境中营造了具有皇家礼仪形制的短轴空间序列，实现了在大自然环境中巧妙融合、工整对称的人工短轴景观布局，达到"大自然、小工整"肌理的有机融合，打破了传统"大空间、长轴线"的空间格式，创新了会都景观自然肌理上的短轴礼仪空间模式。

三个门户景观细节的精细处理和推敲是保证设计质量和完成度的关键。其中两个门户景观的设计在尺度上充分结合现场空间条件，着重选择具有中国特殊含义的数字"5"或者"9"来构景，形成具有特殊文化象征意义的细部。在材料选择上，以黄锈石、青白石、紫铜、花岗岩等传统建筑材料来体现高贵典雅的文化气质，以宝贵石材、砾石等再生材料体现生态环保意识。在材料的收边和交接处理上，着重推敲纹理样式、雕刻笔法、材料的色差、缝隙的宽度、交接的平整度等，力求做到见微知形、构景得体（图6）。

三、思考

本土化的景观设计灵魂在于根植于中国的传统文化，体现的是我们对中华文化的自信，是我们对于传统建筑及园林文化的解读。我们以今日的视角，以今时的需求，以今人的情怀，审视、感受、体现中华传统文化，使她依然充满魅力。我们希望满载传承中华文化情怀，以我们今天的诠释，为世界呈现具有中国魅力的景观设计。

项目组成员名单
项目负责人：史丽秀　李存东　赵文斌　刘　环
项目参加人：董荔冰　谭　喆　张景华　齐石茗月
　　　　　　盛金龙　刘卓君　曹　雷　张研奇
　　　　　　于　跃　魏　华

新活力·慢生活

——天津环城绿道中对工业遗址的保护与利用

天津市园林规划设计院／杨芳菲　崔　丽

提要： 本绿道公园以废弃铁路景观改造为切入点，联动城市经济发展、重塑城市生态绿地和城市工业文化遗产，利用存量绿地，复兴城市生活，是新时代天津城市规划建设新思路的一个探索。

天津是中国铁路的发祥地，陈塘铁路支线是当时典型货运线路之一，号称为天津铁路的"黄金线"。然而，随着城市发展，老工业区外迁，铁路货运功能逐渐消失，部分铁路成为城市的灰空间，严重影响城市形象和活力。

但从工业遗址保护的角度来看，这是一块有着悠久历史的老城区工业用地，空间场所饱含着几代人的成长记忆，并见证了城市的发展历程，虽然时代变迁使其失去了原有的功能性，但其拥有的文化、历史、环境等优势却是独一无二的，是城市生活中极为重要的人文、情感空间。优越的区位和现状丰富的植物群落更是城市之中极具潜力的生态休闲空间。

一、规划背景

天津环城绿道是落实市委、市政府加快美丽天津建设的一项重要举措。城市绿道规划充分利用了废弃支线铁路、沿线生态河道和现有绿地等资源，由"三河八线"贯穿，形成一条串联市内七区的"绿色项链"，是一个集大绿、自然、生态、康体、休闲于一体的城市地标性绿色开放空间，也是天津市首条休闲慢行系统，具有十分重要的意义。河西区绿道公园建设项目一期工程是天津环城绿道南部重要的组成部分，具有引领示范的标杆作用（图1、图2）。

二、目标定位

依托城市绿道总体规划布局，借助场地的铁路文化元素基底，将"城市双修"理念作为场地构建的切入点，修补城市灰空间，修复场地生态性。同时将智慧城市建设、海绵城市建设的新理念、新思想融入设计，改善人居环境、转变城市发展方式，构建一处具有极高生态品质，兼具慢行、休憩、康体于一体的综合型市民休闲公园，更好地满足新时代人民日益增长的对美好生活的向往。

三、设计挑战

（1）场地内有一条始建于1908年、目前已停用的旧铁路——陈塘铁路支线，如何保留场所记忆，活化铁路文化，将其融入百姓生活。

图 1　现状绿道
图 2　建成后绿道

(2) 场地紧邻城市河道，缺少垂直交通，如何加强场地与城市的联系。

(3) 场地荒废多年，杂草丛生，破败不堪，缺少活力，如何将遗忘的城市灰空间转变为绿色活力空间。

四、设计策略

项目以城市激活与生态景观修复为首要设计目标，通过建立三条景观主线：用文化线致敬历史，生活线缝补城市，创新线激发活力，在历史的轨道上谱写一卷人文、历史、生态、智慧共融的生动画卷，三线交融勾勒大美陈塘（图3、图4）。

图3

图4

图5

图6

图3　现状铁路桥
图4　建成后铁路桥
图5　现状月台往事节点
图6　建成后月台往事节点

（一）文化线——怀念

对陈塘铁路文化进行活化保护，延续陈塘铁路新时代价值，传承铁路文化新内涵。①静态保护，通过对现状铁路的保留利用，将其变成景观设计的一部分，如铁轨步道、铁路信号景观灯。②文化演绎，通过对废弃铁路设施进行艺术加工来设计和营造新的景观，如枕木坐凳、枕木景墙、车轮小品、文化步道。③情景体验，通过对陈塘铁路支线场景的文化重现来实现，如月台往事节点再现铁路月台场景（图5、图6）。

（二）生活线——共享

秉承全民共享和全时共享的理念，构建慢行系统、共享空间、无障碍设施、全季景观、弹性夜景。①全民共享，增加垂直绿道的交通，加强与城市的融合；构建双层慢行系统，丰富横向空间体系；共享空间提供多元服务，无障碍设计覆盖全园。②全时共享，增绿添彩，通过宿根地被及色叶植物构建全季景观，弹性灯光，通过夜景照明的双系统进行前瞻性统筹，助力夜晚经济。

（三）创新线——新生

在智能科技的支撑下，提出智能绿道、智慧绿道、艺术绿道的概念，将科技成果、艺术手法运用到公园之中，形成公园的活力触媒。①智能绿道，引入前沿科技，植入智能步道、AR大屏、智能云亭、智能健身设施等，打造科技绿道，激发场地活力。②智慧绿道，除雨水花园、透水铺装等海绵城市技术外，将具有蓄保水功能的多孔吸水基材用于石笼墙、花钵、树池，打造智慧绿道新景观。③艺术绿道，景观空间结合3D艺术彩绘、铁路文化，使运动空间与涂鸦艺术交相辉映。

五、结语

目前项目已落地建成，共构建了7处文化节点，11处运动空间，4km慢行步道，18hm²绿色基底，影响了周边21万居民的生活，2019年十一开园当日迎来1.5万人流量，众多媒体宣传报道，成为天津又一处网红打卡地。

项目组成员名单
项目负责人：陈　良
主要参加人：周华春　杨芳菲　崔　丽　王　倩
　　　　　　王雅鹏

江苏南京龙蟠中路道路综合整治工程绿化工程 EPC 项目

南京市园林规划设计院有限责任公司／李　平　姜丛梅　朱　巧

提要：本项目通过植物材料彰显城市文化和园林技艺，充分发挥设计在整个工程建设过程中的主导作用，有效实现对项目进度、成本和质量控制，提高工程项目建设的效率，并取得很好的生态效益和社会效益。

一、项目概况

龙蟠中路作为南京市井字形快速通道的重要组成部分，其地面部分承载了城市交通分流、城市形象展示等多重功能，是城市重要的基础设施。龙蟠中路道路综合整治工程绿化工程 EPC 项目包括道路中分带、侧分带、人行道等景观化改造内容，总面积约 49000m²。项目于 2018 年 1 月启动前期设计等相关工作，2018 年 12 月正式完工，总投资约 4200 万元。

二、总体设计

南京自古就有龙盘虎踞金陵郡的记载，项目以"龙章凤彩、紫气东来"为设计理念，运用"叠翠流金、花团锦簇"的设计策略，展现"六月红花、十月金叶、花叶相融、五彩斑斓"的四季景观空间特征。针对现状道路空间绿化郁闭、安全视距受限、空间缺乏特色、道路景观整体性差等问题，将文化、功能等多要素进行分析融合，并借助具有生命力的植物材料，综合利用其生物特征、文化内涵来展示城市形象。

三、详细设计

项目依托道路线性空间，构建"一脉五点"的空间结构（表 1）。通过景观整合，突出空间特色。

一脉：整合侧分带、中分带、人行道形成贯穿南北的金色长链。侧分带以六月开花的香花红叶紫薇、中分带以秋色叶乡土树种乌桕为骨干植物，突出六月红花、十月金叶的夏秋两季景观，与中分带保留的桂花组团、人行道保留的香樟以及新植品种杜鹃、黄金构骨一起，形成四季叠翠流金的景观特色。

五点：道路上的五个重要节点，犹如镶嵌在金色长链上的五彩斑斓的明珠。节点根据相交城市道路的空间特色，在满足交通安全的前提下，以四季特色植物造景突出空间印象。道路节点设计以开敞的草坪形成安全通透的前景界面，以主景植物突出空间特征，增加道路的可识别性，同时将市民审美与艺术空间营造相结合，力求做到雅俗共赏、意趣相融（图 1）。

四、项目启示

本项目是以设计为主导的 EPC 工程，项目在方案确定后，通过跟进采购、施工等工作，进一步优化深化了设计，为工程高效实施提供了保障。

道路"一脉五点"空间结构　　　　　　　　　　　　　　　　　表 1

道路名称	主题	设计内容
北京东路	粉白黛绿	延续古鸡鸣寺樱花落英缤纷的空间特征
珠江路	飞红流丹	在现状苍翠的雪松背景下，搭配秋红叶中山红，凸显色彩浓郁、简洁隽朗的秋红叶主题
中山东路	姹紫嫣红	以南京市花——梅花为主景，在古城主干道节点突出门户形象特征
瑞金路	匀红点金	以现状枇杷、春花海棠为主景，凸显四季花果景观
白下路	露红烟紫	以花期长且繁茂的紫薇作为节点的收尾，回归道路空间主题

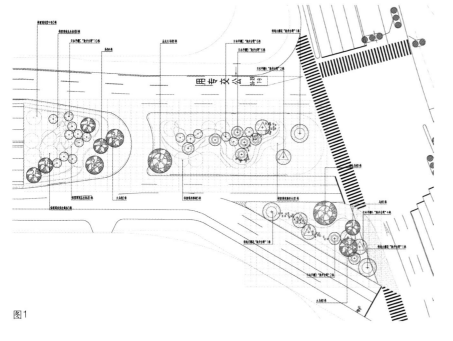

图1

图1 北京东路岛头绿化施工图
图2 中分带秋季景观
图3 中山东路岛头建成景观
图4 中分带春季建成景观

（一）现状植被梳理

本项目因现场存量苗木较多，对现状苗木的保留、移植、利用是深化设计的重点，此项工作具有有效控制工程造价、提高生态效应及项目可实施性的重要作用。对场地内优势大乔木进行原位保护、保留，构建道路空间景观骨架；对与场地节点空间主题相吻合的小乔木进行场地内移植，节约工程造价；对基地内长势良好且可做基调背景的常绿小乔，进行场地内就近移植，遮挡市政设施。

（二）多维度控制植物材料

针对传统建设先设计后施工，易造成设计和市场供给脱节的矛盾，本项目从苗源分布、苗源适应性、苗木品相、规格、市场供给量等方面进行统筹分析，确定适合本项目特点且适应性较强的植物材料（图2~图4）。

（1）中分带乔木的选择：依据设计方案和道路空间特性，为增强景观空间的整体性和连续性，以乌桕为主干乔木的中分带，需克服乌桕本身姿态自然、造型飘逸的特点，在规格的控制上，遵循定高、定冠、干径设置区间的做法，要求同一组团内的苗木尽量保持规格一致，在苗圃通过编号确定组团并标识冠型方向，保证组合后的景观。

（2）灌木的选择：在满足方案色彩要求的前提下，对市场苗源状况、生长周期和建设完成后的即时效果进行充分调研，适当引进杜鹃新品种，通过观察适地性，为城市道路景观提供样本，做到四季景观特色鲜明，增强道路的识别性。

（3）地被花卉的选择：道路空间地被花卉的种植具有画龙点睛的作用。设计重点关注观赏性与生长周期、养护管理之间的关系。由一次设计转化为多次设计，最后通过植物的周期更换，实现节庆模式与日常模式的结合，形成以宿根地被花卉长效效果为主的地被景观体系，降低管养成本。

（三）优化工程措施

（1）针对隧道反梁凸起、局部覆土厚度不够、隧道顶板反梁内无排水设施等问题，合理选用乌桕为主景树，并优化地形设计、排水措施，解决了中分带乔木的生长问题，提高了成活率。

（2）采用智能分时喷灌浇灌系统，依据乔灌木、地被花卉的需水量智能控制给水时间和给水量，节约管养成本。

（3）为美化隧道挡墙外侧及下隧道中分带，设置鞍式花箱，材质为pp材料，具备蓄水和排水功能，花盆内部具有隔水板和吸水棉带，可种植各式花卉，花盆沿口设置自发光材料，美化环境的同时也可作为交通警示。

项目组成员名单
项目负责人：承　钧　李　平　李浩年
项目参加人：徐　旋　李舒扬　刘　琢　姜丛梅
　　　　　　顾正飞　许志焕　郑　辛　陈　明
　　　　　　朱　巧　王林云

活态下的民国文化景观

——浙江奉化溪口蒋氏故居景区道路及周边节点提升改造设计

中国美术学院风景建筑设计研究总院／陈继华

提要： 以蒋氏故里、民国文化为核心，以街带面，艺术点睛，情景交融，建立多元业态与文化体验的全新互动性参与平台，通过多元手法引领民国穿越之旅。

奉化溪口为蒋氏故里，22 处历史遗迹保护完整，堪称"民国文化第一镇"。1996 年被列为全国重点文保单位，因其历史人文价值的唯一性和不可替代性，被喻为"中国最具想象空间的建筑群"之一。

一、设计前的思考

栏杆曲折、数步一灯的三里长街，曾经是溪口市井繁华之地，如今为何缺乏生机，被人遗忘？这条曾经在民国史上扮演了重要角色的长街为何没有成为民国文化产业动脉之源？面对如此厚重的人文底蕴，如何将在地文化转化为具有可持续生命力的新时代文化体验？如何让民国文化成为活态下的景观，化为一股新鲜的血液，为场地注入活力，带来人气，激发经济并联动发展，为设计带来高附加值？

二、活态下的民国文化景观营造

（一）统筹全局，在地再生

20 世纪初的老街巷，油纸伞、天幕灯、青石琉璃、浮雕花窗，街角处那溢出的酒香，巷子里依稀可闻的叫卖声，连绵细雨，恍惚间梦回江南、感知民国。"活态下的民国文化景观"，切题切景，成为项目设计的核心切入点。昔日蒋氏旧邸，今朝人文客厅。打造溪口大景观格局的综合旅游产品，塑造溪口旅游第一站、溪口百姓会客首选地，提升人气，建立景城一体化发展格局。

（1）以民国文化景观为核心，以街带面，以武岭路的综合品质提升为示范，盘活总体街巷空间体系。

（2）在武岭路街区构建融合历史建筑、民国文化、旅游商业与山水园林四者为一体的大景观体系。

（3）建立多元业态与文化体验的全新互动性参与平台，引领民国穿越之旅，多感官体验民国文化风情。

（二）跨界融合，多位一体

以蒋氏故里为核心，以溪口古镇为载体，设计重组景观资源、规划空间格局、丰富绿化层次。同时对交通流线、业态布局提出新构想，联动夜景亮化、公共艺术、城市家具等多专业复合提升，添彩点睛，继而实现整个街区的有机更新。

1. 空间塑造·文化植入

重点打造道路交叉口节点，文化植入，强化停留体验功能；打造门厅—玄关—客厅的线形序列节奏；在武岭中路与武岭西路交接点，新增牌坊，与现状武岭门遥遥相望，形成民国文化的首尾呼应；将原有道路横向空间重新梳理，形成民国建筑风貌拓展区、民国风情步行体验区、滨水休闲停留区、亲水游玩观光区（图1）。

2. 艺术点睛·情景交融

打造《梦里溪口》主题灯光秀。无需演员，采用 3D 投影、高科技声光电手段。以角色的生平经历为线索，将个人的起伏波折、国家的荣辱兴衰和时代的风云变幻熔于一炉，将溪口的山水文化、蒋氏文化、民国文化和弥勒文化巧妙的融合，通过《梦回溪口》将四大旅游文化特色传递给游客朋友，

图1

图2

图3

图4

图5

图6

图7

图 1　改造后蒋氏故居夜景
图 2　《剡溪少年》实景
图 3　《人间弥勒》实景
图 4　《美龄美声》实景
图 5　《武岭中学》实景
图 6　《溪口九墙》实景
图 7　改造完成后剡溪两岸风光
　　　实景

感受溪口百年的风雨动荡以及千年古镇的古风古韵。通过灯光秀，凝聚人气，盘活商业等业态，让游客住下来，游起来；同时结合地域文化，量身定制多组互动公共艺术：《剡溪少年》、《人间弥勒》、《美龄美声》、《武岭中学》等（图 2～图 6）。

三、民国文化的主动吸纳与多元输出

　　民国文化对于武岭西路而言，不是文化上强加的色彩，而是城市历史发展的文脉延续，是顺其自然的主动吸纳。纵观武岭西路的两侧，一侧是静静流淌的剡溪之水，一侧是承载着半部近代史的人文景点。动与静的结合，在重塑成溪口核心景点的同时，将街区赋能，营造不一样的场景，各种业态与建筑、景观、灯光秀、演艺等进行互动，增加旅客游玩的趣味性及互动体验度，集结本土特色文化与文化体验，形成一个融合视觉与感官的时光之街，游客可在此体验历史、品味民国（图 7）。

项目组成员名单
合作单位：中国美院杨奇瑞教授艺术创作团队、杭
　　　　　州明捷普机电设计事务所
项目负责人：陈继华
项目参加人：李　峰　厉高辉　王月明　汤云翔
　　　　　　唐佳锦　张代军　陈　丹　巫青梅

生生不息

——对新疆乌鲁木齐燕南裸露荒山生态建设可持续发展的思考

新疆城乡规划设计研究院有限公司／王 策 李思凡 罗清安 司育婷 刘文毅

风景园林工程

风景园林工程

风景园林工程是理景造园所必备的技术措施和技艺手段。春秋时期的"十年树木"、秦汉时期的"一池三山"即属先贤例证。现代的竖向地形、山石理水、场地路桥、生物工程、水电灯信气热等工程均是常见的配套措施。

提要： 这是一个极端恶劣环境的生态修复经验，值得全国借鉴。现场原为山体破损严重的爆破采石场，设计改造恶劣的立地条件，提出安全有效的生态修复手段，使破损山体披上绿装，减少了城市上风方向的风尘污染，并逐步成为集生态、科普、地质为特色的大型城市郊野公园，成为乌鲁木齐绕城生态圈重要组成部分。

一、基地综合分析

乌鲁木齐市是新疆维吾尔自治区首府，我国西北地区重要的中心城市和面向中亚西亚的国际商贸中心。项目区生态修复对城市生态圈的闭合起着重要的作用，对全疆的生态修复建设具有示范作用。

（一）山体场地分析

山体属于为乌鲁木齐中西部低山丘陵区，总体呈东西走向，山体南面相对平缓，山脚及沟谷低洼区域发育少量植被。植物以旱生、超旱生灌木、半灌木和多汁盐碱类荒漠植物为主，主要植被以梭梭、麻黄、驼绒藜等为多；山地荒漠平原以针茅、小蒿为主。山体西南侧为乌鲁木齐铁路工程采石爆破公司的采石爆破用地，可以看出场地破碎，沙砾、道砟石及器械散至各处。

（二）气候条件分析

夏季炎热，春秋季短，冬夏季长，尤其是冬季最长，气温年温差较大，日变化剧烈，表现为干旱半干旱区气候特色。多年风力强劲，是著名的"风区"。多年平均最大风速23.0m/s，风向东南，多年平均风速排位第二的是南风，风速17.0m/s。日极大风力八级以上占13%，四到七级占78%，四级以下占9%，大风多发与冬春相交时（图1）。

（三）土壤条件分析

项目区内土壤属中（亚）硫酸盐渍土，整体土壤瘠薄，有机质含量少，项目区分为原始地貌区与采石破损区两个区域，其中采石破损区基本无土壤覆盖，原始地貌区仅冲沟及低洼处土层较厚，山脊处由于常年大风风化岩裸露基本无土壤覆盖，其余区域土层厚度不超过0.8m（图2）。

｜风景园林师 **129**
Landscape Architects

图1 风向分析图
图2 土壤厚度分析图

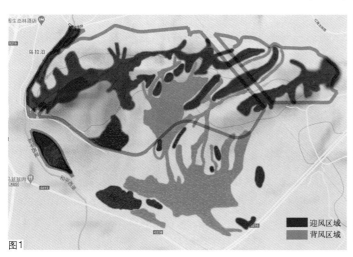

图1

迎风区域
背风区域

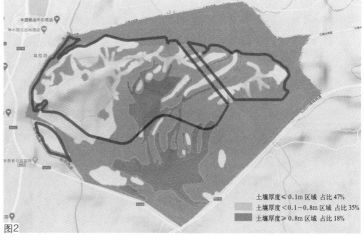

图2

土壤厚度＜0.1m区域 占比47%
土壤厚度＞0.1～0.8m区域 占比35%
土壤厚度≥0.8m区域 占比18%

（四）灌溉水源分析

项目区水源为乌拉泊水库退水渠，为季节性放水，水量不定，不能保证项目区长时间绿化供水。为确保绿化供水，可利用采石场废弃大深坑修建蓄水池。

二、生态修复思路

（一）分析难点找措施（表1）

（二）解决问题抓落实

1. 风害问题的应对

整个项目区处于受风害较严重的地区，5级以上风超过300天。种植的乔木要求截冠移植，截冠高度宜大于2m，主分枝点以上0.5~1m处进行截冠，以达到防风、防蒸腾的目的。为避免树皮被大风拔干导致树木死亡，设计上要求土球及乔木树干需用草绳捆绑，乔木主干必需用草绳缠绕至分枝点部分，以减少树体水分蒸发。干径≥3cm的乔

现状分析表 表1

序号		难点	起因	解决方法			实施可能	措施评价
1	水源问题	供水问题	季节性水源水量不定	为保证绿化的供水稳定，需修建调蓄水池进行蓄水			可实施	利用现场深坑建调蓄水池
		灌溉难点	水源点与需水点高差200余米	利用破损山体深坑设调蓄水池，在山顶设三处工程水池加压蓄水，以确保灌溉。水池周边利用高程差自压灌溉			可实施	符合现场情况，采用分区轮灌的方式解决场地内的灌溉用水
2	地质问题	岩石硬度大	区域内原采石场，石材硬度为一级特坚石	松动式爆破（炸药）			不可实施	工期短，但临近高压线与兰新高铁
				免爆（机械）			可实施	工期长，考虑尽量减少土石方
		破损山体处理	破损山体边坡结构松散，稳定性差，可能产生较大的安全隐患	梳理地形、祛除浮石，确保安全	修建止滑墙，降低直壁高差		可实施	降低免爆量，减少风险，降低造价
					降坡		不宜实施	土石方量大，有人防和高压走廊，只能采用免爆方式，施工时间长，造价高
		岩石风化严重	大风导致风化岩外露严重，存在安全隐患	对靠近破损边坡松散风化的区域进行竖向土方整理			可实施	降低施工及后期养护的安全风险
3	种植问题	风害问题	新苗根断裂，易被拔出；迎风面被大风抽干植物易死亡；并导致种植穴中水土流失	初期所有乔木全部按照规范搭设支撑，时间不少于一年，栽植时增设防寒保墒布，包裹时间不少于一年；树穴增加灌木种植并填压石块			可实施	降低植株死亡率，减少树穴内水土流失
		土地瘠薄	坡底土厚为1~0.4m，山顶土度小于1cm	换土及土壤改良，加大树穴尺寸，以确保植物生长所需土壤			可实施	有助于植物成活
		坡度大	最大高程为1222.48m，最低高程为1016.31m，有4处次高点。南侧较为平坦，北侧地势起伏较大，未破损山体最大坡度为50°，山体破损区域大多数为60°以上坡度，部分区域为反坡	根据不同区域坡度与土壤厚度采取不同的种植手法	30%以下坡面	土层<5cm的区域：覆土法，在岩石地覆土造成新的植被基盘的方法	可实施	因地制宜的根据不同情况提出了经济有效地解决方法
						土层<80cm区域：开沟法，在岩石地上条带状换土，形成连贯的生长带		
						土层>80cm区域：穴挖法，适用于山底平坦区域，减少对现状植被的破坏		
					30%~70%坡面	阶梯法，可机械施工，减少成本，但易造成大的剥离面，工程量大		
					70%以上坡面	点穴法（鱼鳞坑）：鱼鳞坑，施工简便，但由于坑穴内种植较少保水度低，植物生长缓慢		
					破损面种植	植生袋：对现有坡面进行清理，采用喷锚的方式将其固定至现有坡上		需要对岩体进行清理，清理后由地勘部门查验后方可实施，以防出现剥落情况
						挡墙法：破损面满足区域设计止滑挡墙，回填形成种植坡，种植不同的植物		
						喷播法：挂网喷播		
						板槽法，在石壁坡度60°~90°陡峭山体安装预制钢筋混凝土板。槽内填填土，栽植植物	不可实施	由于新疆的立地条件，冬季会对植物根系产生冻抽作用导致植物死亡
						框架法：岩石或较风化的石场开采面用钢筋混凝土、混凝土制作几何型框架，种植植物		破损区域无法满足实施条件，其余区域使用易出现覆土流失的问题

木，栽植后须用3根与乔木规格相协调的实木支架固定，确保支撑稳固。树干由根部至分枝点之间需要用草绳或防寒保温布缠绕，以起到防寒、防风、保水、保存农药防病虫害的作用。

2. 安全问题的应对

设计区域内原为采石爆破用地，经过地质勘查部门调查大部分破损山体边坡及山顶岩石结构松散，稳定性差，可能导致崩塌、崩滑、滚石的现象，可能产生较大的安全隐患。

首先将场地内破损山体及风化岩体中岩石结构松散的区域，采取梳理地形、祛除浮石、退台降坡的方式进行处理，以保证其安全性。强风化岩区设计主要以去除危岩为主，在条件满足的情况下将坡度刷至1:3，条件不满足时将坡度刷至1:0.5以下。（图3~图5，表2、表3）

3. 区域特坚石问题的应对

设计区内岩石为一级特坚石、土壤瘠薄并且坡度多为60°左右坡度，部分地区为反坡，大大增加

图3 采石破损区边坡现状

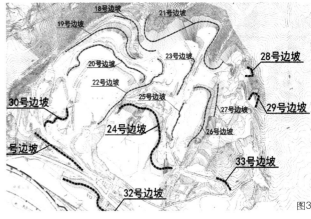

图3

边坡分析表　　　　　　表2

| 分段编号 | 边坡类型 | 安全等级 | 高度(m) | 边坡坡度(°) | 边坡工程地质条件 | | 治理措施 |
					岩性和风化程度	危害类型	
18#西	岩质（II）	三	13~17	60~75	砂岩、强风化	滑移、掉块	对边坡进行岩石锚喷支护；局部进行阶梯式放坡
18#中	岩质（II）	三	23~34	70~80	砂岩、强风化	崩塌、掉块	进行阶梯式放坡
18#东	岩质（II）	三	32~96	65~75	砂岩、强风化	崩塌、掉块	进行阶梯式放坡
19#西	岩质（II）	三	13~34	50~65	砂岩、强风化	崩塌、掉块	对边坡进行岩石锚喷支护
19#东	岩质（II）	三	18~32	35~70	砂岩、强风化（中部为碎石类土）	覆盖层滚石	清理坡面及坡顶不稳定岩石；进行阶梯式放坡
20#西	岩质（II）	三	5~10	70~80	砂岩、强风化	崩塌、掉块	清理坡面及坡顶不稳定岩石；进行阶梯式放坡
20#中	岩质（II）	三	13~15	75~86	砂岩、强风化（表层土质）	覆盖层滚石	对边坡进行岩石锚喷支护；局部进行阶梯式放坡
20#东	岩质（II）	三	10~12	65~75	砂岩、强风化（表层土质）	崩塌、掉块	对边坡进行岩石锚喷支护
21#西	岩质（II）	三	14~93	80~88	砂岩、强风化（表层土质）	崩塌、掉块	对边坡局部进行岩石锚喷支护；进行阶梯式放坡
21#中	岩质（II）	三	21~51	60~75	砂岩、强风化（表层土质）	崩塌、掉块	对边坡局部进行岩石锚喷支护；进行阶梯式放坡
21#东	岩质（II）	三	26~35	80~86	砂岩、强风化（表层土质）	覆盖层滚石	清理坡面及坡顶不稳定岩石；进行阶梯式放坡
22#南	岩质（II）	三	3~16	70~80	砂岩、强风化（表层土质）	覆盖层滚石	清理坡面及坡顶不稳定岩石
22#中	岩质（II）	三	25~33	40~78	砂岩、强风化	覆盖层滚石	清理坡面及坡顶不稳定岩石
22#中北	岩质（II）	三	26~35	75~85	砂岩、强风化（表层土质）	崩塌、掉块	对边坡进行岩石锚喷支护
22#北	岩质（II）	三	6~11	65~75	砂岩、强风化	覆盖层滚石	清理坡面及坡顶不稳定岩石
23#	岩质（II）	三	15~29	65~75	砂岩、强风化（表层土质）	覆盖层滚石	清理坡面及坡顶不稳定岩石
25#南	岩质（II）	三	8~10	90~105	砂岩、强风化	崩塌、掉块	进行放坡处理
25#北	岩质（II）	三	16~23	90~95	砂岩、强风化	崩塌、掉块	进行放坡处理
26#南	岩质（II）	三	12~24	70~80	砂岩、强风化	掉块	清理坡面及坡顶不稳定岩石
26#中	岩质（II）	三	24~37	65~76	砂岩、强风化	掉块	对边坡进行岩石锚喷支护
26#北	岩质（II）	三	37~43	65~75	砂岩、强风化	滑移、掉块	对边坡进行岩石锚喷支护
27#北	岩质（II）	三	22~26	65~75	砂岩、强风化	滑移、掉块	对边坡进行岩石锚喷支护；进行分层堆土，自然放坡
28#	岩质（II）	三	3~6	58~75	砂岩、强风化	不稳定	崩塌、掉块
29#	岩质（II）	三		53~70	砂岩、强风化	不稳定	崩塌、掉块
30#	岩质（II）	三	5~10	35~40	砂岩、强风化	不稳定	崩塌、掉块

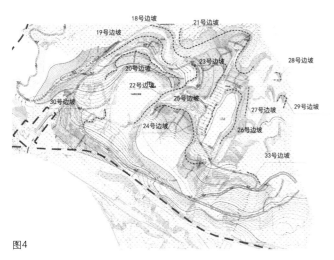

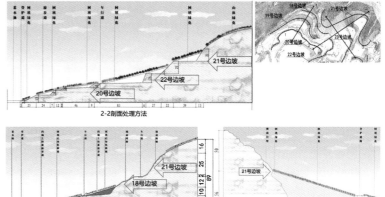

图4

图5

2-2剖面处理方法

1-1剖面处理方法

3-3剖面处理方法

核心破损区边坡处理措施一览表　　　　表3

分段编号	长度 (m)	高度 (m)	边坡坡度 (°)	处理手法
18#	189.1	13~96	60~80	西侧进行削坡，东侧进行退台式放坡种植
19#	297.9	13~34	35~70	东、西侧去除危岩修整边坡，中部修建止滑墙进行坡度为1:3的回填进行绿化种植
20#	356.9	5~10	65~86	东侧为采石场弃料，进行1:3放坡，中西侧为特坚石，在前端修建止滑墙进行坡度为1:3的回填进行绿化种植
21#	486.5	14~93	60~88	东侧进行退台式放坡种植，中部前端修建止滑墙进行坡度为1:3的回填进行绿化种植，西侧清除危岩保留岩质边坡
22#	305.9	3~35	40~85	由于岩石景观性较强，清除危岩保留岩质边坡
23#	121	15~29	65~75	前端修建止滑墙进行坡度为1:3的回填进行绿化种植

种植方式及植物选择表　　　　表4

坡度类型	种类	立地条件	种植方式	名称	规格
小于30%	乔木	土层厚度为100~200cm	穴状换土种植	白榆	干径≥5cm
				金叶榆	干径≥5cm
				大叶白蜡	干径≥5cm
				红叶海棠	干径≥5cm
				山桃	干径≥5cm
				独杆火炬	干径≥5cm
				沙枣	干径≥5cm
		土层厚度不足80cm	开沟种植	白榆	干径≥5cm
				金叶榆	干径≥5cm
				大叶白蜡	干径≥5cm
				红叶海棠	干径≥5cm
				独杆火炬	干径≥5cm
				山桃	干径≥5cm
				沙枣	干径≥5cm
	灌木	迎风面	开沟种植乔木时点植	紫穗槐	冠径≥30cm
				柠条锦鸡儿	冠径≥30cm
		非迎风面且土层大于80cm	片植	重瓣榆叶梅	冠径≥30cm
				丛生火炬	冠径≥30cm
				黄刺玫	冠径≥30cm
				紫穗槐	冠径≥30cm
30%~70%	乔木	土层厚度大于100cm	开沟种植或点穴种植	白榆	干径≥3-5cm
				金叶榆	干径≥3-5cm
				大叶白蜡	干径≥3-5cm
				红叶海棠	干径≥3-5cm
				山桃	干径≥3-5cm
				独杆火炬	干径≥3-5cm
				沙枣	干径≥3-5cm
		土层厚度不足80cm	开平台种植	白榆	干径≥3-5cm
	灌木	/	种植乔木时点植	紫穗槐	冠径≥30cm
大于70%	乔木	/	点穴法（鱼鳞坑）	白榆	干径≥3cm
	灌木	/	种植乔木时点植	紫穗槐	冠径≥30cm

了施工难度，需要在设计时考虑到如何在保证绿化成活的情况下降低施工难度。

设计上尽量减少特坚石区域的挖方，以增加周边的填方的方法，利用不稳定边坡及风化区域的碎石将周边回填形成适合绿化的坡度。根据场地内情况分为破损区与原生态区，种植时分别根据位置、岩石情况、土壤厚度、地形地势等采用不同的处理方式。

4. 种植方式及植物选择

5. 大高差供水问题的应对

场地内水源高程为1020m，最高高程为1222.48m，相差202.48m，需解决苗木种植供水问题。山体西北侧目前有一处取水首部，设计时利用破损山体的深坑，设计两处景观水池对灌溉用水进行调蓄，由于山体较高，需要在山顶处设置三处工程水池加压蓄水，以确保山顶绿化灌溉，由三处山顶处的工程水池利用高程自流进行灌溉。通过计算机系统实施精准、适量灌溉，减少水量耗损，采用无线数字化信号传输控制，节省电力消耗，可远程操控，突破场地限制，极大节约人力成本，降低人为失误（图6）。

三、总体布局

对地形、供水、管护道、绿化、灌溉等根据场地不同的立地条件采取不同的设计措施，形成以人

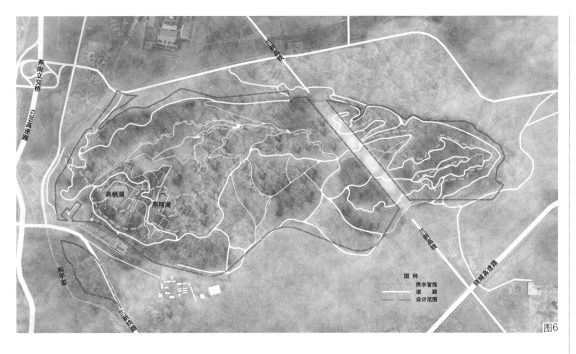

图6

工种植为主，自然恢复为辅山体生态修复布局，并赋予山体生态、科普、地质观光等新的功能。

四、实施情况对比 (图7)

项目组成员名单

项目负责人：王　策

项目参加人：李思凡　罗清安　司育婷　刘文毅

　　　　　　齐　鹏　李翔天　李　剑　方　波

　　　　　　李永亮　闫绿楠

图7

大型城市公园中生态资源保护与利用的设计尝试

——以江西赣州蓉江新区仓背岭公园为例

上海市园林设计研究总院 ／ 曹　健　陈晓建

提要: 在规模较大的公园建设中，设计对场地中的自然地貌和生态系统，采取高、中、低三个等级的干预办法，成功引种和驯化了更多的适生树种，践行了海绵理念，保留了文化记忆。

图1　仓背岭公园平面图

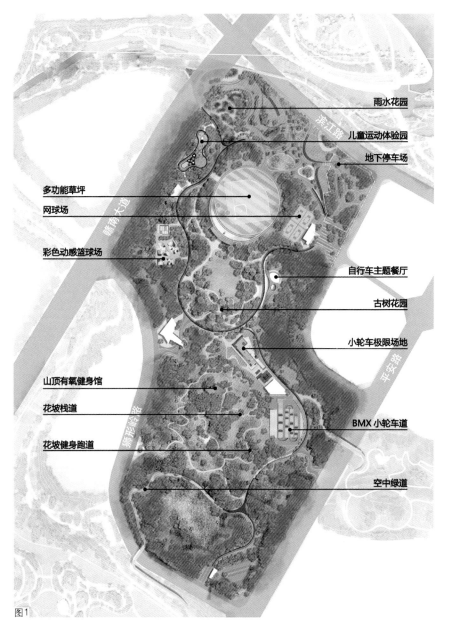

雨水花园

滨江路

儿童运动体验园

地下停车场

多功能草坪

赣南大道

网球场

彩色动感篮球场

自行车主题餐厅

古树花园

小轮车极限场地

平安路

山顶有氧健身馆

花坡栈道

花坡健身跑道

BMX 小轮车道

狮平岭路

空中绿道

图1

一、项目背景

仓背岭公园（图1）位于江西省赣州市蓉江新区境内，是以运动为主题的城市综合性公园。公园总占地面积约43hm²，工程建安费约3.2亿元人民币。项目采用 EPCO 工程总承包模式，于2020年9月建设完成。

随着社会的进步及全国城镇化进程的加快，城市开发的同时往往造成对自然生态的破坏，发展与保护之间的矛盾无可避免。作为园林景观设计师如何通过设计手段，弱化两者的矛盾，从而构建新的生态体系，在仓背岭公园项目中进行了探索与实践。

仓背岭公园作为蓉江新区生态系统及城市功能体系的重要节点，现状以农田、村落、山地为主（图2），生态基底良好。项目采用 EPCO（即设计、采购、施工、运营管养一体化）的建设模式，以求实现城市建设与生态保护的平衡。

二、项目特色

（一）丰富植物景观，美化环境

蓉江新区属于典型亚热带湿润季风气候，现状城区植物品种比较单一，整体园艺水平及标准不高。公园建设过程中发挥 EPCO 项目优势，在乡土树种基础上，成功引种和驯化了更多的适生树种，比如蓝花楹、娜塔栎、染井吉野樱、美国河桦、美国水紫树、闽楠、棱角山矾、美国红枫、金枝国槐等（图3）。

图 2　仓背岭公园原貌
图 3　仓背岭公园实景图
图 4　仓背岭地势分析
图 5　仓背岭公园环山栈道

（二）尊重现场肌理，优化地貌

仓背岭公园基地属于红砂岩丘陵地貌，风化及水土流失较严重。山上植被以灌木、杂草为主，乔木难以生长，对红砂岩山体的处理是项目的难点同时也是亮点。

设计划定高干预区、中干预区和低干预区三个等级（图 4），分别采用不同处理方式。

1. 高干预区

（1）坡度过陡、水土流失严重、存在安全隐患区域，采用固土覆绿技术，对山体进行固化、绿化。

（2）沿公园主路及主要节点区域，梳理地形，通过园林手法对其处理，换土植树，片植草花花境，形成现代公园与自然山体的融合。

2. 中干预区

（1）坡度在 50% 以下区域，根据山势设置登山栈道（图 5），栈道采用钢结构，施工作业以人

平地占比25%左右
现状标高101.5

高地107-116

高地114-118

谷地106.5-117

山地117-132

山地107-144

谷地106-117

山地118-148

图4

图2

图5

图3

图6

图7

图8

图9

力为主，尽量减少对山体的破坏。

（2）山谷汇水区域，散置石头，喷播草籽，防止水土流失的同时形成旱溪景观。

3. 低干预区

对自然形成的"砂丘"进行保留，作为景观艺术品展示（图6、图7）。

（三）践行海绵理念，因势利导

仓背岭公园地势起伏较大，现状分布多处鱼塘，均为雨水汇集形成。设计通过GIS技术，对地块汇水情况进行分析后，采取适当干预、有序组织的排水措施，一方面保留重要坑塘，另一方面开挖水道，疏通水系。鱼塘改造成为雨水花园，水沟改造成为生态旱溪，通过自然排水方式，构建公园海绵体系。

（四）留住地块记忆，传承文化

（1）古树名木的保留、保护。仓背岭地区原村落区域散落众多大型乔木（图8），借助EPCO项目优势，在动迁初期便对这些资源进行了收购及编号，避免了因拆迁过程中对大树的破坏，园林景观方案也围绕古树名木展开，形成了古树平台、古树驿站（图9）等景观。

（2）公园多采用当地的红砂岩材料，与环境更协调。

三、总结

仓背岭公园的实践与探索揭示出大型城市公园的生态资源保护与利用，需从宏观和微观两个层面出发，首先是通过城市规划设计建构大的生态系统，划定蓝绿空间；其次是通过具体公园绿地设计，落实规划蓝图，编织功能网络。两者有机结合才能重构自然生态与人类活动的平衡。

项目组成员名单
项目负责人：费宗利
项目参加人：曹　健　徐尔露　邓习瑞　陈晓建
　　　　　　黄平帅

图6　仓背岭公园砂丘景观1
图7　仓背岭公园砂丘景观2
图8　仓背岭公园保留大树施工前
图9　仓背岭公园保留大树施工后

北京市房山区青龙湖森林公园景观规划设计

——北京第一座丘陵森林公园

北京北林地景园林规划设计院有限责任公司／叶　丹　杨雪阳　施乃嘉　金柳依　岜　凯

提要： 在每平米不到100元投资的基础上，充分利用自然环境的修复能力，辅之以人工设施和景点，分别塑造山脊、坡面和坡谷的空间，营造出丘陵森林公园之特色。

一、项目背景

北京青龙湖森林公园位于北京市房山区青龙湖镇，属太行山脉，东侧为青龙湖，大石河从地块西南侧穿过，总体规划面积23km²，规划分三期实施，目前一期、二期共约14200亩（950hm²）已于2019完工并开园，成为北京第一座丘陵森林公园。

地块内丘陵绵延、沟壑众多，山脊呈叶脉状排列，形成了多个山谷，地貌类型相似度高。总体风貌品质较差。植被主要以京津冀风沙治理林为主，树种主要为侧柏、火炬、荆条等，间有若干条管护土路。区域内有养殖场、废弃学校等产业占地。整体生态环境差，生态系统割裂，水土流失严重，低端产业聚集（图1）。

二、设计思路

项目总投资折合每亩造价不足6万元。因此如何在土壤瘠薄的丘陵地貌上以低造价实现"苍松龙岭穿林海，翠谷青坡掩花溪"的设计愿景。是设计中需解决的主要问题。对此我们提出了三点策略：

1. 以丘陵为特色，打造差异化地貌景观

从项目现场踏勘开始，结合GIS对地块内的地貌分析。整理出坡顶、坡面与坡谷三种不同景观特征的分布结构（图2）。

通过常绿树结合部分色叶乔木勾勒出山脊线，强化丘陵地貌层次；在坡面上大面积栽植异色叶、秋色叶林斑，结合花灌木组团形成丰富的坡面色彩；在坡谷里结合不同尺度空间打造郊野主题游

图1　现状图

图2

图3

图4

图5

园。整体呈现出以"春山、夏谷、秋林、冬岭"为特色的种植模式。

2. 以生态修复为基础，提升生态本底总量

在通过无人机航拍和实地踏勘结合划定现状林木的保留范围；通过 GIS 辅助分析结合低成本护坡工艺改造陡坡为宜林地域；通过建立雨洪模型优化引流、蓄滞雨水工程措施选址。新植的苗木与原生林木共同构建起了区域内新的生态群落骨架。（图3、图4）

3. 合理组织游客体验路线，形成标志型景观节点

通过对丘陵地貌空间特色的分析，选择建设标志性景观节点。营造有别于一般山林公园的环状的

健走与骑行路线，使公园成为具有独特游览体验的市民郊游目的地。带动周边旅游产业升级。（图5）

建成后青龙湖森林公园弥补了北京大型郊野公园的类型缺失，完善了总体布局结构。在涵养水源、修复土壤、提升空气质量、促进生物多样性等方面产生了积极的效益，提升了区域的形象与影响力，具有创新性和典型性。

项目组成员名单

项目负责人：叶　丹

项目参加人：杨雪阳　施乃嘉　金柳依　岂　凯
　　　　　　石丽平　李　军　姜　岩　陈晓彤

广西南宁园博园采石场花园

北京多义景观规划设计事务所／林　箐

提要: 用艺术的眼光扫描废弃地，用美学的视角评估烂石岗，用白描的手法书写构思文章，用园林景观的手法化腐朽为神奇，化矿坑成花园，变瘢疤为美丽。

一、整体思路

2018年中国国际园林博览会在南宁市举办。园博园选址于城市郊区的一片滨河的丘陵农业区，但场地东南区域分布着一系列的采石场。组委会希望将这些采石场转变为园林博览会中的有特色的园林，成为展览的一部分。

设计面积约33hm²。场地上共7个采石场，由于开采采用的是爆破方式，因此开采面崖壁破碎，坑底高低不平。采石场留下的是破碎的丘陵，高耸的悬崖，荒芜的地表，深不见底的水潭，成堆的渣土渣石，和生锈的采石设备（图1）。

设计面临着一系列巨大的挑战：采石场地质情况复杂，岩壁破碎，有崩塌落石的可能，有不可预知的安全隐患；采石场生态环境破坏严重，植被的修复面临很大挑战；采石坑的地貌极其复杂，无法依据现状测绘图纸进行设计；采石坑的水位一直在变化，尤其是最后停采的2个采石场，水位一直在持续上升。设计没有有效的水文数据。

为了精确地开展设计，设计师通过无人机航拍扫描，得到所有采石场的三维数字模型，设计得以从始至终在三维空间上进行。设计师还委托当地机构每半个月记录一次每个坑中水位变化的情况，为设计提供依据。同时，设计师根据不同采石场植被恢复的目标，引入土壤，形成不同土壤厚度的种植区域，为恢复生境创造条件。在设置设施和参观路径的时候将安全性放在首位，在突出采石场景观特色的同时避让危险区域。

7个采石场看起来很相似，但实际上每个的尺度、形态和特征都不相同。针对不同的场地特征，设计采用了差异化的植被修复方法和人工介入方式。

二、设计详解

（一）1号采石场（落霞池）

这个面积约1hm²的采石场，由于停采之后地下水渗出，形成了一个由岩石包围的宁静池塘，被附近村民用于养鱼。环绕池塘的石壁雄浑厚重，非常符合中国传统艺术对岩石的审美。

设计试图体现中国传统的风景美学。一个不规则形状的木结构建筑被嵌入池塘边缘的岩石豁口中，其结构形式从当地的乡土建筑中获得灵感。从陆地到水面，建筑从狭长的廊子转变为水边的大亭子。为适应水位的变化，亭子的地板是浮动的。游客在这里可以欣赏对面的岩壁和瀑布。瀑布为这个采石坑增加了景观的动态变化，潺潺的水声增添了宁静悠远的气氛。水岸的一条小径联系了4处不同标高的平台，为人们提供了从不同的角度观赏岩石、瀑布和建筑的场所。水边岩石上种满了红色的

图1　三维数字模型

图1

图2

图3

图2 落霞池
图3 水花园
图4 岩石园
图5 峻崖潭

三角梅，悬垂下来，倒影在池塘中（图2）。

（二）2号采石场（水花园）

采石场面积仅为0.4hm²，四周岩壁环绕，坑底较平缓，低处常年有积水，是周围村庄鸭子嬉戏的乐园。它被设计成为一个湿生植物花园。覆土形成的缓坡从浅水区一直延伸至岸上，种植了40多种水生和湿生植物。在地势较高处设计了两层台地，种植乔灌木，为花园创造了背景，也遮挡了破碎的岩壁。山崖上方有路径与采石坑底部连接，最高的一段是封闭的木盒，既是安全的步行通道，也是一个空中观景台，人们可在此欣赏岩壁，俯瞰花园。木盒下方有一个宽大的平台，平台引出的之字形钢格栅栈道从湿生植物种植区穿过（图3）。

（三）3号采石场（岩石园）

这个0.4hm²采石场基址呈碗状，三面环绕岩

壁，一侧地面堆放了大量渣石和渣土。受到岩石缝隙中萌发的植物的启发，我们将这个采石场设计为精致的岩石园。设计将原有的渣石渣土整理后塑造出地形的骨架，然后在上面覆盖种植土。微妙的地形变化不仅创造出干燥和湿润等不同的生境，为不同植物生长提供条件，也把场地雨水收集到最低的凹陷区。紧邻主园路设计了几层尺度亲切、变化丰富的台地来化解高差。台地上种植了仙人掌和多肉多浆等沙生植物，营造出极富特色的沙漠植物景观。中间缓坡区展现荒原植物景观。底部凹陷区被设计为湿生岩石园，有溪流层层跌落至最低处的池塘。两个标高不同的平台位于凹陷区的边缘，人们可以凭栏观赏溪流跌水（图4）。

（四）4号采石场（峻崖潭）

采石场停采之后渗透出来的地下水汇成一个面积约1hm²的碧绿澄澈的大水潭。我们在南北两侧主要观赏点设置了平台。北侧的观景台是一个位于采石场边缘的耐候钢长廊，内部朝向采石场打开了一长条带形窗，在此可以望见对面高出水面40多米的高耸险峻的悬崖。长廊南端悬挑在岩壁上，人们站在玻璃栏杆内侧可以俯瞰脚下的一池碧水和对面的滨水平台，惊险刺激。采石坑南侧，一个楔形平台从山石的一个豁口探出，悬挑于碧水之上，一条曲线的栈桥从平台引出，连接低处的滨水平台。坑体周围和和坑内缓坡处通过覆土，种植了南洋杉和一些乡土灌木及草本，使采石场有了生机并衬托出崖壁的险峻（图5）。

（五）5号采石场（飞瀑湖）

这个面积最大的采石场约3.2hm²，开采深度也最深，达28m，底部呈现几层岩台，崖壁破碎。随着地下水逐渐蓄积，水位不断上升。根据水位观测和分析，我们判断最终整个采石坑将成为一片湖面。设计师通过覆土将采石坑底部两片开采深度相

图4

图5

对较浅的区域抬高到水面之上，并种植耐湿高大乔木如池杉和水松，形成水上丛林，为荒凉的坑体内部带来绿色和生机。然后用不同高度的栈桥引导人们进入采石坑内部，穿越水面和树林，通往岬角高处的观景台，在下降和攀登的探索中体验空间和景观的变化。为了增加景观的丰富性，栈桥对面的崖壁上设计了飞流而下的瀑布，人们可以在桥上观赏到精彩的瀑布景观（图6）。

（六）6号采石场（台地园）

6号采石场一侧是采石场崖壁，一侧是乡村水塘，面积为0.7hm²。场地上有制砂生产线的全套设备，展现着场地采石工业的历史。它被塑造成具有后工业气氛的浪漫绚丽的花园。几层台地沿南侧崖壁蜿蜒展开，它们的覆土厚度满足不同植物生长的需要。机械设备大部分被置于绿地之中，生机勃勃的植物与锈迹斑斑的机械形成有趣的对比。道路在不同高度的台地中和原有高架传送带下方曲折穿过，路边设置了舒适的木质靠背椅供人休息（图7）。

（七）7号采石场（双秀园）

这是位于一座小山两翼的两个1000多平方米的小采石坑，一个较深，终年有水；另一个较浅，有季节性积水。因为废弃了若干年，两个坑的石缝里长出了各种乡土先锋植物，景观朴野自然。设计没有采用过多的人工干预，只在两个坑体中间未被开采的山坡上设置了一圈环形栈道，让游人在这里俯视两侧的采石坑，让人们了解在矿坑修复中自然的力量和作用。在西侧坑体边缘设了一个临水小平台，与山上的环形栈道相呼应。栈道和平台都采用钢格栅的材料，透光透水，不会影响场地自然植被的恢复（图8）。

场地上原有一道水渠，是场地农业历史的见证。我们在设计中保留了水渠，将它作为该区域几个水面的补水水源，延续它原有的功能，并水渠上方架设高架步行桥，与相邻的采石场花园的游览路径连接起来，形成该区域独特的立体游览体系。为了给游客提供一些基本服务，同时也展示园区生态修复的理念和方法，我们在采石场区域设计了一个600m²的信息亭。木结构的建筑呼应了当地乡土建筑的形式。

三、后记

通过契合场地地貌和景观特征的设计，7个岩石破碎、荒凉的采石场转变成了园林博览会上独特的系列花园，展现了采石场生态修复的可能性和景观艺术的不同维度。它们所展现出来的思想和方法，不仅仅在采石场修复项目中、并且在更广泛的景观实践中具有示范的价值。

项目组成员名单
项目负责人：王向荣　林菁
项目参加人：李倞　张诗阳　刘通　李洋
　　　　　　张铭然、郑小东　华锐　韩宇
　　　　　　许璐　常弘

图6　飞瀑湖
图7　台地园
图8　双秀园

图6

图7

图8

生态修复工程中体验中国传统造园理念

——北京牛栏山公园设计回顾

北京市园林古建设计研究院有限公司 / 毛子强　崔凌霞

提要： 一切现状都有其历史成因，许多元素都是值得保存的乡愁记忆，园林景观设计师并非要将其"抹平"。

一、项目背景

近年来，随着我国对生态环境的重视，生态修复已成为城乡建设的一项重要内容，这也为风景园林工作者带来了一个新的课题。

生态修复和中国传统造园在本质上都可溯源到中国文化的自然观，生态修复是要还原场地一个自然的肌理，中国传统造园是使生活环境自然化、自然艺术化，二者本质上是完全一致的。因此，在进行生态修复的过程中，完全可以把一些传统造园理念运用其中。

牛栏山（金牛山）生态修复环境提升项目就是这样一个例子：牛栏山是潮白河右岸的一座小山，位于北京市顺义区牛栏山镇，占地面积 13.94hm²。据史料记载，牛栏山具有 800 多年悠久的历史。曾有元君庙、望粮墩等牛山八景。20 世纪 60 年代，由于在此开山采石，山体遭到极大破坏。本次改造之前场地现状地质条件复杂，山体风化严重，有多处陡坎、峭壁和坑地（图 1），此外还有三处当年遗留下来的石灰窑。

二、项目设计目标

这个项目有两个目的，一是要进行生态修复：对松动的山体进行清理加固，并进行基础绿化。二是建设一个公园。所以这个项目中，设计师的任务就是如何将残缺山体和垃圾坑建成一个山水相依、绿树成荫的山地公园。

项目通过地质保护、植物栽植、景观规划等多学科、多专业相结合，互相补充，最终将一片残山建设成为集生态、休闲和地域文脉展示于一体的城市山林。

设计过程中笔者深深感到对自然、对场地文脉尊重的重要性，同时也对于中国传统园林的造园理念有了进一步的认识。

三、项目特点

（一）源于尊重自然，结果契合理论

对于公园的选址，《园冶》相地篇中有一段关于"山林地"的介绍："园地惟山林最胜，有高有凹，有曲有深，有峻而悬，有平而坦，自成天然之趣，不烦人事之工。入奥疏源，就低凿水，搜土开其穴麓……绝涧安其梁，飞岩假其栈……千峦环翠，万壑流青。"

此项目中场地的残山、坑窑恰恰为我们提供了变化丰富的地形素材。设计师利用现有地形地貌建立公园的山水骨架，确立了公园的总体布局（图

图 1　山体东部现状

图1

图2

2）；通过台阶、栈道的设立，构建多变的园路游览系统；利用现状地形创造出不同感受的丰富的园林空间变化（图3）。场地原有的几个矿坑，根据规模大小及位置、深度分别处理成了水面和下沉广场。回顾看来这些设计手法与《园冶》的相关造园理论甚为契合。这种尊重自然、利用自然的手法，恰恰是中国传统园林造园理论的精髓所在。

（二）尊重历史发展，保护场地文脉

像牛栏山这样一个经历了重大变革的场地，本身即包涵了的自然演变、社会发展等丰富的信息，有其明显的自身发展经历。在生态修复时，应尽量保留其每个历史阶段的印记，比如三处当年遗留下来的石灰窑，是20世纪60年代特殊历史时期的产物，也是牛栏山由郁郁葱葱到后来石渣遍地的见证，保留这些印记，是对地区文脉的完整性的保护（图4）。因此在设计时，对这些石灰窑进行了结构加固，对其外立面进行了景观处理，并利用平整的窑顶处理成观景平台，既可俯瞰公园，又可远眺潮白河，从而成为特殊的遗迹景点。目的是将公园所在地块的发展印记完整地呈现给游人。

四、总结

通过牛栏山公园的设计可以总结出：以园林手法进行生态修复，可以一举多得。即可改善生态，提升环境品质，同时可以展示地区历史文脉。

图3

图4

项目组成员名单
项目负责人：毛子强
项目参加人：潘子亮　曲　虹　王　晓　崔凌霞
　　　　　　王路阳　孔　阳　柴春红　付松涛
　　　　　　穆希廉

图2　依据自然地形设计的山水骨架
图3　丰富的登山游线
图4　保护利用的石灰窑

北京小微湿地保护修复示范建设项目实践

北京景观园林设计有限公司／夏　康

提要： 这是一个"小题目、大做为"的项目。北京"小微湿地"保护修复示范建设项目集生态示范与观赏休闲于一体，创造了城市绿地舒适典雅的绿色景观，生态、经济、社会效益显著，树立了首都小微湿地建设的先锋典范。

小微湿地设计是在较小范围内，依据昆虫、鱼类、两栖和爬行类以及鸟类等湿地动植物生存所需的栖息地条件，构建结构比较完整并具有一定自我维持能力，能够发挥水质净化、蓄滞径流、生物多样性维持、景观游憩和科普宣教等功能的小型湿地生态系统。作为城市湿地系统的有机组成部分，小微湿地在保护修复、建设管理以及合理利用等方面，与城市大型湿地具有同样重要的作用和意义。加强小微湿地保护修复与建设，是落实生态文明观的重要途径。

一、项目背景

北京市人民政府于 2018 年印发《北京市湿地保护修复工作方案》(京政办字〔2018〕3 号)，以进一步加大本市湿地保护修复力度，全面提升湿地生态质量，并对本市湿地保护修复的总体目标、主要任务和保障措施提出了具体要求。

北京小微湿地保护修复示范建设项目旨在利用城市有限的水资源，营造适宜生物栖息的多样生境，提高生物多样性，促进人与自然和谐共生。在北京市园林绿化局的组织协调下，我们详细踏查比选了城区和郊区多个地块，综合考虑周边建设条件、通达程度、生态基底环境、场地维护条件等因素，最终确定课题选址为北京亚运村。

北京小微湿地保护修复示范建设项目推动了区域国际交流的文化服务功能，加快小微型湿地示范项目的落地实施。借由项目的建成和示范带动，以点带面，使小微型湿地保护修复工程在北京全市有

条件的区域内得到有效推广，以点带面，将生物多样性保护作为出发点，发挥更大的综合效益，让城市生态更具活力。

二、小微湿地保护修复

小微湿地保护修复示范建设项目以湿地生态功能为前提，以湿地自然景观为特色，营造并维持动物栖息地环境，开展科普教育宣传，结合雨水的高效收集与合理利用，加强湿地生态保护修复力度，充分发挥小微湿地的生态和景观效益，创造人居环境舒适典雅的生态景观，旨在为北京市未来小微湿地的保护建设和合理利用起到示范和引领作用。

(一) 场地分析

项目位于北京亚运村中心地区，南邻国际会议中心、五洲大酒店、五洲皇冠国际酒店，东接北辰时代大厦，西测距离国家体育场鸟巢 850m。项目所处的亚运村中心花园占地面积 52000m²，是首都国际交往空间下的一处重要的生态园林，其中核心区小微湿地建设面积 4100m² (图 1)。

小微湿地所处区域建设前杂草丛生、植被单一，与周边绿地环境不融合。现状中心为旱溪，卵石粗犷，土壤裸露，每逢雨季来临时积水严重，同时场地植物层次较为单一，生态效益不佳 (图 2)。

(二) 空间组织

小微湿地三面环绕地形植被，南侧与开敞草坪隔山相望，位于南北轴线上重要区域，属于园中之

园（图3）。通过山形水系的塑造、雨水收集及水体净化技术、植被恢复等一系列技术手段，从西向东，起承转合，保护修复小微湿地的生态环境，为周边居民营造了休闲游憩和生态科普的亲水空间（图4）。

（三）平面布局

维持原有铺装和道路位置，梳理湿地轮廓，水面适当收放。区域西侧与草坡结合叠山理水，营造山石瀑布；东侧适当扩大水面，种植水生植物和观赏草，形成生态岛；东西之间的过渡地带设置景石、种植造型树、营造动物栖息地，最终形成集雨水收集、生态栖息、观赏休闲于一体的小微湿地。

在铺装设计、驳岸构建、植物配置等方面充分融合传统园林造园手法，体现中式园林文化特色，并结合湿地水体外形，实现传统与现代设计相结合（图6）。

三、蓝绿共融的生境修复

（一）生境营造

在有限的场地空间内，通过蜜源食源植物配置、山石驳岸的塑造、植物岛的构建，包括乔灌木、地被植物、水生植物、山石、卵石以及水体，营造出水域生境、陆地生境等，并形成多重微生境，包括生态岛、驳岸、草坡、灌丛等。

图2

图1

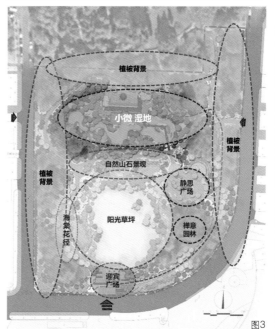

图3

图4

图 5　小微湿地内的指示物种实景
图 6　小微湿地综合效益展示

栖息地类型及指示物种　　　　　　　　　　　　　表1

序号	栖息地类型	目标物种类型	指示物种
1	景石洞穴	蛙类	青蛙、蟾蜍
2	地被花卉、水生植物	昆虫类	蜻蜓、蝴蝶、蜜蜂
3	水体	鱼类	鲤鱼、小鲫鱼、麦穗
4	高大乔木	鸟类	麻雀、喜鹊、灰喜鹊
5	绿岛	禽类	野鸭

图5

图6

（二）栖息地布局

　　小微湿地的一个重要功能是为城市里的小动物们提供一个庇护场所，所营造的陆生生境（乔木生境、灌草生境）为鸟类动物提供栖息地，驳岸生境（山石驳岸、浅滩生境）为蛙类、涉禽类动物提供栖息地，水体生境（湿生植物、生态岛、水体）为

昆虫类、鱼类、禽类提供栖息地（图5、表1）。

　　多种类型的生境为不同的动物营造适宜的栖息地。植物作为生产者（湿生植物、灌木、乔木）为昆虫类动物提供食物，昆虫类动物作为初级消费者为蛙类、鱼类提供食物，蛙类、鱼类作为次级消费者为高级消费者鸟类、禽类提供食物，以上所有的消费者产生的排泄物通过微生物的分解为植物提供

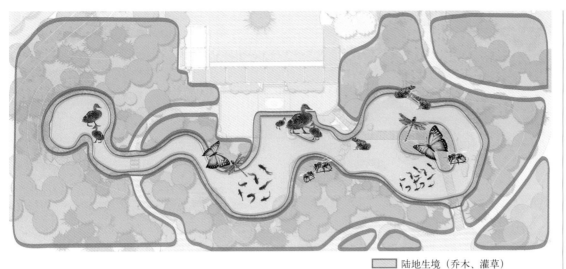

图7

陆地生境（乔木、灌草）
驳岸生境（山石、浅滩）
水体生境（湿生植物、水体）

图7　生境与生物多样性关系示意图

养分，从而构建了稳定的生态系统（图7）。

（三）特色植物配置

小微湿地中新植芦苇、千屈菜、水葱、睡莲、金鱼藻等10余种湿生植物，新植元宝枫、海棠、山楂、金银木等浆果类、坚果类、蜜源类植物20余种，为小动物提供食物。同时，为保证湿地水体长期清澈，采用食藻虫引导水生态修复技术。应用食藻虫处理水域蓝绿藻污染，与水体内的鱼类、沉水植物、挺水植物共同建立"食藻虫——水下森林"的共生生态环境，使水域得到净化，并建立水体良性生态循环系统，使水体具备自净能力，长期保持清澈状态；同时还可以建立以沉水植物为主导的四季常青的水下自然景观。

四、综合效益评价

小微湿地为人们提供了一个便捷的认知自然的过程。从雨水调蓄、净化水质，到气候调节、生态修复，从营造生境、保护野生动物栖息地，到丰富景观、满足不同人群多样化需求，小微湿地的保护建设作用举重若轻。

（一）生态效益

小微湿地建成后生态效益的显著变化。首先，群居的野鸭在种植岛上落户，并在两年内孵化出30只以上的小鸭；不同种类型的微生境景观的构建吸引来鸟类、蛙类、昆虫类等野生动物；植物配置有效调节周边环境小气候，起到增湿、降温的作用；丰富的湿生植物和水体循环系统有效保障了水

质，小微湿地已经具备了消纳雨水径流的能力，减弱雨水对周边环境的危害。

（二）经济效益

通过地形梳理和节水保水措施，最大化地收集利用雨水，打造生态节约型园林和低维护园林景观。同时，小微湿地营建及花园整体景观品质的提升，将提高项目所在区域的环境品质及吸引力，提升周边居民以及使用者的幸福感、获得感，进而带动区域国际、国内会展经济的良性发展。

（三）社会效益

小微湿地的营建也有效地提升了中心花园的绿色生态空间品质，大幅度地提高了公众的参与性。市民喜闻乐见，投喂野鸭和鱼类，近距离观赏野生动物，儿童在城市里便可以亲近自然，实现科普认知。

五、建设要点解析

（一）运用"生态踏脚石"理论进行选址

对于小微湿地的选址需科学规划，与城市的绿地系统相辅相成。通过应用"生态踏脚石"理论，使得小微湿地作为动物迁徙的中间站，具有占地小、使用率高、便于推广的特点，与周边社区公园、城市公园等不同尺度的绿地斑块进行了系统性地连接。本次小微湿地为城市野生动物提供良好的踏脚石，野鸭们在此栖息和孵化，并可以迁徙至周边奥林匹克森林公园等大型斑块；同时，加设有益于人类休息的踏脚石（小斑块），增加大型斑块之

图 8　建成实景

间的连接度，并可提升市民在大型斑块之间的活动频率。在城市空间布局上连点成网，充分发挥其生态效益。

驳岸场地等，形成植物、鸟类、鱼类和其他生物相对稳定的生物链，保持整个动植物、微生物系统的平衡和稳定发展。

（二）生境与生物多样性营造

丰富的动植物的保护与引进就成为小微湿地的一大关键。不同类型自然动植物的分类展示需要有相关的园林景观相结合，如不同类型的水体环境、

图8

（三）引导健康生活

从健康视角看，小微湿地中诸如山石、水体、树木、花卉等要素创造了人与自然接触的机会，其生态园林空间通过嗅觉、视觉、听觉等多样的感官方式，让人接触具有生命或类似生命形式的自然环境。尤其是在后疫情时代，给人带来了生理上和心理上与城市室内环境不一样的感受。

（四）全过程管理

整个过程中，设计方占到首要位置，全过程参与管理，包括图纸及现场设计、投资估算、材料检验、施工工艺、效益评价多方面工作。由于现场环境较为复杂，设计应结合周边环境，并融入自然，因此有部分内容的设计是在现场根据具体环境完成的，尤其是植物造景和山石布置。

六、结语

生态没有地界。作为《北京市湿地保护修复工作方案》的首个课题任务的先期启动工程，北京小微湿地保护修复示范建设项目仅是开端和一次尝试，后续还需要合理利用北京市有限的水资源，营造近自然水系，为在城市生活的小动物提供更多适宜栖息的庇护场所和落脚地，缓解热岛效应，为居民提供亲近大自然的场所，从而提高生物多样性，进一步实现人与自然的和谐共生（图 8）。

项目组成员名单
项目负责人：吴忆明
项目参加人：李燕彬　夏　康　白桦琳　李皓然
　　　　　　刘晓星　罗彦直

江西南昌市西湖区孺子亭公园整体改造工程设计

中国美术学院风景建筑设计研究总院／陈继华

提要： 该公园整体环境品质提升不仅给市民提供了民俗民艺交流活动空间，提升了孺子亭公园的知名度及影响力，通过声光电等艺术手段的介入，还实现了人文底蕴与园林景观的完美融合。

孺子亭公园位于南昌市区核心板块，其中的孺子亭始建于南唐，距今已有千年历史。"徐亭烟柳"素来便是"豫章十景"之一，是南昌的精神文化地标。在新时代下，如何寻求景观与文化的巧妙融合，以何种途径来充分彰显公园厚重的历史，并使文化深入百姓生活？是项目思考的出发点（图 1）。

一、设计的解读与重构

回望千年的孺子遗风，以艺术的视野对孺子亭公园进行解读与重构，确立"仙境在人间"的气质定位，并以"云水禅心、重生之夜"营造孺子亭公园文化意境。设计秉承湖城相连、诗画入境、古今交融的策略，重塑"春月溶溶夜"的盛世美景，重构"烟笼孺子亭"的云水仙境（图 2）。

（一）景观的铺底与搭建

开墙透绿开放公园景观，以建筑、连廊、绿化相结合的模式，加强园内外的展示与渗透；梳理现状绿化，释放林下空间，打开迎湖景观面，结合

图1

图2

图 1　孺子亭公园改造前
图 2　孺子亭公园设计鸟瞰

图3

画为景中魂，景从画中来

【"徐亭烟柳"古画】 → 【手绘构思草图】 → 【实景图】

图4

亭廊扩建改造、局部调整岸线，突出节点的主次节奏，明确功能分区，形成由动态向静态层层递进，点、线、面三位一体的空间序列（图3）。

（二）文化的敬意与解构

通过古画诗词，解析"徐亭烟柳"景点的气质作为公园的精神内核；同时，以画意景观为线索，将各景观要素串珠成链，打造九大人文景点（图4）。

二、设计的创新亮点

公园作为一个大舞台背景，以公共艺术为媒介、声光电的交互融合为手段，点与点相互布景，互相成就，营造一场"徐亭烟柳"印象秀。

（一）人间仙境——《孺子望月》

作品尺寸：月亮直径8m，徐孺子、乌蓬船及仙鹤尺寸1.4m，5.5m。

作品材料：不锈钢、纱幕、铸铜等综合材料。

作品创作依托孺子亭湖心岛，以孺子亭、香樟树及整个湖心岛为背景，以《孺子望月》这一历史典故，塑造徐孺子儿时"尝月下戏"站立船中的形象（图5~图7）。

基于"春月溶溶夜"的画意景观，以"月亮"为创作灵感与主体，设计直径8m的"月亮"造型。外圈采用异型拉丝不锈钢，中间选择透光度较高的网纱材质幕布，白天隐于林间，夜晚明月升起。轻纱般的薄暮最突出的优点在于可透光，极具通透感，可使影像悬浮于空中，在高透光的同时能确保画面依然亮丽，使纱幕浮现出梦幻绚丽的画面，是艺术与高科技的完美结合，极具观赏性。同时在外圈的圆形骨架结构内隐藏灯光及雾森系统，模拟明月当空的场景，通过光影的投射，映衬出仙境般的月圆意境。

前景假山叠石、仙鹤瀑布、小桥流水、桃花柳树、水雾荷花与水中倒影；背景大香樟树、孺子亭，中间是那一轮浩瀚明月。夜幕降临，淡淡的月光、飘渺的云雾，共同勾勒出了"云水禅心、重生之夜"的艺术人文意境。

（二）水墨入画——《水书》

水墨般的公共艺术《水书》作为公园景观的

画面前场，巧妙利用水的流体性能，通过精心设计的水下程控装置，在平静的水面呈现出下陷的"水字"，辅以高冷深邃的内透光源，仿若无形神笔在水面疾书，诗意的融入"微风杨柳岸，隐隐踏歌声"的意境（图8）。

三、见证设计的价值

完美诠释了科技、艺术、文化的高度融合，创造性地实现了现代科技对画意景观的诗性表达。景观不仅是"仅观"，更是文化的活态展示、生活休闲的互动体验。全面激活了公园的夜游体验，激发受众共鸣，吸引人气，拉动夜游经济升级。

项目组成员名单
合作单位：中国美院郑靖教授艺术创作团队、杭州明捷普机电设计事务所
项目负责人：陈继华
项目参加人：李 峰　周杨琴　王小红　朱文亮
　　　　　　王月明　陈 丹　巫青梅　邓旭东
　　　　　　秦似填　汤云翔

主要景点
1 前景铺装　　9 假山叠瀑
2 对景绿化　　10 景观拱桥
3 公园入口　　11 场景雕塑
4 保留亭廊　　12 改造拱桥
5 保留石碑　　13 二级驳坎
6 院落空间　　14 保留柳树
7 景观平桥　　15 亲水广场
8 徐孺子亭

图5

图6

图7

图8

社区尺度下城市绿色基础设施更新案例

——上海彩虹湾公园

上海市园林设计研究总院有限公司／杜　安

提要： 实现生态防护、休闲游憩、雨水收集、科普示范、公共服务、景观观赏等功能的复合统一，体现现代节约型绿地的设计思路。

一、项目概况

图1　彩虹湾公园总平面图

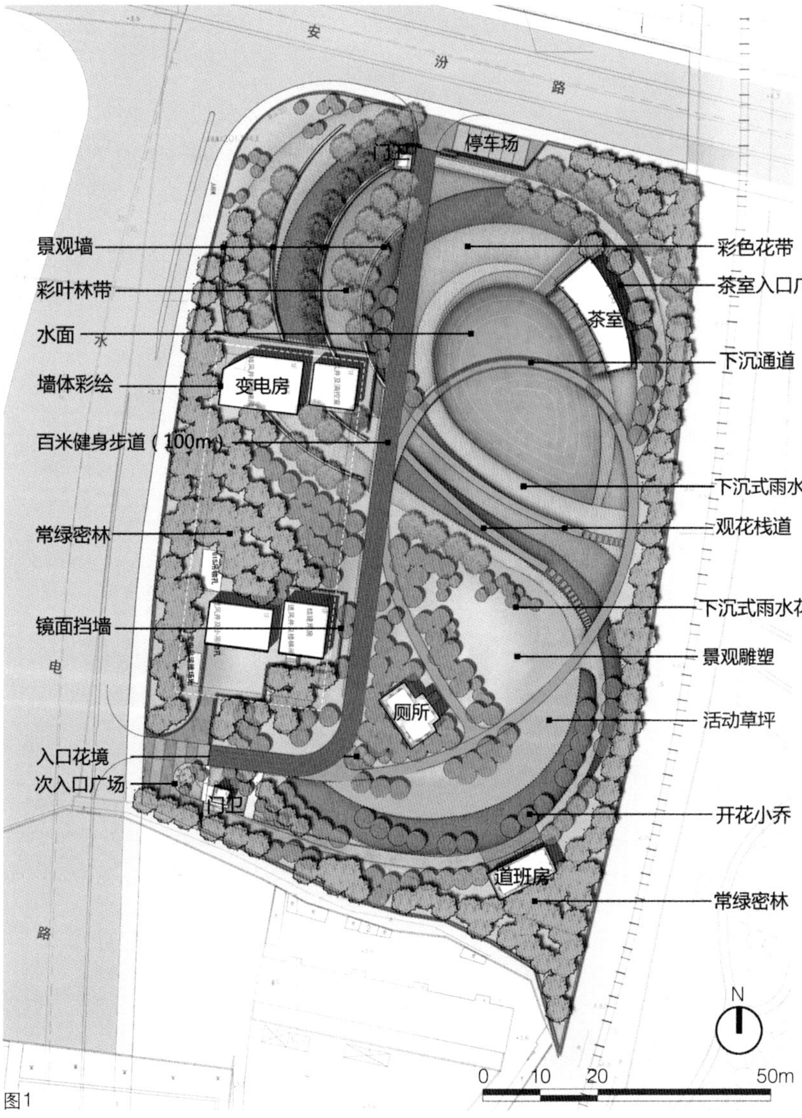

彩虹湾公园位于上海市虹口区江湾社区，紧邻宝山区。周边有彩虹湾保障房和多个高层住宅小区。原址是二纺机厂废旧厂区，暂用作临时动迁苗木基地，一期总面积1.6hm²。因服务于社区的华严变电站落位在本地块内，因此项目结合华严变电站建设同步规划建设，于2017年12月正式建成并对外开放（图1）。

本项目主要通过人工湿塘、下沉式雨水花园、水体生态修复、地形设计、透水铺装应用、临水亲水设施建设、立体绿化等具体技术措施来响应其低影响开发的建设要求（图2）。

二、人工湿塘、下沉式雨水花园

人工湿塘—雨水花园—旱溪是彩虹湾公园低影响开发建设的主要技术内容和核心景观区域。人工湿塘利用土壤、人工介质、植物、微生物的物理、化学、生物三重协同作用，可对沿一定方向流动的污水、污泥进行处理。彩虹湾公园人工湿塘位于绿地北侧洼地，面积1282m²，长宽比约2：1，其设计充分利用了场地原有低洼地势形成的水塘，经适当开挖塑形后呈现为水滴形态。池底沿用自然湖底，并采用生态驳岸设计，淡化人工痕迹。设计驳岸标高2.90m，常水位标高2.80m，池底标高1.20m。初次补水为人工补给，后续补水主要以雨水为主。设计充分利用其雨水调蓄功能，消纳汇集周边区域的径流雨水（图3）。

结合人工湿塘水面开挖，土方造型及驳岸设计因势利导，在湿塘南侧外围就势设置下沉式雨水花园，种植水生、湿生植物，承载周边汇水区雨水，就地自然蓄渗，充分发挥其对雨水的净化、滞留作

图2　　　　　　　　　　　　图3　　　　　　　　　　　　图4

用。雨水花园以缓冲花带形式自外围向人工湿地核心区域缓缓下沉，两条弧形透水型观花栈道架设于上，之间呈0.5m的高差。栈道采用锈钢板材质、镀锌网格片面层，具有良好的景观效果和游赏体验，同时也唤醒了场地作为原二纺机厂废旧厂区的工业记忆（图4）。

植物配置方面，以上海地区低潮水位、常水位、高潮水位为依据，结合场地水位变幅区情况，采用自然层片式沿岸带植被结构设计，遵循"近水陆生植物-沿岸挺水湿生植物-浅水挺水湿生植物-漂浮植物/沉水植物"层片式植物群落配置模式。其中，环人工湿塘种植带结合生态型驳岸设计，选用常绿水生鸢尾、海滨木槿、细叶芒、蒲苇、天蓝鼠尾草、南天竹、旱伞草、矮蒲苇、花叶美人蕉、红千层、彩叶杞柳、醉鱼草、百子莲、金叶石菖蒲、花叶蒲苇等挺水湿生植物，结合地形配置，形成错落有致的湿生植物景观群落。下沉式雨水花园则选择耐水淹、抗污染的适生植物种类，如东方狼尾草、柳枝稷、重瓣金鸡菊、西洋滨菊、毛地黄叶钓钟柳、扶芳藤、紫罗兰、活血丹、千叶蓍、银边芒等，既满足雨水调控等功能需求，又兼顾季节性观赏效果。

三、水体生态修复

针对水体自净能力有限、水体易滋生水绵、夏季则易爆发蓝绿藻、底泥污染物易漂浮于水面等问题，通过生态水处理干预，对人工湿塘的水体生态系统进行修复。具体技术措施包括底质预处理、水下全生态系统构建、水生态系统后续管理与维护等方面。

四、地形设计

当坡度在5°～15°时，径流产生时间逐渐减少，土壤稳定渗透率随坡度增大而减少，在10°左右时土壤入渗率达到最大值。彩虹湾公园结合场地总体地势南高北低的特点，将绿地南侧地形适当抬高，引导地面径流向低洼的雨水花园和人工湿塘区域汇集，同时提升土壤入渗能力。

五、临水、亲水设施

穿越人工湿塘的下沉式亲水栈道（下沉通道）在整个项目设计中颇具亮点。栈道两侧墙体高1.1m，采用文化石贴面，墙体内间距1.56m；栈道底面铺设菠萝格木板，设计标高为1.8m，而栈道两侧水面常水位标高2.8m，水面位于成人的腰部至前胸处，从而可使游人获得在水中隧道穿梭的动态亲水体验，深受周边居民，特别是儿童的喜爱。此外，临水茶室的设计则更加注重游客静态的亲水体验。

六、立体绿化

绿色屋顶率是上海市低影响开发城市绿地建设的重要考核性控制指标。充分利用彩虹湾公园内的地下变电站顶板，以及茶室、工具间、厕所等配套建筑外墙立面及屋顶进行特色立体绿化设计。其中，屋顶绿化采用草坪式屋顶模式，以金叶景天、黄金佛甲草、垂盆草等适生地被进行单层配置；垂直绿化则选用了小叶栀子、花叶络石、常春藤、金森女贞、肾蕨、金边麦冬、兰花三七等多达十余种绿色植物进行自然式拼贴组合，完成后的建筑立面充满生机与绿意，并设有自动灌溉系统。

项目组成员名单
项目负责人：杜 安 庄 伟
项目组成员：戚锰彪 黄慈一 徐元玮 李彦良
　　　　　　刘妍彤 陈惠君 李 雯 陆 健
　　　　　　翁 辉

|风景园林师|　153
Landscape Architects

图2　建成后总体效果
图3　人工湿塘
图4　下沉式雨水花园

胡同记忆，园艺生活

——2019 世园会"北京室外展园工程建设项目"花卉园艺布展实践

北京市花木有限公司／尹衍峰　董道宏　李　笑　杨　萌　周肖红

提要：北京园花卉景观布展实践，是一次将文化、景观、体验融为一体的园艺综合展示。

2019 世园会北京室外展园工程建设项目（简称"北京园"）面积 5350m²，获得了 AIPH 大奖（国际园艺生产者协会）及世园会组委会大奖。展会期间传统与现代创新融合的花卉景观形成北京园独特的魅力（图 1）。

世界园艺博览会是世界范围内最高级别 A1 类专业园艺展会，其中的北京园作为东道主展园，位置重要，建设意义重大。北京园花卉园艺景观的特点在于对老北京胡同园艺文化的挖掘展示，以花卉材料作为主角，在园内"和合如意""青瓦盛芳""棠花童真""玉堂长春""甘雨荷风""百花深处""碧峰花影""什锦花坊"八处景点（图 2～图 6），通过展示丰富的花卉材料，深挖胡同里的园艺记忆，配合郊野场景营造的山水情怀，老城红墙下绿色生活的诠释共同演绎"望得见山，看得见水，记得住乡愁"的设计主旨。

一、花卉景观方案深化强化项目特色和亮点

仿古建筑、庭院景观和园艺展示是北京园展览展示的三条主线，而园艺展示线则是讲好"我家院儿"这个设计主题最值得深挖的专业线、故事线、文化线。

（一）发掘传统植物，将胡同里园艺生活升华为乡愁记忆

为突出北京园"青瓦盛芳""棠花童真"等场景故事，花卉种类深化重点选择可玩、可看、可食的花草，表现老北京的生活里淘换奇花异草的生活乐趣。胡同花架上的紫藤花可赏可食；皮实又好看的紫茉莉、中国凤仙是儿时的玩具；高大的蓖麻更是可以勾起 60 后、70 后回忆的老朋友；包粽子用的马蔺、可食可用的扫帚草均巧妙地应用于胡同的景观布置中，让游客感受到充满生活气息的北京胡同里的质朴园艺生活。

（二）延续文化脉络，再现庭院中吉祥如意的花文化

以"玉堂长春"为中心、"百花深处"为映衬的宅院和花园，突出展示具有北京特色的花文化；院内正房前栽玉兰，南侧栽西府海棠，廊架下摆放月季盆栽，月季花也被称为"长春花"，和玉兰、海棠一起，应和"玉堂长春"的美好寓意。

四合院正中摆放着整石雕刻荷花图案的水缸，养金鱼、种植睡莲，寓意年年有余。天棚鱼缸石榴树，透出一派闲适的文化趣味，体现生活的富足美好；海棠、梅花等盆栽苗木，提前调控花期，实现

图 1　鸟瞰

图1

开园即开花，展现传统"熘花"工艺。

（三）开发乡土、新优植物，表现新时代的绿色生活

"碧峰花影"景区，在乡土乔木景观骨架下，金莲花、龙牙草、大叶铁线莲、唐松草、荚果蕨等80余种乡土、野生花卉，营造具有北京特色"亚高山草甸"郊野景观，让生态环保理念在优美的庭院景观中落地。"甘雨荷风"突出集雨汇水的湿地功能，通过荷花、睡莲、水葱、千屈菜等滨水花卉品种搭配，进一步营造郊野的景观氛围。

"什锦花坊"红色宫墙下，除栽植玉兰、银杏、松柏"标配"树种，一隅的太平花、五谷树（雪柳）表达的是"太平盛世、五谷丰台"的北京祝愿，而色彩丰富、配置新颖的500个花卉品种更是为红墙下的"绿色生活"锦上添花，成为园区的一大焦点。

二、高效施工质量管理是高品质园艺布展的基础

北京园花卉景观的成功，对设计概念的把握是根本，而施工组织则是呈现良好效果的关键：传统技艺和现代技术的融合、乡土植物和新优花卉互补，为北京园的施工质量和景观表现提供了有力支持；繁多的花卉种类特性、复杂的传统工艺流程被有效整合，考验的是施工组织的科学性、系统性。

（一）以材料、工艺、工序细节夯实质量管理

由各高校和科研机构提供的自育展示品种如萱草、月季、牡丹等提前集中养护，保障苗木品质一致性，应用在"百花深处""玉堂长春"等景点均成为视线焦点；北京绿化科技成果有机融合在各个场景向游客展示；大量经过提前3年选育的国内外新优品种应用在园区；长达半年的科学养护实现了花卉的生长状态、花期调控和展览需求达到完美契合。

（二）流程管理和科学复核服务工期管理

展园建设工期紧张，施工条件复杂，留给花卉布置的时间紧张又苛刻，1000多个花卉品种、30万株（苗）花卉分三季三个批次在极短的时间内完成栽植、换季需考虑到在有限的作业面和时间内基于应用方式、施工工艺和植物特性科学安排，协调数几支队伍和大量技术人员共同完成。

图2

三、花卉布展需构建多重保障体系

（一）花卉质量控制体系的品种保障

建立花卉生产标准、生产流程、技术控制标准，从种苗供应、养护设施、出圃运输、现场栽植确保质量底线。

（二）技术与景观创新融合的品质保障

乡土植物筛选技术、自育花卉品种成果、国外新优品种筛选技术，控光、补光、降温、增温、生长调节剂等现代科技应用于木本花卉花期调控，全园智能灌溉系统，以及生态型软性水体池体构筑技术，在园区都完美融合于景观环境之中。

（三）一专多能的技术人员是品牌保障

花卉布展实践性强，往往设计图纸无法精细表现花卉景观的效果，需要现场技术人员既是熟练工，是艺术家，更是花卉植物专家，前后30多位技术人员共同参与北京园花卉布置流程、标准、技术的制定，保障了设计意图表达和景观效果的呈现。

四、后记

在项目的实施中，我们学习到了在春华秋实中延续人与自然和谐相处的智慧，检验了园艺技术和思想碰撞的巨大力量。北京园花卉布展实践让我们领悟到文化自信、科技进步支撑的园林景观会充满魅力。我们希望北京园构筑的园艺品味和审美认知被更多的传递，启发我们花卉植物造景新的思路。

项目组成员名单
项目负责人：尹衍峰
项目参加人：董道宏 李笑 杨萌 邹成勇
孙森 林小飞 李丽芳

图2 玉堂长春
图3 百花深处
图4 碧峰花影
图5 什锦花坊
图6 什锦花坊

图3

图4

图5

图6

"窗梦江南"

——第十二届中国（南宁）国际园林博览会南京园设计

南京市园林规划设计院有限责任公司／李浩年　钱逸琼　姜丛梅　朱　巧　崔艳琳

提要："南京园"以窗为引、以文为意，蕴藏南京特色，再现江南园林。

一、项目概况

在第十二届中国（南宁）国际园林博览会南京园方案设计竞赛中以"窗梦江南"为意境的南京园设计得以胜出。南京，拥秦淮灯影，映市井繁华，人文汇聚，山水灵秀。明末清初文人李渔认为"开

图 1　南京园鸟瞰全景
图 2　南京园钟毓榭正立面及水景

图1

图2

窗莫妙于借景"，"一有此窗则不烦指点，人人俱作画图观矣"。南京园，通过形态各异的园林花窗串联了园林空间，展示了园林文化，体现了南京浑厚的城市底蕴，诠释了江南园林之特征。

南京园地约1400m²，北临水面，南为岗地。南京园以退让门轩为入口大门，拾级而上迎面为主题意境的铜质"江南园林"字样的镂空景窗，相印在白墙上。大门上方"南京园"牌匾由吴门书法家潭以文所书，两侧"窗梦江南园林胜，咫尺演映大观景"对联为苏州市书法家协会会员朱奕所写。进入门轩，八角空窗映现园内景色，窗上有出自《红楼梦·大观园题咏》的"衔山抱水"牌匾与对联中的"大观景"相对应。驻足园内，迎面景墙依势而建，背坡面水，白墙上有阴刻的"南京""金陵""白下""建邺"等字样，更有色彩艳丽的"凤凰祥云"云锦相嵌墙上，这些直白的表达了南京元素和地方特色。环顾四周，南岗丛林、东隐步道、西藏山水，具有明确的导向性，沿墙步入透景变幻，园内山水、廊榭、树木、文联、小品样样体现着江南园林的特征和地域文化内涵。全园以墙分隔、以窗相透、水聚山高、亭榭有彰，顺脊而下回视园景，巧妙的收尾出门（图1）。

二、设计思路

（一）巧于因借，精在体宜

南京园在这方面可归纳为因窗互借、体量得当。因窗互借是该园的主题性特色，但并不是一味"窗"多，哪里设窗，哪里为墙，有意境与空间要求，内透成景，景中有景，外借成画，画中有画。

体量得当是从总体布局与筑园要素这两方面来

图 3 南京园主入口石径
图 4 南京园钟毓榭侧面
图 5 钟毓榭花窗及前廊看微亭

图3

图4

图5

衡量。总图设计上应把握空间关系，主次分明，取得体量上的均衡，在地势、山石、水体、建筑、步道和植物上把握体量分布，突出重点。从展园建成效果看，这两方面除了个别小品略有夸张外，其余均较为理想（图2）。

看到的是不断变化的景致，角度不同、位置不同、远近不同都给人以不同的视觉感受，景窗不在于多更在于巧，你中有我、我中有你、互为成景、变幻无穷，同时窗饰的多样更增添了景观情趣和欣赏内容（图4）。

（二）虽有人作，宛自天开

南京园地处坡岗，南北高差达 4m。因地制宜，因势布局，尊重自然环境是人作天开的起点，景物依势自然，高低错落一气呵成，树木大小、山石体块、建筑体量等与园林空间协调，互为共处相得益彰，山是原有的岗，石如土中出，树像自然生，水成园中镜，宛自天开（图3）。

（三）小中见大，步移景异

南京园东区以组织出入分割空间为主，西区则以展示山水园林为主，有收有放的园林空间，很自然的使人体会到"小中见大"的造园技巧。在游览线上结合收放空间布局有序展开，透过景窗

（四）情景交融，诗文画意

南京园从进入门厅开始就以"窗梦江南园林胜，咫尺演映大观景"为大门对联，不仅表达了"南京园"的主题，而且以红楼梦的"大观园"隐喻南京的地方性，还有以刘禹锡的"旧时王谢堂前燕，飞入寻常百姓家"的诗句给人感悟、想想南京的市井生活与变迁（图5）。

项目组成员名单
项目负责人：李浩年
项目参与人：李浩年　田　原　钱逸琼　陈　阳
黄清泓　燕　坤　程晓曼　姜丛梅
朱　巧　崔艳琳

审图号：GS(2021)3956号

图书在版编目(CIP)数据

风景园林师：中国风景园林规划设计集. 20 ／ 中国
风景园林学会规划设计委员会，中国风景园林学会信息委
员会，中国勘察设计协会园林设计分会编. —北京：中
国建筑工业出版社，2021.6
　ISBN 978-7-112-26229-8

　Ⅰ.①风…　Ⅱ.①中…②中…③中…　Ⅲ.①园林设
计－中国－图集　Ⅳ.① TU986.2-64

　中国版本图书馆 CIP 数据核字（2021）第 111952 号

责任编辑：郑淮兵　杜　洁　兰丽婷
责任校对：赵　菲

风景园林师 20
中国风景园林规划设计集
中国风景园林学会规划设计委员会
中国风景园林学会信息委员会　编
中国勘察设计协会园林设计分会
*
中国建筑工业出版社出版、发行（北京海淀三里河路9号）
各地新华书店、建筑书店经销
北京富诚彩色印刷有限公司印刷
*
开本：880 毫米 ×1230 毫米　1/16　印张：$10\frac{1}{2}$　字数：348 千字
2021 年 7 月第一版　2021 年 7 月第一次印刷
定价：99.00 元
ISBN 978-7-112-26229-8
　　　　　（37762）